KB020545

기차가 온다

기차가 온다

_증기기관차에서 KTX까지 한국철도 120년

초판3쇄 발행일 2022년 5월 10일
초판1쇄 발행일 2019년 6월 28일

지은이 배은선
펴낸이 이원중

펴낸곳 지성사 출판등록일 1993년 12월 9일 등록번호 제10-916호
주소 (03458) 서울시 은평구 진흥로 68, 2층
전화 (02) 335-5494 팩스 (02) 335-5496
홈페이지 www.jisungsa.co.kr 이메일 jisungsa@hanmail.net

ISBN 978-89-7889-418-0 (03550)

이 도서의 국립중앙도서관 출판예정도서목록(CIP)은 서지정보유통지원시스템 홈페이지(http://seoji.nl.go.kr)와 국가자료공동목록시스템(http://www.nl.go.kr/kolisnet)에서 이용하실 수 있습니다. (CIP제어번호: CIP2019023880)

• 사진출처: 코레일

증기기관차에서 KTX까지
한국철도 120년

기차가 온다

배은선 지음

들어가는 글

철도에 대한 관심과 애정은 올바른 이해에서 시작된다

중학교를 갓 졸업한 까까머리 우리들에게 선생님은 말씀하셨다.

"철도는 사양화 산업이다……."

국립철도고등학교 1학년 업무과 첫 '철도개론' 시간이었다. 그때가 1980년 3월이었으니 벌써 40년 가까운 세월이 흘렀다. 꽤 똘똘하다고 하던 우리들도 사실 당시에는 그 '사양화 산업'이라는 말의 참뜻을 몰랐다. 그 말의 진정한 의미를 깨닫게 된 것은 졸업 후 한참이 지나서였다.

사양화 산업, 그 말은 곧 우리들의 앞날을 예견하는 것이었다. 그렇다, 철도는 사양화 산업이었다. 철도에 첫발을 내딛는 우리에게 처음 일러주신 말씀치고는 좀 야박하고 냉정해 보이지만 "너희 앞날은 깜깜하다"라는 말과 다름이 없었다. 그 말씀 그대로 철도산업은 죽을 쑤는 분야였다. 도로와 자동차산업에 대한 집중 투자로 철도의 수송분담률은 떨어질 대로 떨어져 있었고, 철도의 영업거리는 좀처럼 늘지 않고 있었다.

그런데 IMF구제금융 사태라는 긴 터널 끝에 희망이 보이기 시작했다. 고속철도가 탄생한 것이다. 그리고 사람들은 점점 고속철도의 가능성에 주목하게 되었다. 세월의 흐름에 따라 세상도 바뀌었다. 도로에 넘쳐나는 자동차는 스스로의 발을 묶어 거북이걸음을 할 수밖에 없었고, 지구온난화가 남의 이야기가 아닌 발등에 떨어진 불이 되면서 철도는 굴뚝산업의 오명을 벗어버리고 일약 친환경 교통수단이자 첨단산업으로 떠오른 것이다. 2005년 1월, 국가기관인 철도청이 공기업으로 전환되면서 철도는 젊은이들에게 유망직종으로 인식되기 시작했다. 거의 매년 실시되고 있는 한국철도공사의 채용시험에는 준비된 인재들이 구름처럼 몰려들고 있다. 그런데 필자의 고민은 여기서 시작되었다. 철도가 좋은 직장으로 선망의 대상이 된 것은 분명한데, 과연 직장으로 삼은 이후에도 철도는 그들에게 여전히 애정의 대상인가 하는 것이다.

1905년 처음 시작된 철도종사원 양성교육이 100년 만에 중단된 이후 철도운영기관은 자체적인 종사원 양성에서 손을 뗐다. 이제 그 역할은 전국에 흩어져 있는 여러 대학과 몇몇 종합대학교에서 대신하고 있다. 물론 누가 시키지 않았는데도 철도가 좋아 자발적이고 자생적으로 철도인을 지향하는 이들도 있다. 이른바 철도 마니아 계층이다.

돌이켜보면, 철도종사원 양성교육의 핵심은 기술이나 능력이 아닌 마음을 기르는 것이었다. 철도를 이해하고 아끼는 마음, 철도의 존재 이유와 역할을 몸에 배게 하는 것이 교육의 시작이자 끝이었다. 반면 최근의 직업교육은 첨단 시설과 장비를 동원하여 효율적으로 자격증을 획득할 수 있도록 해주고, 어떻게 하면 적성검사와 면접에서 좋은 점수를 받을 수 있는지 훈련시킨다. 이런 차이가 발생하는 근본적인 원인은, 운영기관의 양성교육은 채용을 기본전제로 시행되기에 정신교육에 집중할 수 있었던 것이고, 일반 직업교육은 채용을 최종목표로 삼기에 기능과 능력배양이 중심이 될 수밖에 없는 것이라고 봐야 할 것이다.

이런 근본적인 한계가 명백히 존재한다면, 힘겨운 취업관문을 통과한 이들이 진정한 철도인으로 거듭날 수 있도록 돕는 역할은 마땅히 운영기관의 몫일 수밖에 없다. 그런데 현실은 어떠한가? 예산과 대체인력 부족 때문에, 때로는 개념과 의지의 박약 때문에 이런 교육은 대개 형식적으로 끝나거나 아예 무시되곤 한다. 신규 채용자가 철도인으로 거듭날 수 있는 황금 같은 기회를 놓친 채 현장에 투입되는 것이다.

맥이 끊어진 종사원 양성교육을 지금 시점에 재개하는 것은 현실적으로 불가능에 가깝다. 그렇다고 해서 직업교육에 충실히 임하고 있는 관련 대학에 철도인으로서의 정신교육을 철저히 시켜달라고 요구하는 것 또한 무리일 것이다. 그나마 합리적인 것은 운영기관이 예산을 확보해서 신규자만이라도 제대로 키우는 것인데, 정작 예산을 확보하더라도 무엇을 어떻게 가르쳐야 할지도 막막한 상황이다.

결론적으로, 이 책을 쓰게 된 이유는 간단하다. 철도에 대한 이해를 돕기 위해서다. 관심과 애정은 이해에서 비롯된다고 믿기 때문이다. 맡은 일에 대한 자부심과 사랑이 없으면 직장생활이 행복할 수 없고, 행복하지 않은 직장인은 만족스런 결과물을 만들어내지 못한다는 것은 세상이 다 안다. 그래서 필자는 이 책이 철도를 더 알고 싶은 일반인들을 비롯해 철도산업에 몸을 담고 있는 이들, 그중에서도 특히 젊은 철도인들, 또는 철도인의 길을 가고자 하는 이들에게 읽히기를 바란다. 이 책을 통해 과연 철도가 무엇이며 어떻게 굴러가는 것인지, 우리나라 철도는 어떤 아픔을 이겨내고 지금에 이르게 되었는지 들려주고 싶다.

홍안의 어린 나이에 철도학교에 들어와 국비로 교육을 받고, 사랑하는 사람을 만나 가정을 이루고 아이들을 다 키웠으니 필자에게 철도는 참으로 고마운 존재이다. 어떻게든 그 은혜를 갚아야 한다는 부채의식을 안고 살아왔다. 누구라도 이 책을 통해 철도를 조금이나마 알게 되고 관심을 갖고 좋아하게 된다면, 단순히 먹고사는 방편이었던 철도가 책을 읽다 보니 갑자기 좋아지기 시작했다는 어느 철도인의 고백이라도 듣게 된다면, 내내 무거웠던 어깨가 조금은 가벼워질 것 같다.

남들처럼 함께 놀아주거나 좋은 가르침을 주지 못했음에도 잘 커준 세 아들과 못난 일중독 남편을 지금껏 응원하고 지지해주고 있는 사랑하는 아내에게 이 책을 바친다.

배은선

추천의 글

철도가 바꾼 세계, 지금은 기차의 시대

기차가 오고 있다. 바야흐로 '기차의 시대'인 것이다. 철마가 처음 이 땅에 달린 지 어언 120년, 기차는 이제 국토와 거기 사는 사람들의 생활을 지배하게 되었다. 전국에 놓인 철도망은 나라의 발전 축을 이끌고 도시의 모습을 바꾸며, 우리의 일상도 기차 시간표에 맞추어 짜이고 있다. 기차는 미래의 '탈것'으로도 기대가 큰 교통수단이다. 다른 어느 교통수단보다도 정시성, 안전성, 쾌적성이 뛰어나며 친환경적이기 때문이다.

'아는 만큼 보인다'는 말도 있듯이, 기차의 시대에 기차에 대한 이해가 깊을수록 우리 땅과 삶에 대한 이해도 풍부해지기 마련이라는 점은 명제나 다름없다. 철도는 장치산업이어서 여러 시설과 운영에 관해 전문용어와 기술적 사항이 적지 않으므로, 알맞은 참고서적이 있으면 크게 도움이 된다. 또한 오늘날의 철도란 하루아침에 이루어진 것이 아니어서, 식민기의 아픔에서부터 광복 후의 눈부신 성장 과정이 철도 시설, 이용 관행과 이름

등에 녹아들어 있다. 기차가 한 세기 이상 우리 땅과 일상에 새겨놓은 모습들은 이제 너무 친숙해진 나머지, 세심하게 주의를 기울이지 않으면 기차와 관련이 있는지조차 깨닫지 못하고 지나치기 쉽다. 이럴 때에도 곁에 두고 참고할 만한 책이 있다면 좋을 것이다.

『기차가 온다』는 기차에 대한 지식 수요를 채워주고, 우리 국토와 일상 속의 의미를 이해하는 데 도움을 주는 책이다. 이 책은 총 5부로 구성되어 있다. 제1부는 기차란 말의 뜻부터 시작하여 차량, 기찻길 등 기술적 사안을 다루고 있으며, 제2부는 한국철도의 120년 역사를 다루었고, 제3부는 기차로 떠나는 여행, 제4부는 철도를 움직이는 사람들과 철도 교육기관, 제5부는 철도박물관과 숫자 표지판 등 여러 흥미로운 주제들을 모아 해설하고 있다. 제1부 철도의 기능과 제4부 철도와 사람들 이야기가 가로 세로 합쳐져 오늘의 철도가 작동하는 모습을 보여주고 있다면 제2부와 제3부, 제5부의 이야기는 철도의 모습을 시간의 흐름에 따라 파노라마처럼 펼쳐 보이고 있다고 비유할 수 있다.

『기차가 온다』가 매우 특별한 이유는 이 글의 저자와 기차의 인연이 각별하기 때문이다. 저자는 일찍이 철도고등학교를 졸업하고 옛 철도청과 지금의 한국철도공사에서 줄곧 근무해오고 있으며, 최근에는 철도경영학 박사학위를 취득하기도 한 인물이다. 저자는 그야말로 '뼛속까지 철도인'인 셈이고, 『기차가 온다』는 그의 40년 가까운 철도 실무경험과 사랑이 속속들이 스며 있는 책이다. 더 나아가 지금 한국철도가 마주하고 있는 문제들에 대해서도 '철도인'으로서 관찰하고 판단한 바를 진솔하게 펼쳐 철도에 대한 이해를 심화시키는 데 도움을 주고 있다.

이 책은 주석이 백열다섯 개나 달릴 정도로 깊이가 있지만, 독자들이 매우 편안하게 다가갈 수 있도록 만들어졌다. 저자는 자신의 경험과 지식을 쉽고 친절하게 풀어 나갈 뿐 아니라 사진과 그림, 글상자들을 적절히 활용하여 시각정보에 익숙한 독자들이 친근감을 가지도록 책을 엮었다.

『기차가 온다』는 기차에 대한 지식 수요를 채워주고, 우리 국토와 일상 속의 의미를 이해하는 데 도움을 준다. 현직 철도인과 철도 마니아 등 철도에 관심이 많은 이들은 물론이고 보통 사람들에게도 쓸모가 많은 책이다. 모든 이들이 읽어볼 만한 책이다.

허우긍(서울대학교 지리학과 명예교수)

| 차례 |

2부 : 기차의 역사

5부 : 조금 더 들어보는 기차 이야기

1부

기차를 달리게 하는 다양한 구성요소

기차의 정의

우리나라에서 '기차'라는 말은 대체로 두 가지 의미로 사용되고 있다. 하나는 배, 비행기, 버스, 자가용 등과 구별되는 교통수단의 하나라는 뜻으로 사용된다. 이때의 기차는 여객열차를 말하며, 고속철도가 될 수도 있고 무궁화호가 될 수도 있다. 다만 광역전철이나 지하철은 기차라고 부르지 않고 그냥 전철이라고 부르는 것이 일반적이다. 또 하나는 문자 그대로의 '기차(汽車)'로서, 증기기관차 또는 증기기관차가 끄는 열차라는 의미로 사용된다. 국내에서는 증기기관차가 운행되지 않으니 진정한 의미에서의 기차는 그저 추억 속에나 남아 있을 뿐이다.

'기차'를 대신해서 철도운영기관에서 사용해온 정식 명칭은 '열차(列車)'이다. 철도에서 사용하는 열차의 사전적 의미는 '정거장 외 본선을 운행할 목적으로 조성한 차량'을 뜻한다. 철도 관계자들은 용어의 정확한 의미에 집착한 까닭에 '기차'라는 말 대신 '열차'라는 용어가 일반화되기를 원했지만, 정작 일반국민들의 뜻은 달랐다. 기차라는 단어가 갖는 정겨움, 정든 시골길을 칙칙폭폭 달리던 기차에 대한 그리움을 버리지 못했다. 결국 오랜 시간이 흐른 다음에야 철도 당국에서도 이걸 받아들여서 지금은 열차와 기차 명칭을 섞어서 쓰고 있다. 그럼에도 불구하고 우리가 혼동해서는 안 될 것이 있다. 바로 철도차량(rolling stock)과 기차(혹은 열차, train)를 구분하는 일이다.

열차란 상당히 소프트웨어적인 개념이다. 단순히 철도차량을 모아놓았다고 해서 열차가 되지는 않는다. 반대로, 기관차 한 대만으로 열차가 될 수 없는 것은 아니다. 하나의 열차번호가 주어지면 그 열차의 운행 목적, 운행 구간, 착발 시간, 운행선 등이 정해진다. 그래서 노련한 철도원은 열차번호만 들으면 그 열차의 계급(고속열차인지 일반열차인지, 새마을호인지 무궁화호인지, 혹은 화물열차인지)이 무엇인지, 여객열차라면 운행노선은 어디인지 금방 알아차린다. 열차번호 부여에는 일정한 원칙이 있기 때문이다.

이에 비해 철도차량은 하드웨어적인 개념이다. 모든 철도차량은 대한민국 국민이라면 주민등록이 되어 있는 것처럼 차적(車籍)에 등록돼 있다. 물론 각 차량마다 일정한 규칙에 의한 등록번호가 있다. 이 등록번호는 특별한 경우가 아니면 폐차될 때까지 바뀌지 않는다. 그래서 코레일의 차량관리시스템에 들어가 특정 차량번호를 입력해보면, 그 차가 어느 열차 몇 번째에 연결되어 어느 구간을 운행하고 있는지, 아니면 어느 역 어느 선에 세워져 있는지, 혹은 어느 차량기지에서 어떤 정비를 받고 있는지 확인할 수 있다.

기차의 구분

철도차량의 종류

우리가 좋아하는 기차를 구성하는 철도차량의 종류는 크게 네 가지로 나뉜다. 동력차, 객차, 화차, 특수차가 그것이다.

동력차는 다시 기관차와 동차로 나뉜다. 기관차란 단순히 동력만을 갖고 있는 차량으로 객차를 연결하여 여객열차를 끌기도 하고, 화차를 잔뜩 연결하여 화물열차를 견인하기도 한다. 기관차는 그 동력원이 무엇인가에 따라 증기기관차, 디젤전기기관차, 전기기관차로 나뉜다.

증기기관차는 석탄이나 기름으로 물을 끓여, 여기서 발생하는 수증기의 압력을 이용해 바퀴를 굴리는 방식이다. 증기의 힘이 실린더의 피스톤을 밀어내 왕복운동을 일으키고, 그 왕복운동이 크랭크축을 통해 바퀴에 전달돼 회전운동을 일으키는 것이다.

흔히 디젤기관차라고 줄여 부르고 있는 디젤전기기관차는 디젤기관의 폭발력으로 터빈을 돌려 전기를 생산한 다음, 이것을 동력원으로 견인전동기(motor)를 돌려 차량을 움직이는 방식이다. 자동차처럼 디젤기관에서 발생한 회전력을 곧바로 바퀴에 전달하지 않고 발전(發電)이라는 중간 단계를 거치는 이유는 동력의 안정성이나 제어 면에서 디젤기관보다 전기기관이 우수하기 때문이다.

전기기관차는 디젤전기기관차보다 더 오랜 역사를 갖고 있으며, 전원으로부터 전기에너지를 받아들이는 집전장치를 통해 전기를 직접 공급받아 이 전기로 견인전동기를 돌리는 비교적 단순한 구조의 동력차이다.

동력차

L1 미카형 증기기관차
R1 2000호대 디젤전기기관차
L2 3000호대 디젤전기기관차
R2 4000호대 디젤전기기관차
L3 5000호대 디젤전기기관차
R3 6000호대 디젤전기기관차

L1 7000호대 디젤전기기관차
R1 8000호대 전기기관차
L2 초창기 새마을호 디젤전기동차
R2 우등형 전기동차
L3 ITX-청춘 준고속 전기동차
R3 수도권 전기동차

세계적으로 증기기관차는 환경오염 유발과 낮은 에너지 효율 문제로 현역에서 대부분 물러난 상태이다. 다만 관광열차로서의 효과는 탁월해서 세계 각지에서 활약을 하고 있다. 유가인상이나 지구환경 등을 생각하면 전기기관차를 주력 동력차로 사용하는 것이 가장 좋을 것 같은데, 우리나라의 경우에는 안보라는 특수상황이 있다. 전기기관차는 전차선이 끊어지면 그냥 고철(게다가 운행 중 정전되었다고 하면 선로까지 막고 있는 거구의 장애물)에 불과하기 때문에 전시상황에서 아주 취약하다. 또한 남북철도 연결을 생각할 때 북한과 우리나라는 전력공급방식이 다르기 때문에 당장 우리의 전기기관차를 운행하는 것은 불가능하다. 이럴 때에는 디젤전기기관차가 유용한 것이다.

기관차와 구분되는 동력차는 동차이다. 동차란 여객 승용설비가 있는, 사람을 태울 수 있는 동력차를 말한다. 대표적인 것이 가장 많은 이용률을 자랑하는 전철이다. 동차는 별도의 기관차를 필요로 하지 않는다. 스스로 동력장치를 갖추고 있기 때문이다. 동차의 종류에는 증기동차, 디젤동차, 디젤전기동차, 전기동차가 있다.

증기동차(蒸氣動車)는 일제강점기에 도입돼 사용되었으나 지금은 남아 있지 않다(일본의 나고야에 가면 리니어철도박물관에 증기동차가 전시돼 있다).

디젤동차와 디젤전기동차의 차이는 위에서 설명한 대로 디젤기관에서 발생한 회전력이 바퀴로 바로 전달되느냐 아니면 디젤기관의 회전력으로 터빈을 돌려 발전을 한 후 전동기를 통해 바퀴를 굴리느냐의 차이이다. 현재 우리나라에는 디젤동차만 일부 남아 있으며, 디젤전기동차는 의왕철도박물관에 전시돼 있는 대통령 특별동차가 바로 그 주인공이다. 우리나라 철도 역사에서 가장 큰 활약을 했던 디젤동차는 1980년대 말에 개발돼

2018년 퇴역한 전후동력형 새마을호였다.

전기동차는 현재 우리나라 철도의 주력 기종이며, 가장 많은 이용객을 확보하고 있는 광역전철이 모두 여기에 해당된다. 준고속열차인 ITX-청춘과 ITX-새마을, 누리로 역시 전기동차이다. 고속철도차량인 KTX나 KTX-산천도 엄밀한 의미에서는 전기동차의 범주에 포함된다.

동력차에 대한 설명이 길어졌다. 이번에는 객차에 대하여 알아보자. 객차(客車)는 말 그대로 승객을 실어 나르는 차량을 말한다. 현재 운영 중인 객차는 새마을호 객차와 무궁화호 객차가 있다. 특별히 동차에 연결되어 있으나 동력장치가 설치되어 있지 않은 단순한 객차 역할만 하는 차량은 부수객차라고 부른다. 이런 부수객차는 동차에 맞도록 제작되어 있어 일반객차로 사용하기 위해서는 별도의 개조가 필요하다.

객차 중에서 특수한 용도로 개조되거나 제작된 것이 있는데, 대표적인 것이 식당차와 카페객차이다. 장거리 승객들에게 오랜 세월 사랑을 받았던 침대객차도 있고, 군용으로 쓰이는 병원객차도 있다. 카페객차에는 노래방과 안마시설, 게임기와 자판기 등이 갖춰져 있었지만 세월의 흐름에 따라 대부분 철거되고 지금은 입석 승객과 '내일러(철도여행 상품 '내일로'의 티켓 이용자)'들을 위한 장의자가 마련되어 운영되고 있다.

그렇다면 KTX나 KTX-산천 같은 고속차량은 어디에 속할까? 전기동차에 해당될까, 전기기관차에 객차가 연결된 것으로 봐야 할까? 전통적으로 동차와 기관차를 구분하는 기준은 여객승용설비가 갖춰져 있는지 그렇지 않은지 하는 것이다. 이 기준으로 볼 때 고속차량의 동력차(power car)에는 여객승용설비가 갖춰져 있지 않으므로 동차라고 할 수 없다. 그럼 고속차

객차
L1 무궁화호 객차 R1 새마을호 객차
L2 병원객차 R2 침대객차

량의 동력차는 기관차인가? 알아본 결과, 고속차량의 동력차를 편성으로부터 분리했을 경우 점퍼선 조작과정을 거치면 단독운행이 가능하다고 한다. 하지만 기관차라면 일반객차나 화차에 연결하여 견인이 가능해야 하는데, 고속차량은 구조상 일반차량 견인이 불가능하기 때문에 기관차라고 부르는 것도 문제가 있는 것이다. 결국 고속차량은 전통적인 분류방식 어디에도 속하지 않는 별개의 동력집중식 차량군으로 분류하는 것이 적합하다는 결론이다.

화차(貨車)는 짐을 싣기 위해 제작된 차량을 말한다. 짐의 형태나 특성에 따라 매우 다양한 화차가 사용되고 있다. 가장 일반적인 형태로는 유개

화차
L1 무개차 R1 벌크시멘트화차
L2 컨테이너화차 R2 자갈차

차, 무개차, 평판차, 컨테이너차, 벌크시멘트차, 조차, 자갈차, 차장차 등이 있고, 특수시설이 설치된 냉장차도 있다.

유개차란 지붕이 있는 차라는 뜻으로 눈비를 맞으면 안 되는 일반적인 화물, 예를 들어 쌀, 비료, 포대 양회 등의 수송에 많이 이용된다. 예전에는 소나 말, 솜, 배추, 이삿짐 등을 실어 날랐으나 세월의 변화에 따라 짐의 내용도 바뀌었다. 무개차는 지붕이 없는 형태여서 주로 석탄, 석회석, 철광석, 자갈 수송에 적합하다.

평판차는 과거에는 장물차라고 불렸다. 측판이 없이 평평한 차여서 철도 건설에 사용되는 레일이나 변압기 같은 특수화물, 군용 탱크 등을 실어 나른다. 도심에서도 쉽게 눈에 띄는 벌크시멘트차는 포장되지 않은 상태의 시멘트를 대형용기에 실어 운반하는 화차이다. 강원도 영월이나 충북 단양 등 시멘트 생산 공장에서 주요 소비지가 있는 도심 인근의 비축기지까지 시멘트를 옮겨주는 역할을 한다.

컨테이너차는 평판차와 유사하나 다양한 규격의 컨테이너를 고정할 수 있는 설비가 갖춰져 있고, 화차임에도 불구하고 대부분 시속 100km/h 이상의 고속운행이 가능하도록 만들어져 있다. 그 이유는 비교적 고가의 수출품이 컨테이너로 수송되기 때문에 수송기간을 최대한 단축하기 위해서

특수차

L1 궤도검측차 R1 멀티플타이탬퍼
L2 레귤레이터 R2 전차선보수차

이다. 조차란 평평한 차체에 탱크 형태의 설비가 올려져 있는 차량을 말한다. 조차의 종류에는 벙커시유, 경유, 휘발유, 황산 전용차량이 있다.

자갈차는 주로 선로 공사에 사용되는 차량이다. 철길에 살포될 자갈을 싣고 이동하면서 선로 양쪽으로 차량의 옆문을 열어 자갈을 뿌려줄 수 있도록 만들어져 있다. 무개차 중에 '호퍼(hopper)차'는 자갈차와 비슷한 구조로 되어 있어서 짐을 내릴 때 양쪽 문을 열어 쏟아낼 수 있다. 다만 이런 차량은 호퍼 하화시설이 갖춰져 있는 곳에서만 사용할 수 있다.

마지막으로 특수차란 영업 이외의 목적으로 사용되는 차량을 말하는데, 선로나 전차선 유지보수, 사고복구, 기타 고유 업무를 위해 사용되고 있다. 대표적으로는 선로의 이상 유무를 점검하는 궤도검측차, 선로를 유지보수하는 멀티플타이탬퍼(multiple tie tamper), 레귤레이터(regulator), 콤팩터(compactor), 스위치, 모터카, 전차선보수차, 기중기, 발전차 등이 있다.

등급에 따른 종류

앞서 기차(train)와 철도차량(rolling stock)이 어떻게 다른지를 설명했다. 이번에는 지금 우리나라에서 볼 수 있는 기차의 종류에 대해 알아보려고 한다.

기차를 부르는 이름은 무척 다양하다. 운영기관 내부에서 정한 등급에 따른 이름이 있고, 그 이름 외에도 일정한 원칙에 따라 부여되는 열차번호가 있다. 먼저 등급에 따른 이름을 알아보도록 하자. 우리나라의 철도운영기관인 한국철도공사는 모든 기차를 다음의 11가지 등급으로 나누어 운용(運用)한다.

1. 고속여객열차 : KTX, KTX-산천

2. 준고속여객열차 : KTX-이음

3. 특급여객열차 : ITX-청춘

4. 급행여객열차 : ITX-새마을, 새마을호열차, 무궁화호열차, 누리로열차, 특급·급행 전동열차

5. 보통여객열차 : 통근열차, 일반전동열차

6. 급행화물열차

7. 화물열차 : 일반화물열차

8. 공사열차

9. 회송열차

10. 단행열차

11. 시험운전열차

고속여객(高速旅客)열차란 2004년 4월 1일 개통된 경부고속철도 1단계구간, 그 후에 개통된 경부고속철도 2단계구간과 호남고속철도 등에서 운행되는 KTX와 KTX-산천을 말한다. 중앙선에서 운행되고 있는 동력분산형 KTX-이음은 준고속여객열차라는 새로운 등급에 속해 있다.

특급여객(特急旅客)열차란 특별 급행여객(特別急行旅客)열차를 줄여서 쓴 말이다. 과거 고속철도가 개통되기 전에는 새마을호가 여기에 해당되었다. 하지만 고속철도가 개통되고 시속 180km/h로 달릴 수 있는 준고속차량 ITX-청춘이 도입되면서 새마을호는 특급의 자리를 내주게 되었다. ITX-청춘은 한때 경부선 용산에서 대전 구간을 달리기도 했지만, 2019년 6월 현재 경춘선 구간에서만 운행되고 있다.

급행여객(急行旅客)열차로는 새마을호, 무궁화호, 누리로, 급행전동열차가 있다. 1970년대부터 고속철도 개통 직전까지 최고급 열차로 군림하던 새마을호는 현재 ITX-새마을이라는 이름의 전기동차로 대체되고, 장항선 구간에서는 객차형 새마을호가 운행되고 있다. 무궁화호는 새마을호에 이어 고급열차로서의 위상을 갖고 있었으나 지금은 서민을 위한 가장 일반화된 객차형 열차라고 할 수 있다. 누리로는 무궁화호와 같은 급으로, 4량으로 편성된 전기동차로 구성돼 있다. 무궁화호가 장거리 구간을 담당한다면, 누리로는 비교적 단거리 구간의 통근과 통학용으로 많이 이용되고 있다. 급행여객열차에는 이렇게 간선을 달리는 열차 외에 광역철도 구간을 달리는 급행전동열차도 포함돼 있다. 급행전동열차는 경인선의 경우 용산에서 동인천역까지 운행되는 급행과 특급이 있고, 경부선의 경우 서울역에서 천안, 용산에서 천안과 신창까지 운행되는 급행이 있다. 경인선의 경우 급행과 일반전동열차는 별도의 선로를 이용하며, 경부선의 경우에는 동일한 선로와 동일한 타는곳(platform)을 이용하는 경우가 더 많다.

보통여객(普通旅客)열차로는 통근열차와 일반전동열차가 있다. 그런데 2022년 4월 현재 우리나라에서 운행되고 있는 통근열차는 광주송정역과 광주역을 왕복하는 셔틀열차가 유일하다. 호남고속철도가 개통된 이후 용산에서 광주역까지 운행되는 고속열차가 없어지면서 광주송정역에서 광주역을 이어주는 통근열차가 1일 30회 운행되고 있다. 소요시간은 15분이다. 우리나라의 경우 일반전동열차와 급행 또는 특급 전동열차의 차이는 정차역 수가 다를 뿐 동일한 차량을 이용하기 때문에 운임요금의 차이는 발생하지 않는다. 이것은 전동차가 아닌 디젤동차 시절이나 증기기관차가 칙칙폭폭 달리던 시절에도 마찬가지였다. 요컨대 운임요금의 차이는 서비스의 차이에서 발생하며, 그 서비스의 핵심은 차량이다. 곧 같은 열차에 연결되어 똑같은 시간에 출발하여 똑같은 시간에 도착하더라도 일반객실과 특실, 특실과 침대실 이용자는 자신이 받은 서비스에 맞는 서로 다른 비용을 부담하는 것이다.

이렇게 승객을 태우는 여객열차로서의 다섯 단계 등급이 있고, 그다음에 오는 것이 급행화물열차이다. 급행화물열차는 대부분의 컨테이너열차가 해당된다. 수출입화물이나 냉장 화물, 고가의 물품 등은 급행화물열차

L1 KTX-산천
R1 무궁화호
L2 도시 통근열차
R2 화물열차

에 연결하여 우선하여 수송한다.

일반화물열차는 석탄이나 철광석, 시멘트처럼 시급히 수송할 특별한 이유가 없는 일반화물을 연결하여 수송하는 열차이다.

공사(工事)열차란 선로나 전차선, 교량, 터널 등을 새로 만들거나 보수하기 위해 자갈, 침목, 궤조 등의 공사자재나 기계기구, 공사차량 등을 수송하는 열차를 말한다.

회송(回送)열차란 여객이나 화물수송 등 정해진 사업을 마친 후 정비를 위해 차량기지로 들어가거나 새로운 사업을 하기 위해 정해진 정거장까지 운행되는 열차를 말한다. 영등포역에서 KTX 광명역까지 운행되는 셔틀 전동열차의 경우, 영등포역에서는 도착선과 출발선이 동일하지만 광명역의 경우 도착선과 출발선이 반대 방향에 있다. 도착선에서 출발선으로 건너가기 위해서 셔틀 전동열차는 기지에 들어갔다가 나오는 방법을 채택하고 있는데, 이렇게 사업을 마친 후 새로운 사업을 하기 위해 이동을 할 때에는 회송열차로서 열차번호를 부여받아 운행하게 된다.

열 번째 등급인 단행(單行)열차는 동력차 1량만으로 구성된 열차를 말한다. 문자로는 '열차(列車)'라는 단어가 여러 대의 차량이 길게 모여 있는 모습을 연상하게 하지만 실제로 열차는 동력차만으로 구성돼 운행하는 경우가 상당히 많다. 차량 고장으로 역과 역 사이에 멈춰 있는 열차를 다시 정상적으로 운전하도록 하기 위해 투입되는 열차를 '구원(救援)열차'라고 하는데, 대부분 동력차 1량으로 편성돼 있다. 또한 종착역에 도착한 이후 기관차를 차량으로부터 분리하여 기지로 들어가는 경우 입고(入庫, 반대말은 出庫)한다고 표현하며, 이 경우에도 단행열차로 운행하게 된다. 필요에 따라 기관차를 2량, 3량, 4량까지 연결하여 운행하기도 하는데, 이를 중련(重

連)이라고 한다. 중련한 동력차도 단행기관차로 취급한다.

마지막으로 시험운전열차가 있다. 시험운전열차를 운행하는 이유는 크게 두 가지의 경우를 생각할 수 있다. 하나는 대보수를 마친 뒤 성능시험을 하는 경우이다. 가속과 감속, 제동 등 핵심 기능 외에도 소음 발생이나 진동 여부 등 보수나 개량, 개선이 제대로 반영됐는지 운행선상에서 시험을 하는 것이다. 이런 과정을 마쳐야 비로소 영업에 투입되는 것이다. 또 하나는 신차 출고에 따른 시험운전이다. 새로운 형태의 차량을 제작했을 경우인데, 신차의 경우 출고 이전에 별도의 시험선에서 각종 성능에 대한 검증을 받은 후 출고하는 것이 기본이다. 하지만 시험선에서의 시험과 운행선에서의 시험은 별개의 문제이다. 기본적인 가감속(加減速)과 제동 기능 외에 특히 열차 안전운행에 직접적인 영향을 주는 각종 신호, 제어, 통신 등이 대부분 전자식이어서 다른 열차와의 간섭이나 기지국 간의 소통 등에 대한 시험도 거쳐야 하는 것이다. 이러한 시험운전열차는 자칫 다른 열차의 운행에 지장을 줄 수도 있기 때문에 일반열차 운행이 뜸한 시간대에 운행하도록 하고 있다.

이렇게 11가지 등급 외에 1980년대까지만 해도 '혼합(混合)열차'와 '객급화물(客級貨物)열차'라는 등급이 더 있었다.

혼합열차란 여객열차 중에서 가장 낮은 등급에 해당하는 열차로, 객차에 화차를 부수적으로 연결하여 운행하는 열차를 말한다. 열차운행 횟수나 화물 취급량이 많지 않은 구간에 별도의 화물열차를 편성하지 않고 정기여객열차에 화물이 실린 화차를 연결하여 운행하는 열차를 혼합열차라고 한다.

객급화물열차란 혼합열차와 반대로 기본적으로 화물열차에 필요에 따라 객차를 연결하여 운행하는 열차를 말한다. 화물취급이 우선이 되고 여객취급은 부수적인 사업이 되기 때문에 승객 입장에서는 정시운행이란 개념은 생각할 수도 없고 그저 목적지까지 데려다주기만 해도 감사해야 하는 구시대의 열차인 것이다.

이렇게 여러 단계의 열차등급을 정한 이유는, 철도산업의 특성상 동일 선상에서의 동시운행이나 추월이라는 개념이 존재하지 않기 때문이다. 제한적인 자원을 효율적으로 활용하기 위해서는 통행우선권, 동력차나 승무원 배당의 우선순위 등을 미리 정해놔야 어떤 문제가 발생했을 때 빠르고 일관되게 대응할 수 있는 것이다.

관광열차의 종류

- 바다열차 바다열차 SEATRAIN

2007년 개발된 코레일의 대표 관광열차이다. 강릉과 동해, 삼척을 잇는 수려한 해안 경관을 열차를 타고 감상할 수 있도록 차량을 개조하고 상품을 개발했다. 도시통근형 디젤동차를 개량하여 바다 쪽을 바라보며 여행할 수 있도록 의자를 새로 배치했고, 연인들을 위한 프러포즈 룸, 스낵바, 별실 등을 설치했다. 성수기에는 하루 6왕복, 비성수기에는 하루 4왕복 운행하며 대한민국 연인들의 필수 여행 코스로 자리를 잡았다. 철도운영기관과 세 지자체의 긴밀한 협력을 통해 상품을 개발하고 성공을 거둔 대표적인 사례로 꼽힌다.

대표 관광열차인 바다열차

● 해랑 해랑 RAIL CRUISE HAERANG

일명 '레일크루즈(Rail Cruise)'라고 불리는 고품격 호텔식 관광열차이다. '해랑'이라는 이름은 '해와 함께'라는 뜻이다. 해랑열차는 별실, 특실, 가족실, 일반실, 식당차, 전망차로 구성돼 있으며 침대와 화장실이 각각 설치돼 있어 가히 움직이는 고급호텔이라고 불릴 만하다. 1박 2일, 2박 3일 일정으로 전국의 관광지를 돌아보는 상품이 제공되고 있으며, 운임요금에는 관광지에서의 연계교통비, 식사비, 열차 이용료 등이 모두 포함돼 있다. 역에 도착하면 차량으로 이동하여 관광지를 돌아보고, 검증된 최고의 맛집에서 식사를 즐긴다. 원거리 이동은 야간의 잠자는 시간에 이뤄지고, 전망차에서는 각종 공연을 비롯한 이벤트가 진행된다. 회갑잔치를 효도관광으로 대체하는 경향이 뚜렷해지면서 일반적인 제주도여행이나 해외여행보다 더 차별화되고 고급스러운, 뭔가 특별한 여행을 찾는 이들과 외국인들에게 인기가 있다.

'레일크루즈' 해랑열차

● 동해산타열차  동해산타열차 EAST SEA & SANTA VILLAGE TRAIN

중부내륙순환열차(O-train)를 대신하여 2020년 8월 19일 새롭게 탄생한 관광전용열차이다. 4량 1편성의 전기동차인 누리로를 개조하여 만들었으며, 운행구간은 강릉-분천 간이다. 동해의 바다 경관을 즐기며 백두대간을 가로질러 분천산타마을까지 운행되고 있다. 소요시간은 2시간 45분에서 3시간 사이이다. 서울-강릉 간 고속철도 개통에 따라 수도권에서 강릉까지의 접근이 편리해지면서 강릉을 기반으로 분천을 오가도록 개발된 것이다. 강릉을 떠나면 정동진, 묵호, 동해, 신기, 도계, 동백산, 철암, 석포, 승부, 양원, 비동역을 거쳐 분천역에 도착한다.

동해산타열차

1호차와 4호차는 일반실로 좌석 정원은 56석인데, 1인석과 2인석, 창을 향하여 고정된 전망석으로 구성돼 있다. 2호차는 19석의 카페실로 꾸며져 있다. 이곳엔 AR글라스 체험존이 마련돼 있고, 매점에서 커피콩빵 같은 지역 특산품을 구매할 수도 있어 친지들에게 기념품을 선물하려는 사람들에게 인기를 끌고있다. 3호차는 56석의 가족실인데, 가족석과 커플석, 패밀리룸으로 구성돼 있다. 이 칸엔 분천산타벤치 포토존이 있어 기념사진을 찍는 이들이 많다. 전체 좌석수는 187석이다.

• V-train

백두대간협곡열차이다. 'V'는 영어의 골짜기, 곧 'valley'를 뜻한다. 이 열차는 영동선 강원도 철암에서 경북 분천까지 27.7킬로미터 구간을 3량 1편성이 왕복 운행한다. 이 열차에 연결되는 차량은 소화물 객차를 개조하여 만들었으며, 에어컨이나 전기난방을 배제하고 겨울엔 목탄 난로, 여름엔 창문 개방과 선풍기만으로 냉난방을 해결하는 구조이다.

백두대간협곡열차 V-train

4400호대 디젤전기기관차의 외관은 백두대간을 상징하는 백호(白虎)를 디자인하여 꾸몄으며, 붉은색 객차 지붕 위에는 태양광 집열판을 설치하였다. 호랑이가 뛰쳐나올 것 같은 깊은 산속을 느릿느릿 운행하는 이 열차는 사전에 예약하지 않으면 이용을 못 할 정도로 인기가 높다.

• S-train 

남도해양관광열차는 광주에서 보성을 거쳐 진주와 마산으로 이어지는 경전선이 'S'자 형태를 띠고 있다는 점, 또 남쪽(South), 바다(Sea), 느림(Slow)의 의미까지 담고 있는 노선이다. 남도해양열차는 분홍색과 파란색으로 각각 도색된 두 개의 편성이 만들어져 있다.

남도해양열차 S-train

노을이 지는 하늘을 날고 있는 두루미(학, 鶴)가 그려져 있는 분홍색 기차는 서울을 떠나 경부선을 타고 내려가다가 서대전, 익산을 거쳐 전라선으로 들어간다. 주요 관광지는 남원과 순천이다. 쪽빛 천이 하늘에 날리는 모습이 도색된 파란색 기차는 부산을 떠나 구포를 거쳐 경전선으로 들어가 벌교와 보성을 주요 관광지로 삼는다. 계절에 따라 여수엑스포역을 종착역으로 삼기도 한다.

남도해양열차의 기관차는 거북선 모양을 하고 있다. 객차는 모두 5량으로 편성돼 있는데 힐링실, 가족실, 카페실, 다례실, 이벤트실로 구성돼 있다. 보성이 녹차의 고장이라는 점에 착안하여 다례실에서는 차에 대한 교육도 받을 수 있고, 둘러앉아 차를 마실 수 있도록 국내 최초로 좌식형(坐

式形) 좌석을 도입했다. 이벤트실에는 자전거 거치대가 마련돼 있어 자신의 자전거를 싣고 가서 남쪽 바다의 정취를 온몸으로 느낄 수도 있다.

• G-train 서해금빛열차 WEST GOLDTRAIN

서해금빛열차를 G-train 또는 West Gold-train이라고 부른다. 수도권을 출발하여 장항선을 거쳐 군산과 익산에 이르는 서해안 관광벨트가 이 열차의 운행노선이다. 핵심 관광지는 전주 한옥마을과 군산의 근대문화거리인데, 차량은 동차가 아니라 일반객차를 개조하여 만들었다. 서해금빛열차 최고의 인기 아이템은 온돌실로, 일반적인 기차의 의자나 응접실의 소파 방식이 아니라 전통 한옥의 온돌처럼 뜨끈뜨끈한 바닥에 앉거나 누워서 기차 여행을 할 수 있도록 한 것이다.

서해금빛열차 G-train

• DMZ-train 평화열차 DMZ train

평화열차로 불리는 DMZ-train은 분단의 산물인 비무장지대를 둘러보기 위해 만들어졌다. 경의선과 경원선을 운행하다가 최근에는 경의선 구간만 운행하고 있다. 전차선이 가설되어 있지 않은 구간도 운행할 수 있도록 도시통근형 디젤동차를 개조하여 만들었다. 용산역에서 출발하여 서울역

평화열차 DMZ-train

을 거쳐 경의선 최북단인 도라산역까지 운행된다.

임진강철교를 건너 도라산역에 도착하면 버스로 이동하여 도라산평화공원, 도라산전망대, 제3땅굴을 관람하게 된다. 도라산역에 조성된 통일플랫폼도 볼 수 있는데, 한반도 분단 현실을 가장 실감 나게 체험할 수 있도록 하고 민족통일에 대한 간절한 소망을 심어주는 여행상품이다.

- A-train

정선아리랑열차이다. 정선지역이 철도와 특별한 인연을 맺은 것은 1999년 정선5일장 관광열차를 운행하면서부터였다. 지역경제의 주축이던 탄광이 문을 닫으며 몰락 위기에 놓인 정선을 관광열차가 살려냈던 것이다. 정선아리랑열차는 그 혈통을 이어받은 열차라고 할 수 있다. 청량리역을 출발하여 중앙선과 태백선을 거쳐 민둥산역에서 정선선으로 들어가 아우라지역까지 운행된다. 정선에 들어가면 화암동굴, 화암약수, 우리나라 레일바이크의 원조라고 할 수 있는 정선 레일바이크, 정선5일장, 갱도체

정선아리랑열차 A-train

험, 정암사, 정선아리랑 공연 등 계절과 취향에 맞게 다양한 코스가 마련돼 있다. 기관차는 7600호대 신형 디젤전기기관차를 사용하며, 객차는 무궁화호 객차 4량을 개조하여 누리실, 땅울림실, 사랑인실, 하늘실로 명명하였다. 기관차와 발전차의 보랏빛 색상은 동강할미꽃의 색상에서 따온 것이다.

- E-train

5대 관광벨트를 운행하는 관광전용열차 외에 단체여행을 위한 관광전용 편성이 과거부터 있었다. 대표적인 것이 딱정벌레를 모티브로 한 레이디버드열차와 통통통 뮤직카페트레인 같은 것이다. 교육테마열차인 E-train은 2014년부터 그 바통을 이어받아 특별히 지정된 운행구간 없이 단체여행을 위해 사용되는 차량이다. 무궁화호 특실 등을 개조하여 투입되었으며, 청소년 수학여행에 가장 많이 이용되고 있다.

교육테마열차 E-train

철도계의 불문율,
기차바퀴에 흙을 묻히지 말라!

기차는 어떻게 곡선구간을 통과할까?

철도에는 전통적으로 기차바퀴에 흙을 묻히면 안 된다는 불문율 비슷한 것이 있다. 기차바퀴에 흙이 묻었다는 것은 곧 기차가 철길을 벗어났다는 것을 의미하며, 사고가 아닌 이상 그런 상황은 생각하기 힘들기 때문이다. 쇠로 만들어진 기차바퀴가 쇠로 만들어진 철길 위를 달리는데, 어떻게 기차는 철길을 벗어나지 않고 달릴 수 있는 것일까? 더구나 곡선구간에서는 어떤 원리로 그 기다란 기차가 미끄러지듯 통과하는 것일까? 그 비밀을 하나하나 파헤쳐보자.

먼저 기차바퀴(차륜, 車輪)가 빠른 속도로 철길에서 떨어지지 않고 달릴 수 있는 이유는 바퀴 안쪽에 플랜지(flange)라고 부르는 턱이 만들어져 있기 때문이다. 이 플랜지 덕분에 어느 한쪽으로 쏠리는 힘이 작용해도 기차바퀴는 궤도 밖으로 벗어나지 않게 된다. 물론 커다란 충격으로 양쪽 바퀴가 떠서 궤도를 벗어났을 때에는 플랜지의 역할에 한계가 있을 수밖에 없다. 하지만 일상적인 운행을 할 때에는 기차바퀴를 포함한 차축과 그 위에 얹혀 있는 차량 및 적재물(여객 또는 화물)의 무게로 기차바퀴는 철길에 밀착하여 돌아갈 수밖에 없는 것이다.

그런데 곧게 뻗은 직선구간에서야 그럴 수도 있겠지만, 기차가 시골에서 산모퉁이를 돌거나 강가를 지날 때처럼 심한 곡선구간은 어떻게 무슨 원리로 통과하는 것일까? 여기에는 생각보다 많은 과학의 원리와 안전장치가 숨어 있다.

먼저 양쪽 두 개의 기차바퀴는 하나의 축으로 연결돼 있다. 마치 역도선수의 역기(力器, barbell)처럼 하나의 봉이 두 개의 원형 쇳덩어리를 관통한 모양과 비슷하다. 다른 것이라면 역기의 경우 봉과 원반이 분리돼 있어 필요에 따라 교체가 가능한 반면, 기차바퀴는 바퀴와 축이 마치 한 몸인 것처럼 고정돼 있다는 것이다. 따라서 기차바퀴는 양쪽이 따로 놀지 않고 반드시 차축과 한 몸이 돼서 움직이도록 되어 있다. 만약 기차바퀴가 차량 몸체에 고정돼 있다면 기차가 곡선구간을 운행할 때 바퀴가 궤도를 벗어나 탈선할 수밖에 없다.

기차바퀴

그 때문에 철도에서는 오래전부터 '대차(臺車, bogie)'라는 개념을 도입해 사용해왔다. 대차란 쉽게 말해 '바퀴뭉치'라고 할 수 있는데, 복수의 기차바퀴에 회전판을 갖춘 강철구조물을 얹어놓은 구조이다. 차축과 구조물이 닿는 부분에는 베어링을 사용하고, 구조물 중심부에는 회전판과 핀이 있어 차체와 연결된다.

대차(6륜)

일반적인 객차나 화차에 사용되는 대차는 두 개의 차축으로 구성돼 있어 바퀴가 네 개가 된다. 이에 비해 동력차용은 세 개 또는 네 개의 축을 사용하는 것이 일반적인데, 다른 차량을 끌기 위해서는 큰 마찰력을 얻기 위한 무게가 필요하기 때문이다. 어떠한 형식의 대차든지 중심부의 회전판

(센터실)과 핀을 통해 차체와 연결되고, 이를 통해 방향전환이 가능하게 된다. 다시 말하면 기차가 직선구간을 달릴 때에는 차량과 기차바퀴의 축은 직각을 이루게 되지만, 곡선구간을 달릴 때에는 대차의 방향전환에 따라 각도가 달라진다는 뜻이다.

대차를 이용해 방향전환 문제를 해결했다고 해서 곡선 통과가 원활히 이루어지는 것은 아니다. 앞서 밝혔듯이 양쪽의 기차바퀴는 차축과 일체형이다. 철길은 궤도라고도 하고, 쇠 가닥 자체는 궤조(軌條, Rail)라고 부른다. 나란히 놓여 있는 궤조의 간격은 일정한 거리를 유지하고 있는데, 우리나라에서는 국제표준규격인 1,435밀리미터를 채용하고 있다. 기차가 곡선반경 500미터의 곡선구간(철도에서는 500R라고 표기한다)을 달린다고 할 때, 안쪽 궤조와 바깥쪽 궤도와는 단순히 생각해도 1,435밀리미터의 반경 차이가 있는 것이다. 이것을 거리로 한번 계산해보자.

궤조 이음매

우리가 아는 것처럼 원의 둘레는 지름에 원주율 3.14를 곱해서 구한다. 반경이 500미터이므로 지름은 1,000미터가 되고, 여기에 3.14를 곱하면 바깥 궤조와 안쪽 궤조와는 약 4.5미터의 차이가 발생한다.

$$1,000 \times 3.14 = 3,140$$

$$1,001.435 \times 3.14 \fallingdotseq 3,144.5$$

하지만 논리적으로 기차가 아무리 심한 곡선구간이라고 해서 360도 회전하는 경우는 없기 때문에 180도 돈다고 생각하면 개략적으로 2.25미터 정도의 차이가 발생한다. 2.25미터! 별것 아닌 것 같지만 이것은 고속운행에서는 절대로 극복할 수 없는 거리이다. 철도 초창기의 저속운행 상황에서는 기차바퀴가 심한 소음과 진동 가운데 어떻게든 통과하겠지만, 고속운행을 하게 되면 기차는 탈선할 수밖에 없다. 그러면 철도에서는 이런 문제를 어떻게 해결하고 있을까?

일반적인 자동차의 바퀴는 타이어 하나를 놓고 보았을 때 좌우대칭이다. 어떠한 이유로 대칭이 맞지 않게 되면 승차감이나 안전운행에 많은 영향을 끼칠 수 있는 것이 자동차이다. 그런데 기차바퀴는 자동차와 달리 좌우대칭이 아니다. 위에서 소개한 플랜지 부분을 빼더라도 나머지 부분도 대칭이 아니라는 것이다. 기차바퀴는 차축을 기준으로 놓고 볼 때 안쪽에 있는 플랜지를 벗어나면서부터 바퀴 끝부분까지 원뿔형(taper)으로 굵기가 점점 줄어드는 형태로 되어 있다. 이렇게 만들어진 이유는 무엇일까? 단순히 디자인의 문제가 아니라 바로 곡선구간 통과와 직접적으로 관련되어 있다. 열차가 곡선구간을 지나게 되면 원심력에 의해 차체가 바깥쪽으로 쏠린다. 자연스럽게 기차바퀴 역시 그 중심부에서 바깥쪽으로 쏠리게 되는데, 바깥쪽의 바퀴는 플랜지에 가까운 부분이 궤조에 닿게 되고 안쪽 궤조의 바퀴는 플랜지에서 먼 부분이 닿게 된다. 이렇게 되면 차축에 고정된 양쪽 바퀴는 똑같이 한 바퀴를 돌지만 궤조와 접촉되는 부분의 바퀴 굵기가 다르기 때문에 결국 이동거리도 달라지는 것이다.

지금까지 곡선구간을 원활하게 통과하기 위한 기차 자체의 기계적 원리에 대해 알아보았다. 그런데 이것이 다가 아니다. 이것만으로는 원심력이라는 자연법칙을 완전히 통제하기 힘든 것이 사실이다. 그래서 철도에서는 여기에 더하여 철길에도 안전장치를 설치한다. 그것은 빠르게 곡선 구간을 달리는 기차가 원심력에 의해 바깥으로 넘어지지 않도록 바깥쪽 궤조를 안쪽보다 높여주는 것으로, 이것을 철도에서는 캔트(cant)라고 한다. 또한 궤도 간격도 표준보다 약간 넓혀서 기차바퀴의 이동을 원활하게 해주는데, 이것을 슬랙(slack)이라고 한다. 물론 캔트와 슬랙은 잘못 설정했을 때 오히려 기차의 안전운행을 저해할 수도 있기 때문에 설정 기준과 한계치가 명확하게 정해져 있다.

이렇게 차량 자체와 철길에 대한 안전장치 외에 운영상의 안전장치가 하나 더 있는데 그것은 곡선의 정도에 따른 속도제한이다. 기계적인 보완장치가 있다고 해도 원심력을 통제할 수 있는 속도를 넘어선다면 그 순간 기차는 철길을 벗어나기 때문이다. 따라서 고속철도 구간에서는 가급적 곡선구간을 최소화하도록 하고 있고, 불가피한 경우 우리나라에서는 최소 곡선반경을 7,000미터 이상으로 설정하여 속도제한에 따른 지연이 발생하지 않도록 하고 있다.

마찰식과 비마찰식

전통적으로 철도는 쇠바퀴가 철길 위를 달리는 방식으로 움직여왔다. 이것을 마찰식이라고도 하고 바퀴식이라고도 한다. 그런데 과학이 발달하면서 비마찰식 철도가 등장하게 되었다. 마찰식 철도의 경우 마찰력에 의해 차량을 끌게 되어 있는데, 이 방식은 악천후에 취약할 수밖에 없다. 곧 눈이나 비에 궤도가 젖고 서리나 이슬에도 영향을 받는다. 이뿐만 아니라 정지상태에서 움직임을 시작할 때에나 고갯길을 올라갈 때에도 마찰력이 충분하지 못하면 헛바퀴가 돌 수 있다. 이런 경우를 대비해 동력차에는 많은 양의 모래가 실려 있는데, 이 모래를 바퀴와 궤조가 만나는 부분에 뿌려서 마찰력을 높여준다. 이것을 살사(撒砂)장치라고 하고, 증기기관차에서 고속차량에 이르기까지 이 기술을 적용하고 있다.

현재까지 바퀴식 철도의 경우 시속 약 575km/h를 달성한 프랑스의 테제베(TGV)고속차량이 최고속도로 기록돼 있다. 그러나 상업운전에서는 300km/h 내외를 유지하고 있다. 우리나라 역시 해무(HEMU-430X)를 개발하여 400km/h를 달성하였으나 아직 상업운전에는 투입하지 못하고 있다. 서울에서 부산을 1시간 남짓이면 갈 수 있다는 말인데 고속철도 운영기관인 코레일이 왜 해무를 도입하지 않는 것일까?

무엇보다도 투자 대비 수익률이 커다란 걸림돌이다. 기차가 시속 400km/h 이상의 속도로 달리기 위해서는 차량만 구매하는 것으로 끝나는 것이 아니라 선로, 신호, 전력, 관제 시스템이 함께 따라가야 한다. 철도는 시스템 산업이기 때문이다. 비유하자면, 동네 편의점에 가려면 걸어가는 것이 제일 좋고 대형마트에 가려면 경차를 끌고 가면 충분하다. 굳이 주차하기도 번거로운 고급차를 끌고 골목길을 다닐 필요가 없는 것과 같다.

그럼에도 불구하고 국가에서 초고속열차 개발에 많은 예산을 투입하는 것은 당장 국내에서 상업운행을 하지는 못한다고 할지라도 해외진출의 기회를 얻을 수 있고, 개발 과정에서 확보된 기술을 다양하게 활용할 수 있기 때문이다.

비마찰식이란 자석이 같은 극끼리는 밀어내고 다른 극끼리는 당기는 성질을 이용하여 차량이 궤도에 닿지 않는 상태에서 운행하는 방식을 말한다. 비마찰식의 장점은 마찰에 의해 발생하는 소음과 진동, 기계적 마모, 손상으로부터 자유롭다는 것이다. 또한 급경사에서도 무리 없이 운행이 가능하다. 단점이라면 기존 궤도를 활용할 수가 없어 값비싼 전용노선을 부설해야 하기 때문에 경제성 면에서 바퀴식에 비해 떨어진다는 것, 강력한 자기력을 기반으로 하는 기술이다 보니 승객의 안전에 대한 유해성 검증이 완료되지 않았다는 것이다.

자기부상열차는 기본적으로 두 가지의 동력을 필요로 하는데, 하나는 궤도면에서 차량을 띄워주는 부상장치이며 다른 하나는 앞으로 나아가게 하는 추진장치이다. 궤도면에서 차량을 띄울 때에는 서로 같은 극을 이용하여 밀어내는 방식과 서로 다른 극을 이용하여 당기는 방식이 이용된다. 운행할 때 바닥에서 궤도면까지의 간격은 약 10밀리미터 내외를 유지하게 된다.

원천기술 확보는 물론이고 신차 제작과 시운전까지 마친 일본이 본격적인 상업운행을 지금껏 미루고 있는 것도 사실은 인체에 대한 유해 여부

비마찰 방식으로 움직이는 자기부상열차

증명과 관련이 있다고 할 수 있다. 그래도 중국에는 상하이의 롱양루[龍陽路]역에서 푸둥[浦东]공항까지 31킬로미터를 최고속도 430km/h로 7분 20초 만에 운행하는 마그레브 열차가 있다.

한국은 독일, 일본과 함께 자기부상열차에 대한 원천기술을 보유하고 있는 나라 가운데 하나이다. 현재 인천국제공항 제1터미널에서 용유역까지 6.1킬로미터 구간에 2016년 2월 3일부터 2량 편성의 자기부상열차가 무료로 운행되고 있다. 무인운전 방식이며, 최고속도는 시속 110km/h 정도인 도시형 자기부상철도이다.

기차가 다니는 길, 기찻길

노반, 도상

비행기는 하늘길을 가고, 배는 바닷길을 간다. 땅 위를 달리는 자동차와 기차를 구분하는 것은 바로 기찻길이다. 물론 일반적으로 기차는 길고 자동차는 짧지만, 그렇다고 꼭 길어서 기차는 아닌 것이다. 넓은 의미의 궤도교통기관은 일반적인 철도뿐만이 아니라 도로면을 공유하는 전차(트램)도 있고, 고무바퀴를 이용하는 신교통수단도 있다. 또 궤도가 하나뿐인 모노레일 외에 심지어는 삭도(索道, 케이블카)를 궤도교통기관에 포함시키기도 한다.

그렇다. 궤도가 없다면, 궤도를 이용하지 않는다면 그것은 진정한 기차가 아닌 것이다. 기차를 기차이게 하는 궤도는 어떻게 시작되었을까? 그것은 18세기 영국의 탄광에서 시작된 것으로 보는 것이 일반적이다. 최초의 탄광은 지상에 드러난 노천탄광이어서 채탄이 비교적 쉬웠으나, 점차 바닥을 드러내면서 점점 탄맥을 찾아 지하 깊숙이 들어갈 수밖에 없었다. 탄을 캐게 되면 수레에 실어 밖으로 옮겨야 하는데 지하에서는 끊임없이 지하수가 솟아 나오기 때문에 바닥면에 나무를 깔아 바퀴가 빠지지 않도록 하였다. 이렇게 지상에 나온 수레를 말의 힘을 이용하여 물가로 옮기고, 다시 이것을 배에 실어 최종 소비지인 도시로 가지고 갔다. 그러니까 수레바퀴가 원활히 돌아갈 수 있도록 나무로 만든 목도(木道)가 먼저 만들어졌고, 나무의 내구성을 높이기 위해 그 위에 철판을 덮으면서 비로소 궤도다운 궤도가 등장한 것이다.

1825년 증기기관차에 의한 철도의 상업운행이 맨 처음 시작될 때에는 철제 궤도가 부설돼 있었고, 기차가 운행되지 않는 시간에는 말이 끄는 마차도 이 철길을 사용하였다.

기차의 장점은 장거리 대량수송에 강하다는 것인데, 무거운 기차가 안전하게 운행되기 위해서는 기찻길 역시 튼튼하게 만들지 않으면 안 된다. 처음 기차가 다닐 노선이 확정되면 먼저 길닦이를 하게 된다. 바닥을 평평하게 하고 충분히 다져서 단단하게 하고, 배수로를 확보하여 수해를 입지 않도록 하는 것이다.

일반적인 기찻길은 평지보다 높아서 둑의 형태를 하고 있는데, 이렇게 궤도를 놓을 수 있도록 잘 다져진 부분을 '노반(路盤)'이라고 한다. 노반 위에는 자갈을 깔고 침목과 궤조(레일, Rail)를 부설하게 되는데, 이렇게 궤조와 침목을 감싸 안고 있는 부분을 철도에서는 '도상(道床)'이라고 부른다. 곧 기찻길은 노반 위에 침목과 궤조가 놓이고 도상이 튼튼하게 자리를 잡아주는 형태로 이루어졌다고 할 수 있다. 기찻길은 다른 말로 선로(線路) 또는 궤도(軌道), 또는 철길이라고도 부른다.

자갈도상 궤도

주로 자갈로 이루어진 도상의 가장 큰 역할은 기차바퀴를 통해 전해지는 기차의 무게를 노반에 골고루 분산시키는 것이다. 또한 침목과 궤조의 자리를 잡아주는 기본적인 기능 외에 다음과 같은 역할을 하고 있다. 첫째, 눈이나 비가 왔을 때 물 빠짐(배수, 排水)을 도와 기찻길이 침수되지 않도록 해준다. 둘째, 운행 중 발생하는 마찰음 같은 소음을 빨아들이는(흡음, 吸音)

역할을 해준다. 셋째, 기차가 달릴 때 발생하는 진동이나 충격에 대한 완충 작용을 해준다.

기찻길도 오랜 기간 사용하게 되면 자갈이 깨지고 부서져 자갈과 자갈 사이가 모래나 흙 등으로 채워진다. 이렇게 되면 잡초가 자라나고 충분한 배수와 흡음, 완충 기능을 기대할 수 없게 된다. 이런 경우 기계작업을 통해 모래나 잔자갈을 걸러낸 후 새 자갈을 보충해주고, 다지기 작업으로 본래의 기능을 회복시켜준다.

그런데 모든 도상이 자갈로 이루어져 있는 것은 아니다. 지하구간에서 전철을 기다리다 보면 선로가 보이는데, 대부분 자갈은 보이지 않고 콘크리트에 침목이 고정돼 있는 것을 볼 수 있다. 특히 대구에서 경주와 울산을 거쳐 부산에 이르는 경부고속철도 2단계구간의 경우엔 역구내(驛區內)뿐만 아니라 전 구간을 자갈도상이 아닌 콘크리트도상으로 부설했다. 그렇다면 콘크리트도상에서는 기존 자갈이 담당하던 배수나 흡음, 완충 기능은 어떻게 확보하는 것일까?

일단 지하구간의 역구내 도상을 자갈이 아닌 콘크리트로 하는 이유는 차량운행 때 발생하는 먼지 등 이물질 발생을 최소화하기 위한 고민의 결과이다. 어차피 지하구간의 경우, 눈이나 비에 따른 피해보다 지하수 처리가 큰 과제이기 때문에 물 빠짐을 위한 자갈의 역할은 크게 기대할 것이 못된다.

그러면 고속철도 구간은 어떨까? 고속철도 구간의 궤도는 크게 토공, 교량, 터널로 이루어진다. 일반철도의 경우엔 지면에 노반과 도상이 놓여 있는 토공 부분이 절대적으로 많은 부분을 차지하고 있지만, 고속선의 경우엔 직선화를 우선시하는 특성상 산을 뚫고 강을 가로지르는 경우가 많다. 또한 도상의 고저차를 줄여 일정한 높이를 유지하기 위해 고가 형식으로 만들어진 구간이 많을 수밖에 없다. 이런 특성으로 도상이 콘크리트로 되어 있다고 해도 물 빠짐을 고민할 상황은 아닌 것이다.

운행 중 발생하는 소음의 경우 고속차량은 밀폐 시스템이 잘 구축돼 있다. 특히 터널을 지날 때에는 외기(外氣)와 완전히 차단되는 시스템이 가동된다. 진동의 경우에도 고속선은 곡선구간이 거의 없고, 있다고 해도 곡선반경이 커서 궤조와 바퀴의 마찰로 인한 소음이 크지 않다. 그렇다고 해도 700톤에 이르는 388미터짜리 거구(KTX-산천의 경우 단편성 약 400톤, 201미터)가 시속 300킬로미터로 달리는데 소음이나 진동이 없을 수 없다. 그래서 콘크리트도상의 경우 궤조(레일)와 침목 사이에 특수재질의 패드를 끼워 넣는다. 이 패드는 자갈도상이 가지고 있는 완충과 흡음, 강철 궤조와 콘크리트 침목의 접촉에서 생기는 파손으로부터 양쪽을 보호해주는 역할을 하는 것이다.

이렇듯 자갈도상은 빈번한 차량 운행으로 자갈이 깨지거나 변형될 개연성이 높다는 단점이 있지만, 대신 유지보수가 쉬운 편이다. 그런데 콘크리트도상은 한번 만들어지면 유지보수 없이 오랜 기간 사용할 수 있다는 장점이 있지만, 어떤 문제점이 발생되면 유지보수가 무척 어렵고 많은 비용이 든다.

침목, 궤조

기찻길(軌道)을 구성하는 핵심요소 중에서 침목의 역할은 무엇보다도 궤간(軌間), 곧 궤조와 궤조 간의 간격을 유지해주는 것이라고 할 수 있다. 일정한 궤간이 유지되는 것을 전제로 차량이 만들어지기 때문이다. 또한 침목은 레일을 통해 전달된 기차의 무게를 분산시켜 도상에 전달하는 기능도 갖고 있다.

침목의 재질은 전통적으로 단단한 나무를 사용해왔다. 나무는 구하기 쉽고 가공이 비교적 용이하지만, 오래 견디는 성질이 약하다. 아무리 단단한 목재라고 해도 눈과 비, 한여름의 폭염과 혹한의 추위에 노출된 상태로 기차의 무게를 지탱하다 보면 몇 해 견디지 못하고 휘거나 부러지거나 썩기 시작한다. 이러한 문제점을 보완하기 위해 가장 먼저 시도된 것은 기름을 비롯한 특수약품을 주입해 방부처리를 함으로써 재질을 강화시키는 것이었다. 이 덕분에 침목의 수명은 10년 정도까지 사용할 수 있도록 연장되었다.

나무의 재질을 강화시키는 방법 외에 아예 나무가 아닌 금속이나 콘크리트침목을 사용하는 방법도 있다. 그런데 금속을 사용하면 목재에 비해 수명은 연장할 수 있으나 비용이 너무 많이 들고, 궤도회로 구성이나 신호제어장치 현대화에 걸림돌로 작용할 수 있다. 이에 비해 콘크리트침목은 비교적 적은 비용으로 금속이 갖고 있는 내구성과 목재가 갖고 있는 절연효과를 모두 확보할 수 있다.

나무침목의 경우, 레일을 고정시키는 장치로 개못(Dog Spike)을 박거나 나사못(Screw Spike)을 사용하는데 나무의 특성상 열차진동에 의해 못이 빠지거나 헐거워지는 현상이 자주 발생한다. 이럴 경우 침목을 약간 옮겨 새로 못을 박든지 아예 뒤집어서 사용하기도 한다.

콘크리트침목은 철심을 넣은 틀에 콘크리트를 부어 만든 것인데, 최근에는 PC침목(Prestressed concrete sleeper)이 많이 사용되고 있다. 이것은 미리 인장력을 가한 여러 개의 강선(鋼線)이 들어 있는 침목으로, 철심이 지닌 응

축력(凝縮力)에 의해 콘크리트 역시 매우 단단하고 강하게 굳어 있다. 나무침목보다 제작단가가 비싸고 무겁지만, 수명이 길고 안정적이라는 장점이 있다. 레일과 고정하는 방법은 나사, 볼트와 너트를 이용하기도 하고 최근 우리나라에서는 코일스프링과 클립을 많이 이용하고 있으며, 일반적인 수명은 20년을 잡고 있다.

PC침목이 튼튼하고 수명이 길기는 하지만 분기부나 곡선부, 교량 등에서는 아직도 나무침목을 사용하고 있다. 이런 곳에서는 표준침목보다 훨씬 긴 침목이 필요할 뿐만 아니라 슬랙이 적용되어야 하기 때문에 나무침목이 유용하게 쓰인다.

표준 PC침목은 무게가 60킬로그램짜리와 180킬로그램짜리가 있으며, 단위는 '정(丁)'을 쓰고 있다. 궤도를 처음 놓을 때 침목과 침목 간의 간격은 어떤 기차가 얼마나 자주 운행되는지에 따라 달라지는데, 기본레일 25미터당 30~40정이 들어간다. 곧 실제 간격이 60~80센티미터 내외로, 운행횟수가 많은 중요한 궤도일수록 간격이 좁게 설정되는 것이다.

궤조(軌條)는 현장에서는 '레일'이라는 이름으로 더 많이 불리는데 바퀴를 통해 기차의 무게를 직접 받는 부분이다. 앞에서 살펴본 바와 같이 레일의 원조는 철도(鐵道)가 아니라 목도(木道)였고, 나무의 파손과 휘어짐을 막기 위해 철판을 덧대거나 씌우는 과정을 거쳐 동력원이 말에서 기관차로 바뀌면서 아예 철제 궤도를 사용하게 되었다.

우리나라에서 현재 사용되고 있는 궤조의 종류는 세 가지 정도로 1미터당 무게를 기준으로 37킬로그램짜리, 50킬로그램짜리, 60킬로그램짜리가 있다. 고속철도 구간에서 사용되고 있는 것은 모두 60킬로그램짜리이며, 그 외 일반선의 경우 50킬로그램짜리를 사용하고 있다. 일반선이라고 해도 선로가 갈라지는 분기부의 경우 대부분 60킬로그램짜리로 되어 있고, 점차 모든 본선 선로를 60킬로그램짜리로 개량하고 있는 중이다. 37킬로그램짜리 궤조는 본선에서는 사용되지 않으며, 측선 일부에 남아 있는 정도이다.

철도 현장에서 레일은 단위로 '장'을 쓰며, 무게가 아닌 길이로 분류하는 방법도 있다. 공장에서 생산할 때 기본 길이는 장당 25미터인데 이것을 정척(定尺)레일이라고 하고, 이보다 짧은 것은 단척(短尺)레일, 50~200미터의 것은 장척(長尺)레일, 200미터 이상부터는 장대(長大)레일이라고 부른다.

어른들이 기차여행을 추억할 때 항상 떠올리는 "덜거덕덜거덕" 하는 규칙적인 소리는 바로 기차바퀴가 레일 이음매를 지날 때 나는 소리이다. 사실 이 충격은 레일이나 바퀴, 차체에 모두 좋지 않은 영향을 끼치기 때문에 철도 기술은 가급적 이음매를 없애는 방향으로 발전해왔다. 이음매를 없애려면 아예 시작부터 장대레일을 놓거나 정척레일을 현장에서 용접하여 장대화하는 방법이 있다. 그런데 공장에서 몇백 미터에 이르는 장대레일을 생산하면 궤조의 안정성 면에서는 좋지만 부설 현장까지의 수송에 어려움이 있고, 현장에서 용접하는 방법이 번거로울 뿐만 아니라 안정성에서 뒤떨어진다고 할 수 있다. 결국 우리나라에서는 대부분의 선로가 직선으로 이루어진 고속선의 경우에는 장척레일을 생산하여 수송하는 방법을, 곡선구간이 많은 기존선의 경우에는 현장에서 용접하는 방법을 주로 시행하고 있다.

레일의 장대화와 중량화를 추진하는 이유는 기차가 보다 빨리 쾌적하게 달릴 수 있도록 하려는 것이지만, 온도변화에 따른 신축작용(伸縮作用)이 장대화의 걸림돌이 되고 있다. 신축작용이란 금속이 높은 온도에서 팽창

하고 낮은 온도에서 수축하는 현상을 말한다. 전통적으로 철도에서는 레일과 레일의 연결부에 일정한 간격을 두어 신축에 대응했는데 이것을 유간(遊間)이라고 한다. 과거 혹서기와 혹한기에 선로를 순회하는 직원들은 각 레일 이음매의 유간을 유심히 관찰하여 레일이 늘어나 유간이 없어지지는 않았는지, 혹은 수축으로 유간이 지나치게 커지지 않았는지를 집중적으로 확인했다. 만약 이런 상황이 발생되면 '유간정정(遊間訂正)'이라는 힘든 작업을 통해 적정 유간을 확보했다.

과거에 비해 운행횟수가 급격히 늘고 기후 변화가 극심하여 레일이 받는 스트레스가 극대화하고 있음에도 불구하고 기차가 안전하게 달리고 있는 것은 레일 자체의 품질이 좋아진 것도 있지만 '신축 이음매'라고 하는 기술이 개발된 덕분이라고 할 수 있다. 신축 이음매란 레일과 레일이 맞닿는 한쪽 부분을 칼날처럼 만들어 겹쳐지게 함으로써 레일이 어느 정도 늘어나거나 줄어들어도 본 궤도에 영향을 주지 않고 자체적으로 대응할 수 있도록 하는 기술이다. 이 기술이 보편화하면서 고속철도를 비롯한 주요 간선은 시발역부터 종착역까지 레일이 물리적인 단절 없이 모두 이어지게 되었고, 철도 이용객은 보다 안락한 여행을 즐길 수 있게 되었다. 궤도가 이어지면서 필연적으로 생기는 궤도회로 구성 문제는 물리적 절연이 아닌 전자적 절연 방식을 통해 해결하고 있다.

신축 이음매

궤간을 극복하라

김남조 시인의 「평행선」이라는 아름다운 시가 있다. '우리는 서로 만나

본 적도 없지만 헤어져본 적도 없다'로 시작해서 '우리는 아직 하나가 되어 본 적도 없지만은 둘이 되어본 적도 없다'로 끝나는, 기찻길을 소재로 한 사랑의 시다. 두 가닥 철길이 서로 만나지 않는 것은 일정한 간격을 유지하는 것이 기찻길의 숙명이기 때문이다. 두 개의 궤조와 궤조 사이의 간격을 궤간이라고 하는데, 궤조 안쪽의 폭, 정확하게 궤조 머리 부분 위로부터 16밀리미터(고속철도와 도시철도는 14밀리미터) 내려온 부분의 양쪽 폭을 재는 것이 원칙이다. 세계적으로 정한 국제표준궤간은 1,435밀리미터이며, 이보다 좁으면 협궤(狹軌), 넓어지면 광궤(廣軌)라고 부른다.

1,435밀리미터라고 하는 특정한 수치가 어떻게 국제규격이 되었는지에 대해서는 다음과 같은 설(說)이 있다.

영국에서 철도가 처음 시작될 당시 일반적으로 사용되던 마차는 우리가 영화에서 흔히 보던, 두 마리의 말이 끄는 쌍두마차였는데 전통적으로 그 마차 바퀴의 폭이 4피트 8½인치, 곧 1,435밀리미터라는 것이다. 그리고 이 규격은 로마시대 때부터 전해 내려왔다는 것이다(로마시대의 도로 폭에 대해 기원전 450년경 12표법에서는 도로 폭을 직선구간에서는 2.45미터로, 곡선구간에서는 4.9미터로 규정하였다고 한다). 실제로 1825년, 철도가 처음 상업운행을 시작했을 때 기차가 다니지 않는 시간대에는 말이 끄는 역마차가 다녔고, 이것은 쌍두마차의 바퀴 폭과 철도 궤간의 관련성에 대한 중요한 단서가 된다고 생각한다.

궤간이 중요한 이유는 궤간에 맞춰 차량규격이 정해지고 터널이며 역사, 타는곳의 크기도 정해지기 때문이다. 우리나라와 중국은 표준궤간을 사용하고 있고, 가까운 일본의 경우 일반선은 협궤인 1,067밀리미터, 고속열차인 신칸센은 표준궤간을 사용하고 있다. 광궤를 사용하는 대표적인 나라는 러시아로 1,520밀리미터를 사용하고 있다.

수인선 협궤열차

광복 이후 우리나라에는 궤간이 762밀리미터에 불과한 협궤노선이 두 군데 있었다. 하나는 수원에서 여주까지 연결된 수려선이었으며, 나머지 하나는 최근 광역전철이 놓인 수인선으로 수원에서 인천까지 연결된 노선이다. 수려선은 1972년에 폐선되었고 수인선은 그 후 20여 년이 지난 1995년에 폐선되었는데 크기가 얼마나 작은지 장의자에 마주 앉아 있으면 무릎이 거의 닿는다는 말이 나올 정도였다. 협궤구간을 운행하던 기관차와 화차, 객차, 동차의 모습은 철도박물관에서 볼 수 있다. 일본 나고야 교외 욧카이치[四日市]에 가면 지금도 운행 중인 762밀리미터 협궤열차를 만나볼 수 있다.

광궤와 협궤는 각각 장단점을 갖고 있는데, 어느 한쪽의 장점이 다른 쪽의 단점이 되고 반대로 어느 한쪽의 단점은 다른 쪽의 장점이 되는 상충관계에 있다. 광궤는 대륙철도에 적합한 특성을 갖고 있다. 차량이 커서 고속화와 대량수송에 적합하다. 단점이라면 건설과 유지보수 비용이 많이 든다. 궤간이 넓을수록 당연히 차량도 커지고 중량도 늘어나기 때문에 노반, 도상, 교량, 터널 모든 것이 크고 튼튼해야 한다. 협궤의 장점은 건설과 유지보수 비용이 적게 든다는 것이다. 차량이 작기 때문에 곡선구간 통과가 쉽고, 연료도 적게 사용한다. 단점은 대량수송능력이 떨어지고 고속화가 어렵다는 문제가 있다.

우리나라 철도의 궤간과 관련한 주요 기록으로는 1896년 7월 15일자

(음력) 칙령 제31호로 제정 공포한 국내철도규칙을 들 수 있다. 이때 우리나라 철도의 궤간을 표준궤간인 1,435밀리미터(영척 4척 8촌 반)로 정했다. 이 궤간은 아관파천 이후 러시아의 영향으로 일시적으로 광궤로 바뀌었지만, 다시 원래대로 표준궤간을 채택하게 되었다.

무엇보다도 19세기 말에 일본이 우리나라에 철도를 놓을 때 일본식 협궤를 채용하지 않고 국제표준규격을 따랐던 이유는 대륙철도와의 연결을 염두에 두었기 때문이다. 남북철도 연결이며 대륙철도 이야기가 큰 관심사가 된 요즘에는 대륙철도라고 하면 쉽게 시베리아횡단철도를 통한 유럽행을 떠올리지만, 1930년대까지만 해도 경부선과 경의선을 통한 중국 안둥[安東, 지금의 단둥]으로의 접근이 가장 일반화되어 있는 국제철도노선이었다. 유럽과 아시아, 중남미 지역이 저마다 다양한 궤간을 사용하는 이유는 나라별로 다양한 자연환경과 경제력도 문제가 되었지만, 정작 중요한 것은 단절을 위함이었다.

인류문명이 발생한 이래 대개 전쟁은 이웃 나라와 하게 되고, 먼 나라와는 싸울 일이 별로 없는 것이 세상 이치라고 할 수 있다. 그래서 제국주의시대에 저마다 철도를 놓을 때 이웃 나라와는 다른 궤간을 선호하게 되었다. 궤간이 같으면 기찻길을 서로 연결해 빠른 속도로 군대를 침투시킬 수 있기 때문이다. 제국주의시대의 일본은 외국을 침략하게 되면 우선 협궤노선을 속성으로 부설해서 군사용으로 쓰고, 그 지역을 점령한 이후에는 표준궤로 개축하는 방법을 많이 썼다.

지금도 표준궤를 사용하고 있는 북한과 광궤를 사용하고 있는 러시아 사이에는 국제열차가 운행되고 있다. 이렇게 서로 다른 궤간을 극복하기 위한 다양한 방법이 있는데, 가장 원초적인 방법은 환승과 환적이다. 그동안 타고 온 차에서 내려 새 궤간에 맞는 차에 옮겨 타고 짐은 옮겨 싣는 것이다. 이 방법은 사람의 경우엔 그나마 간단하다고 할 수 있으나 화물의 경우는 그렇게 간단하지가 않은 문제이다. 특히 쉽게 옮겨 실을 수 없는 석탄이나 철광석 같은 경우에는 환적 비용과 시간이 많이 소요되고 화물의 훼손, 유실 등의 문제가 발생한다. 이를 해결하기 위해 개발된 방식이 대차교환방식이다.

대차란 앞에서도 살펴봤듯이 기본적으로 차체와 분리할 수 있도록 되어 있다(다만 동력차의 경우에는 동력전달장치 등이 서로 복잡하게 연결되어 있어 대차교환이 어렵다). 일단 차가 도착하면 일종의 기중기가 차체를 들어 기존 대차를 분리시키고, 새 궤간에 맞는 대차를 장착시킨다. 물론 여객열차의 경우 안전을 위해 대차교환 작업 시에는 잠시 차에서 내리는 번거로움이 있지만, 차를 바꿔 타는 것보다는 덜 불편하다. 더구나 화물열차의 경우에는 환적에 따르는 여러 문제가 자동으로 해결되니 무척 편리한 방법이다.

교환용 광궤대차

비교적 최근에 개발되어 일부 사용되고 있는 방법은 궤간가변대차를 사용하는 것이다. 궤간가변대차란 궤간의 변화에 맞게 양쪽 차륜 간의 거리가 조정되도록 만든 대차이다. 그렇다고 운행 중 아무 때나 바뀌는 것은 아니고, 궤간이 바뀌는 분계역 궤도에 유도장치를 만들어 기차바퀴가 그 장치를 따라가면서 자연스럽게 궤간이 바뀌도록 되어 있다. 이 기술은 우리나라에서도 이미 개발이 끝나 있어, 앞으로 북한을 지나 시베리아횡단철

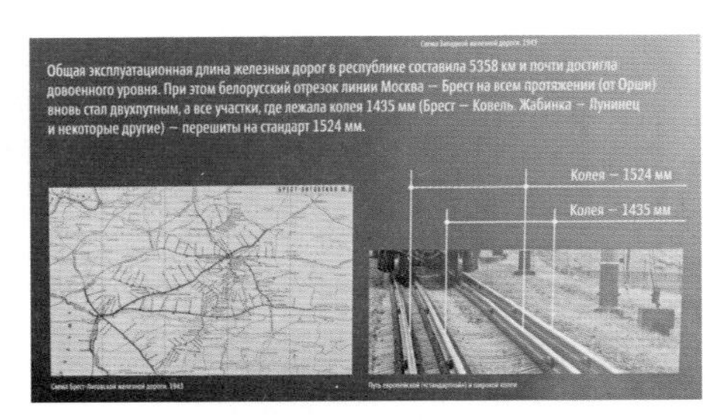

쌍궤방식의 설명(벨라루스 브레스트 박물관)

도를 운행하게 될 때 요긴하게 사용할 수 있을 것으로 기대된다.

아무리 대차와 차체는 분리가 가능한 구조라고 해도 대차에는 각종 제동장치와 주행안정성을 담보할 여러 장치가 갖춰져 있기 때문에 앞으로 대륙철도 운행을 염두에 둔다면, 대차교환이 쉽고 시베리아의 강추위에 잘 견딜 수 있는 차량의 개발이 필요하다고 하겠다.

궤간 차이를 극복하는 방식은 위에 제시한 차량을 통한 방식 외에 시설 개량을 통한 방식도 있다. 이런 방식은 한 나라 안에서 복수의 궤간을 사용하는 경우에 유용하게 사용될 수 있는데, 기존 궤도에 하나 또는 두 개의 궤조를 더 부설하는 것이다. 이런 방식을 '듀얼 게이지(dual gauge, 雙軌)'라고 하며 구체적으로는 '3선 궤조방식' 또는 '4선 궤조방식'이라고 한다.

3선 궤조방식은 궤간이 다른 기차가 다른 시간에 운행하면서 1개 궤조를 공동 사용하는 방식이며, 4선 궤조방식은 공동 사용하는 궤조 없이 두 기차가 별도의 궤조를 사용하는 방식이다. 일본을 예로 든다면 표준궤인 신칸센은 바깥쪽 궤도를 이용하고 협궤인 일반열차는 안쪽 궤도를 이용하는 것이다. 이 방식의 장점은 무엇보다도 노반을 공유할 수 있다는 것인데, 토지 구매와 터널 및 교량 공사 등을 따로 하지 않고 궤도를 확보할 수 있으니 매우 경제적이다. 다만 단점은 열차운행이 빈번한 곳에서는 안전 확보를 위해 적용하기 힘든 방식이라는 것이다.

빨간불 파란불, 신호의 비밀

운전허가증

궤도교통기관이 갖고 있는 대량수송성은 배나 비행기, 자동차 같은 다른 교통수단과 기차를 차별화시켜주는 중요한 특성이다. 그런데 그 특성은 장애나 사고가 발생했을 때 그 피해 또한 대규모로 확산될 수 있다는 문제점을 안고 있다.

기차는 특성상 기찻길만 따라가도록 만들어졌다. 자동차는 가다가 갓길로 빠져 쉬어 갈 수도 있고 급하면 앞서가는 차를 추월할 수도 있지만, 기차는 핸들도 없이 오로지 놓여 있는 궤도를 따라갈 뿐이다. 비행기나 선박 또한 대략적인 항로는 정해져 있지만 필요에 따라 고도를 달리하거나 우회할 수 있는 여지가 많은 교통수단이다. 말하자면 기차는 융통성이 없이 앞뒤가 꽉 막힌 교통수단이며, 그래서 사람들은 기차를 안전한 교통수단이라고 말한다.

기차가 움직이기 위해서는 동력차도 필요하고 기관사도 필요하지만, 무엇보다도 운전허가증이 필요하다. 운전해도 좋다고 하는 허가를 받아야 운전이 가능하다는 뜻이다. 이 허가증은 맨 처음에는 사람이 대신했다. 사람이 기차 앞에서 말을 달려 선로에 아무 지장이 없음을 확인한 후 기차가 따라올 수 있도록 했다. 그런데 전기와 신호, 통신기술이 철도에 적용되면서 사람이 하던 일을 기계가 대신하게 되었다. 오랜 세월 철도에서 사랑받았던 운전허가증은 '통표'라는 것이다. 대한제국기에는 사각으로 된 청동제 표식이었고, 그 뒤 일제강점기에는 원형 금속제로 규격화되어 폐색기

L 대한제국기의 운전허가증
R 통표폐색기

라는 기계장치에 의해 발행되었다. 단선운전구간에서 사용된 이 통표는 역과 역 사이를 운행하기 위해서는 반드시 소지하고 있어야 했다. 또한 각 구간마다 통표의 형태가 달라서, 한 역에서 다른 역에 가기 위해서는 전 역에서 가지고 온 통표를 반납하고 다음 역에 갈 새 통표를 받아야만 했다. 이러한 방법으로 역과 역 사이에는 오직 하나의 기차만 운행하도록 했고 이것을 철도에서는 '폐색(閉塞)'이라고 부른다.

지금은 옛날과 달리 기차가 꼬리에 꼬리를 물고 달리는 시대가 되었다. 그렇다면 요즘은 운전허가증이 어떤 형태를 띠고 있을까? 수도권을 운행하는 광역전철을 예로 들어보면, 전동차 1편성은 10량으로 이루어져 있다. 전체 길이는 약 200미터이다. 서울 도심의 역과 역 간격은 대개 2킬로미터 미만, 걸어서 30분 정도 걸리는 거리이다. 서울 외곽의 경우에는 역간 거리가 4킬로미터가 넘어가는 역도 있다. 출퇴근 시간에 역과 역 사이를 1개 폐색구간으로 정해 전동차를 운행하게 된다면 아무리 익숙한 운전취급자라고 해도 10분에 한 대꼴 정도로밖에 운행을 못 할 것이다. 전동차가 인접역에 완전히 도착한 것을 확인한 이후에 다음 전동차를 출발시켜야 하기 때문이다.

이러한 문제를 해결하기 위해서 지금은 역과 역을 폐색구간으로 하지 않고, 약 200미터(속도가 빠른 일반철도에서는 600~800미터, 고속철도 구간에서는 1,200미터) 간격으로 중간중간에 폐색신호기를 설치하여 운전취급을 하고 있다. 신호 또한 자동폐색신호방식을 통해 기차의 움직임에 따라 자동으로 바뀌도록 하고 있다. 이 신호가 중요한 이유는 운전허가증 역할을 대신하고 있기 때문이다. 정지신호를 현시(現示)하고 있을 때에는 운전을 허가하지 않는다는 뜻이며, 감속이나 주의신호일 때에는 운전은 허가하되 속도에 제한을 두는 것이고, 진행신호는 해당 선로와 차량에 허용된 최대속도를 내어 운전할 수 있다는 허가를 해주는 것이다. 신호의 종류는 나라마다 또 운영기관마다 여러 가지를 사용하고 있는데, 대체적으로 정지를 나타내는 적색(Red), 진행을 나타내는 녹색(Green 또는 청색), 주의를 나타내는 황색(Yellow) 등을 조합하여 3~5가지 신호방식을 사용하고 있다.

완목식 신호기

신호기에 고장이 발생하여 자동폐색신호 시스템을 사용할 수 없을 때에는 관제실의 통제를 받아 통신에 의해 운전취급을 하게 되며, 단선운전이 불가피할 경우에는 양쪽 운전취급책임자(역장)가 지도표, 지도권이라고 하는 운전허가증을 실제로 발행하여 열차를 운행하도록 함으로써 안전을 확보한다. 아예 관제실이나 인접 역과의 유무선 통신조차도 불가능한 상황이 되면, 동력차에 전령자가 승차하여 언제라도 정차할 수 있도록 저속으로 운행하면서 선로에 이상이 없음을 확인한 후 후속열차를 보내게 된다. 이 경우에는 전령자가 운전허가증 역할을 하게 되는 것이다.

궤도회로

핸들도 없이 무조건 기찻길만 따라가도록 되어 있는 기차는 반드시 운전허가증이 있어야 운행이 가능하고, 전자통신이 발달한 요즘에는 신호기가 운전허가증을 대신하고 있다는 것을 알았다. 그렇다면 대체 어떤 원리로 신호기가 작동하며, 여기에 대한 안전장치는 무엇이 있는지 알아보기로 하자.

궤도회로장치

기본적으로 기차는 기찻길을 벗어날 수 없다는 점에 착안하여 1869년 미국의 윌리엄 로빈슨은 궤도회로라는 것을 발명해냈다. 궤도회로란 철길에 전류를 흘려보내 회로를 구성함으로써 전도체인 기차바퀴가 그 궤도를 점유하고 있으면 회로가 끊어지도록 한 것이다. 각각의 폐색구간을 하나의 회로로 만들기 위해서는 폐색신호기의 궤조 연결부분에 절연 설치가 필수적이다. 반대로 폐색구간 내의 선로와 선로 이음매 부분은 행여 궤도회로가 끊어지지 않도록 별도의 본드(bond)선을 연결해주었다.

궤도회로의 발명은 해당 구간에 차량이 존재한다는 것을 알게 해주는 기본기능 외에 선로가 끊어졌을 때에도 회로가 단락되므로 고장을 확인할 수 있는 부가기능을 제공했다. 이 궤도회로가 빛을 발하게 된 것은 전자통신기능이 발달하면서 신호와 선로전환기가 서로 연동되고, 어느 한곳에서 신호와 분기기(分岐器) 취급이 가능한 열차집중제어장치(CTC: Centralized Traffic Control), 자동폐색장치가 개발되면서부터였다.

자동폐색장치란, 각 역의 운전취급자가 각 열차마다 폐색을 하나하나 보내고 받는 절차 대신에 궤도를 점유하고 있는 열차의 움직임에 따라 그 뒤에 있는 폐색신호기의 상태가 자동으로 변하도록 만든 장치이다. 일반 열차가 많이 운행되는 경부선 5현시방식 구간을 예로 들면, A라는 열차가 한 폐색구간에 있다면(서 있든지 이동 중이든지 상관없다) 바로 뒤에 있는 1번 폐색신호기는 당연히 정지신호를 현시하며(이 말은 그 폐색구간에 다른 열차가 들어갈 수 없다는 뜻), 그다음 2번 폐색신호기에는 25km/h의 속도제한이 있는 경계신호가 현시되고, 3번 폐색신호기에는 65km/h 이하의 속도제한이 있는 주의신호가 현시된다. 4번 폐색신호기에는 105km/h 이하의 속도제한이 있는 감속신호가 현시되며, 5번 폐색신호기에 비로소 진행신호가 현시되는 것이다. 이 번호는 신호기 번호가 아니라 설치된 순서를 말하는 것으로, A라는 열차가 이동하면 자동으로 그 뒤의 신호가 따라가며 바뀐다(참고로 이 구간의 신호기 간 거리는 약 800미터, 일반 여객열차의 길이는 150미터 내외이다).

ATS 지상자

그런데 만약 기관사가 실수로 혹은 갑작스런 신체적 이상 발생으로 신호를 보지 못했거나 잘못된 생각으로 신호를 무시한다면 어떻게 될까? 이런 인적오류를 방지해 주는 것이 열차자동정지장치(ATS: Automatic Train Stop)이다. 이 장치의 핵심은 각 신호기가 위치한 선로 가운데에 설치되는 지상장치(地上裝置)와 동력차에 설치되는 차상장치(車上裝置)로서, 지상장치가 보내는 신호정보를 차상장치가 받아들이는 구조로 되어 있다. 어떤 이유에서든 신호기(지상장치)를 지나는 열차(차상장치)가 그 신호기의 제한속도를 초과하여 통과할 경우 자동으로 급브레이크를 작동시켜준다. 물론 급브레이크 체결 전에 사전 경보음이 울리고 이 경보를 약 5초 이내에 복귀시키지 않으면 급브레이크가 체결돼 사고를 미연에 방지하게 되는 것이다.

이보다 한 단계 더 진보한 장치는 열차자동제어장치(ATC: Automatic Train Control)이다. 이는 앞선 열차의 위치와 선로조건에 의한 운행속도를 차상으로 전송하여 뒤에 따라오는 열차의 운전실 내 신호현시창에 표시하고, 후속 열차의 실제 운행속도가 이를 초과하면 자동으로 감속시키는 장치를 말한다. 경부고속선과 호남고속선에 설치돼 있으며, 기존 서울도시철도공사 구간인 5, 6, 7, 8, 9호선 구간에서도 이 시스템을 사용하고 있다.

ATS와 ATC의 차이라면, ATS는 정해진 신호의 제한속도를 초과할 경우 열차를 자동으로 정지시키는 기능인 데 비해, ATC는 신호기의 위치와 상관없이 앞선 열차와 뒤따르는 열차와의 운행조건과 정보를 연속적으로 분석하여 뒤따르는 열차의 운행속도를 제어할 수 있는 첨단기능이다. 이론적으로 무인운전이 가능한 시스템이지만 실제로는 무인운전방식을 채택하지 않고 있다.

ATP 지상자(발리스)

이외에 최근에 도입되고 있는 열차자동방호장치(ATP: Automatic Train Protection)가 있는데, 이는 열차운행에 필요한 각종 정보를 지상장치를 통해 차량으로 전송하면 차상의 신호현시창에 표시하고 열차의 속도를 감시하여 일정 속도 이상을 초과하면 자동으로 감속·제어하는 장치이다. ATC가 단방향 통신방식인 데 비해 ATP는 양방향 통신방식이며, 간선철도 신호개량노선인 경부선과 호남선, 전라선, 경춘선 등에 설치되어 있다.

이렇게 신호란 모양, 색, 소리 등을 통해 열차나 차량의 운행조건을 알려주는 중요한 역할을 하고 있다. 그런데 사람의 인지능력에는 한계가 있어서 화살보다도 빠른 속도인 시속 300km/h로 운행하는 고속철도의 경우에는 아무리 주의를 집중해도 앞에 있는 신호기를 확인할 수 없게 되어 있다. 그래서 고속열차운전대에는 해당 구간에 대한 속도제한이 나타나는 차내신호장치가 설치돼 있고, KTX 기장은 고속구간에서 전방이 아닌 차내신호를 주시하며 열차를 조종한다. 이것을 'A.T.C운전'이라고 한다.

철도계의 빅브라더, 철도교통관제센터

우리가 그냥 평행하게 이어진 두 줄의 쇳덩어리라고 생각하는 기찻길에는 많은 안전장치가 숨어 있고, 전기가 흘러 회로를 구성하고 있다. 앞에서 언급했듯이 기차는 핸들 없이 기찻길만 따라가도록 되어 있기 때문에 다른 기차를 먼저 보내거나 추월할 일이 있으면, 혹은 여러 가지 이유로 운행선로를 바꿔야 할 일이 있으면 방향을 전환시켜주는 장치를 이용해야 한다. 이것을 선로전환기(線路轉換器, point)라고 하는데 예전에는 전철기(轉轍器)라고 불렀다.

기계식 선로전환기

선로전환기는 사람의 힘으로 조작하는 수동식과 전기의 힘으로 조작하

철도교통관제센터

는 기계식이 있다. 우리나라의 경우, 기차가 다니는 본선의 선로전환기는 모두 기계식 장치로 되어 있어서 어느 한곳에서 총괄제어가 가능하다.

모든 역에 선로전환기가 설치돼 있는 것은 아니고 운전취급을 하는 역이나 신호장, 조차장에만 선로전환기가 설치된다. 신호기는 궤도 상태와 연동되어 있는 것처럼 선로전환기와도 연동돼 있어서 기찻길이 제대로 구성돼 있지 않은 경우에는 절대로 진행을 지시하는 신호가 현시되지 않는다. 역에서 이러한 신호조작을 담당하는 사람을 운전취급책임자 또는 운전취급자라고 하며, 서울에는 전국의 모든 열차운행상황을 한눈에 알 수 있고 통제할 수 있는 철도교통관제센터가 있다. 이곳에서 열차운행상황을 감시하고 때로는 관계역에 운전취급사항을 지시하는 역할을 하는 사람을 관제사라고 하는데, 과거에는 운전사령(運轉使令)이라고 불렀다.

관제사는 문서, 무선전화기, 유선전화기 등을 통해 현장의 운전취급자나 기관사, 열차승무원과 소통하며 이례상황이 발생했을 때 지원해주는 역할도 맡고 있다. 영국의 소설가 조지 오웰이 『1984년』에서 예언했던 빅브라더가 이미 철도에는 존재하고 있었던 것이다. 물론 항구나 공항에도 관제탑이 있고 관제사가 있다. 그런데 철도의 관제가 항공이나 해상에서 이루어지는 관제와 다른 점은, 철도의 관제는 출발과 도착만 통제하는 것이 아니라 출발에서 도착에 이르는 전 과정이 감시하에 있다는 것, 결정적으로 신호조작을 통한 운행에 대한 통제가 가능하다는 점이다.

철도건널목을 건너다가 갑자기 차가 멈췄다거나 태풍으로 전봇대가 선로 쪽으로 기울었다거나 해서 열차운행에 명백한 지장이 예상될 때, 어떻게 하면 좋을까? 물론 경찰이나 인근 역에 전화해서 신고할 수도 있지만, 가장 즉각적이고 효과적인 방법은 해당 기찻길의 궤도회로를 끊어주는 것이다. 곧 철사나 철근, 쇠파이프 등 전기가 통하는 기다란 물체로 궤도 양쪽을 연결하면, 그 순간 궤도는 끊어져서 마치 차량이 그 궤도를 점유하고 있는 것으로 인식한다. 동시에 해당 신호기에는 정지신호가 현시된다. 해당 구간을 담당하는 관제사는 해당 구간에 이상이 있음을 인지하고 현장직원을 통해 상황을 파악하도록 지시하고, 그 구간을 지나야 할 기차가 있다면 언제라도 정차할 수 있는 속도로 주의하여 운전하게 한다.

실제로 선로를 순회하는 직원들은 비상시에 궤도회로를 끊을 수 있는 '단락동선(短絡銅線)'을 휴대하고 있으며, 선로와 관련된 작업을 할 때에는 반드시 작업을 시작하기 전에 궤도회로를 끊어서 작업자를 보호하도록 하고 있다.

plus! "그런데 전철은 왜 자꾸 늦는 거야?"

출퇴근 시간에 많이 이용하는 전동차는 대부분 일정한 간격을 유지하며 운행된다. 철도에서는 이것을 시격(時隔)이라고 표현한다. 흔히 '러시 아워(Rush Hour)'라고 부르는 혼잡시간대와 평상시간대(Normal Hour)의 시격은 다를 수밖에 없다. 3분 혹은 4분 간격으로 운행되는 도심의 혼잡시간대엔 정시운행(定時運行)이라는 개념보다는 시격 유지에 더 중점을 둬서 열차를 운영한다. 설사 차를 놓치거나 승객이 많아서 타지 못했다고 해도 다음 차가 곧 따라온다는 믿음이 있어야 무리한 승차 시도 때문에 열차가 지연되는 상황이 발생하지 않기 때문이다.

일반적으로 전동열차의 역당 정차시간은 30초이다. 또한 서울시 지하구간의 역간 운행 소요시간은 약 2분이다. 이것은 정차시간이 포함된 것이므로 실제 역간 운행시간은 1분 30초 내외라고 생각하면 된다. 이런 역은 역과 역 사이의 거리가 1킬로미터에서 2킬로미터 내외인 경우이다. 그런데 시외구간의 경우엔 역간 거리가 4킬로미터를 넘는 경우도 있다. 당연히 역간 운행 소요시간이 길어질 수밖에 없다.

실제 전동차의 열차지연이 발생하는 가장 큰 이유는 승하차지연이다. 승객들이 많이 몰려서 정해진 30초 동안 승하차가 다 이뤄지지 못했든지, 휠체어 이용이나 노약자의 승하차로 열차 출발이 늦춰진 경우이다. 유실물 수배로 인한 지연도 많다. 승객이 전동차에 물건을 두고 내렸다고 신고했을 경우 역 직원은 가까운 역에 수배요청을 하게 된다. 그러면 직원이 해당 차량에 들어가 유실물을 찾게 되는데, 이게 30초 만에 끝나지 않는다. 또한 응급환자가 발생하거나 구걸행위, 불법 상품판매 등의 신고가 들어왔을 때에도 조치를 위해 열차는 운행을 잠시 멈출 수밖에 없다.

열차가 지연되면 기관사는 정시운행을 하기 위해 많은 노력을 한다. 하지만 기본 열차운행 시간표가 수차례에 걸친 시험운행을 거쳐 만들어진 것이기 때문에 늦어진 시간을 정상궤도에 올리는 것(이것을 회복이라고 한다)은 쉽지 않다.

열차에는 추월이라는 개념이 없다. 자신의 운행선로를 따라 순서대로 운행되기 때문에 앞차가 늦어지면 뒤따라오는 열차 또한 지연될 수밖에 없다. 이것을 연쇄지연이라고 한다(물론 이 상황이 심각해지면 중간에 있는 열차의 운행을 중단시키기도 한다).

고속철도 이야기

고속철도란 무엇인가?

지금은 고속철도라는 용어가 낯설지 않지만, 우리나라가 단군 이래 최대 국책사업이라는 고속철도를 처음 검토할 때에는 '고속전철'이라는 이름을 많이 썼다. 지금처럼 고속철도라는 용어로 굳어진 것은 1992년 이후의 일이다. '고속전철(高速電鐵)'이란 고속전기철도라는 말이며, 전기철도란 전기를 동력원으로 삼아 운행하는 철도를 말한다. 여기서 말하는 고속의 기준은 통상적으로 시속 200km/h를 기준으로 한다.

세계 최초로 고속철도를 선보인 나라는 일본이다. 일본은 1964년 10월 도쿄올림픽을 앞두고 도카이도 신칸센[東海道新幹線]이 도쿄-오사카 간 개통되었다. 그 후 프랑스와 독일이 고속철도 기술을 개발하여 운행을 개시하였으며, 우리나라가 2004년 4월 1일 고속철도를 개통시킨 것은 신칸센 개통 후 40년 만이었다.

'전철'이라는 용어는 우리나라에서는 광역도시철도의 전동차를 의미하는 단어로 많이 사용돼왔다. 도시철도 역시 철도의 주요 영역임에는 틀림없으나 고속철도가 갖고 있는 장거리 대량교통수단이라는 이미지와는 거리가 있을 수밖에 없다. 또한 철도차량이 시속 200km/h 이상 고속으로 운행하기 위해서는 현실적으로 전기철도방식 이외에는 대안이 없기 때문에 1992년부터는 아예 '전기'라는 말을 빼고 '고속철도'라는 용어로 통일하여 부르게 된 것이다.

여기서 고속철도란 크게 두 가지 의미를 갖고 있는데, 하나는 우리가

한국형 고속차량 KTX

타고 다니는 고속철도차량(KTX)을 뜻한다. 또 하나는 고속철도차량이 운행할 수 있도록 해주는 포괄적인 고속철도 시스템을 뜻하기도 한다. 고속철도가 달리기 위해서는 고속차량과 궤도와 전차선로뿐만 아니라 신호, 통신, 보안, 운영 등 각 분야의 첨단기술이 유기적으로 통합 시스템을 갖추고 있지 않으면 안 된다.

우리나라의 고속철도가 KTX(Korea Train eXpress)라는 이름으로 처음 불리기 시작한 것은 1999년 8월부터이다. 고속철도명칭선정위원회가 대국민 공모와 용역결과 등을 종합한 후 협의를 거쳐 선정한 것이다. 이 이름은 한때 한국고속철도건설공단의 약칭으로도 사용됐으며, 고속철도 운영권을 확보한 철도청이 2003년 1월 24일 CI를 확정하면서 공식명칭이 되었다.

프랑스의 고속철도를 도입한 이유는?

오페라가 종합예술인 것처럼 고속철도는 최첨단 기술과 노하우의 유기적 집합체이다. 따라서 운행 차종을 선정한다는 것은 그 차량의 운행이 가능하도록 뒷받침해주는 시스템을 고른다는 것과 같은 뜻이다.

1991년 8월 26일, 고속철도 차량기종 선정을 위한 제의요청서를 당시의 고속철도 기술보유국인 일본, 프랑스, 독일에 보냈다. 물론 세 나라 모두 제안을 냈고 1993년 6월까지 6차에 걸친 제안서 평가가 이뤄졌다. 분야별 평가항목은 금융, 차량, 전차선, 열차자동제어장치, 연동장치, 열차집중제어장치, 품질보증·품질관리, 기술이전, 국산화, 계약조건, 운영경험, 사업일정 등이었다.

평가결과 프랑스 알스톰사와 독일 지멘스사로 경쟁이 압축되었으며, 협상결과 금융이나 기술이전 조건에서 좋은 평가를 받은 프랑스 알스톰사가 최종 계약대상자로 결정되었다. 당시 우리나라의 최고속 열차는 시속 150km/h를 달리는 새마을호였다. 철도 기술에서 150km/h와 300km/h는 '차이(差異)'라기보다는 '차원(次元)'의 문제이다. 우리 자체 기술로는 도저히 넘을 수 없는 벽이었다. 점진적 발전전략으로 극복할 수 없다면 방법은 기술이전뿐이었다. 여기에 대해 일본은 난색을 표했다. 반면, 기술이전에 가장 호의적이었던 업체가 프랑스의 고속철도 테제베(TGV)를 만드는 알스톰이었다.

고속철도 건설에는 우수한 기술뿐만 아니라 수조 원에서 수십조 원에 이르는 막대한 자본이 필요하다. 그런데 그 많은 돈을 세금으로 마련하는 것은 쉽지 않은 일이다. 따라서 고속철도 차량 선정을 위한 평가 조건에는 기술이전뿐만 아니라 건설자금 지원조건 또한 중요한 변수였던 것이다.

1994년 6월 14일, 드디어 차량 등 핵심기자재 도입계약이 체결되었다. 발주자는 한국고속철도건설공단(한국철도시설공단의 전신)이었으며, 공급자는 한국TGV컨소시엄이었다. 총 계약금액은 21억 160만 달러(약 1조 6,820억 원)에 달했다.

개통에 이르기까지

경부고속철도 건설을 위한 기공식은 1992년 6월 30일, 충남 아산군 배방면 장재리에서 열렸다. 지금의 천안아산역 부근이다. 아직 어떤 차종을 선정할지조차 결정되지 않은 상태였고, 천안-대전 간 시험선 구간 7개 공구 중 1차 4개 공구 39.6킬로미터 부분에 대한 착공에 불과했다. 그렇게 역사적인 '첫 삽'을 뜨게 되었다.

경부고속철도 건설 기공식(1992년)

서울에서 부산에 이르는 경부고속철도의 경우, 실제 고속철도 구간은 당시 시흥역 남부 고속분기에서 대전 북부 회덕분기까지, 대전 남부 옥천분기에서 동대구 북부 신동분기까지였다. 그러니까 서울역을 출발하여 시흥역까지, 대전역과 동대구역 구내를 포함한 분기경계, 동대구역부터 부산역까지는 일반선이었다.

고속신선을 건설하는 공사는 한국고속철도건설공단이 맡았다. 기존선을 개량하여 고속열차가 달릴 수 있도록 하는 공사는 철도청이 맡았다. 산을 깎고 다리를 놓고 터널을 뚫는 일도 큰 역사(役事)였지만, 기존 열차운행을 계속하면서 선로와 전차선을 개량한다는 것은 정말 힘든 일이었다. 이것은 집을 새로 짓는 것과 낡은 집을 개량하는 것에 비유할 수 있는데, 사람이 살고 있는 집을 고쳐 나가는 작업이니 그 어려움은 비할 데가 없었다.

서울에서 부산까지 고속신선을 건설할 수 있다면 얼마나 편하고 좋았을까? 그것을 알면서도 그렇게 하지 못했던 것은, 막대한 예산도 예산이지만 기존 열차 운행을 중단시키고 공사를 진행할 수 없었기 때문이다. 결국 비용을 최대한 절약하면서 기존 인프라를 활용할 수 있는 방향으로 공사를 추진해야 했고, 기존선과 고속선을 함께 이용하는 기술 또한 프랑스의 TGV가 앞서 있었다.[1]

경부선과 함께 호남선에 대한 개량작업도 진행되었다. 당장 고속신선을 놓을 수는 없지만 고속열차를 운행하기로 했기 때문이다. 심한 곡선구간을 직선화하고 신호를 개량하며, 주요 역에는 고속열차가 정차할 수 있도록 역사와 타는곳을 정비했다. 오랫동안 끌어왔던 복선화와 전철화도 완벽히 마무리 지었다.

20량 1편성으로 이뤄진 길이 388미터의 KTX가 우리나라에 처음 반입된 것은 1998년 4월 19일이었다. 전체 46편성 중에서 2개 편성은 프랑스에서 직접 제작 후 도입, 10개 편성은 국내조립, 나머지 13호부터 46호까지 34개 편성은 국내에서 제작하는 조건이었다. 따라서 국내제작분은 편성에 따라 국산화율이 조금씩 다르지만 약 58퍼센트[2]로 보고 있다.

이듬해인 1999년 12월 16일, 프랑스에서 멀리 한반도까지 배를 타고 건너온 KTX가 1년 4개월 만에 우리 땅에서 달리기 시작했다. 기공식 이후 7년 반 만의 쾌거였다. 고속시험선 구간은 천안~대전 간 57.2킬로미터이지만, 초창기에는 충남 연기군 소정면에서 충북 청원군 현도면까지 34.4킬로미터 구간에서 진행됐다. 첫 시험선 운행을 축하하기 위해 김대중 대통령이 오송기지 근처 상봉터널 입구에 마련된 행사장에 참석했다. 1899년 9월 18일 우리나라 최초의 경인철도가 첫 기적을 울린 지 100년 만에 이 땅에 고속철도의 첫 시험운행이 시작된 것이다. 2002년 4월 12일, KTX-13호가 출고되었다. 국내제작 1호 고속철도차량이 탄생된 것이다. 이렇게 또 고속철도 국산화라는 새로운 발걸음이 시작되었다.

2003년부터는 본격적인 시운전이 시작되었다. 기존선 개량구간에서도 고속열차가 잘 달릴 수 있는지, 가장 핵심인 기존선과 고속선 상호 연결구간에서의 문제점은 없는지, 고속열차와 일반열차가 인접하여 운행할 때 어떤 간섭이 있는지 다양한 시험과 모니터링, 개선이 이뤄졌다.

2003년 가을, 필자가 고속철도 홍보팀에 합류한 것은 이 시기였다. 이때는 국가의 대재앙이라고 할 수 있는 IMF사태를 겨우 벗어나 온 나라의 희망이라고는 '고속철도 개통'밖에 없던 어려운 시기였다. 일간지, 주간지, 월간지, 각종 방송과 무가지에 이르기까지 모든 매체가 고속철도 홍보매체로서의 역할을 자원했고, 그것이 절대적인 '트렌드'였다.

2004년이 되면서 상업 시운전이 시작되었다. 대대적으로 시승단(試乘團)을 모집하고 실제 승객을 태운 것으로 가정하여 시스템을 가동하였다. 시승 초기단계에는 여론주도층이라고 할 수 있는 정치인과 언론인이 가장 많이 이용했다. 그다음 단계는 철도 관련 업체, 학계, 지자체, 일반인 순이었다. 당시엔 KTX를 타봤다는 것이 큰 자랑거리였다. 지금처럼 돈만 내면 누구든 탈 수 있는 것이 아니기 때문이었다. 시승열차에서는 다양한 이벤트가 열렸다. 똑같이 서울을 출발했을 때 고속철도와 비행기 중 어떤 것이 더 빨리 부산에 도착할 수 있는지 방송프로그램이 진행되기도 했고, 열차 내에서 다양한 공연이 펼쳐지기도 했다.

역사적인 고속철도 개통식은 경부선과 호남선으로 나뉘어 두 번 열렸다. 2004년 3월 24일 호남선 목포역 광장에서 '호남복선전철 준공 및 고속열차 개통식'이 먼저 열렸다. 제목이 이렇게 길어진 것은, 실제 이것이 호남고속철도 개통이 아니라 기존선을 개량해 고속열차가 달릴 수 있도록 한 것이기 때문이었다. 경부고속철도 1단계 개통식은 그로부터 약 1주일이 지난 3월 30일 10시, 서울역 광장에서 열렸다. 개통식이 끝나자 주요내빈은 시승열차로 대전역까지 이동해 KTX대전역 준공식 행사에 참석했다.

이틀 후 경부고속철도 1단계구간이 개통됐다. 상업운행이 시작된 것이다. 사업비는 총 12조 7,377억 원이 소요되었다.

개통 직후

2004년 4월 1일, 고속철도가 개통과 함께 위기상황을 맞게 되었다. 그 중심에는 언론이 있었다. 시운전 기간에도 제기되었던 역방향 문제가 연일 보도되고, 사소한 운행장애가 고속철을 '고장철'로 둔갑시켰다.

20량 1편성의 KTX는 맨 앞과 맨 뒤 각 1량의 동력차[3]와 18량의 객차로 구성돼 있다. 객차 중에서 1호차와 18호차는 동력객차이다. 동력차를 제외한 모든 객차는 관절대차로 연결돼 있어서 쉽게 분리할 수 없는 고정편성방식이다. 18량 중 특실은 4량(2, 3, 4, 5호차), 일반실은 14량인데, 특실은 좌석 회전이 가능하지만 일반실은 중앙을 중심으로 마주보는 고정식 좌석이다. 2019년 6월 현재 특실 5호차는 모두 일반실로 개조됐다.

애초에 이렇게 설계할 수밖에 없었던 이유는 보다 많은 좌석을 확보하기 위해서였다. 회전식으로 설계하면 좌석별 공간도 많이 필요하고 회전장치로 인해 무게도 늘어난다. 우리나라는 유럽과 달리 편도 500킬로미터 미만의 거리를 운행하게 되므로 고속열차로 2시간 남짓이면 갈 수 있는 거리이다. 또한 여행 개념이 아닌 시간 가치를 중요시하는 출장이나 통근을 염두에 두고 고속철도를 도입했기 때문에 보다 낮은 가격으로 고속철도를 이용할 수 있도록 설계하는 것이 바람직하다고 판단했던 것이다.

전문가들이 예상한 고속철도 하루 이용객은 15만 명이었다. 그런데 정작 뚜껑을 열어보니 실제 이용객은 하루 약 7만여 명에 불과했다. 예상의 반에도 미치지 못하는 수치였다. 역방향을 피해서 이용객 모두 순방향을 이용할 수 있을 정도로 빈자리가 많았지만, 언론은 연일 역방향을 물고 늘어졌다.

우리 추억에 남아 있는 기찻길이 아름다운 이유는 산과 들, 물줄기와 어우러져 있기 때문이다. 그러다 보니 곡선이 많고 기차는 느릿느릿 달릴 수밖에 없다. 그런데 고속선은 직선으로 이뤄져 있다. 산과 들, 강을 피하는 것이 아니라 산을 뚫어 터널을 만들고 고가교를 만든다. 터널이 아닌 곳엔 좌우에 높다란 담장까지 쳤다. 화살보다 더 빠른 시속 300킬로미터에서는 먼 곳을 봐야 눈이 덜 피곤한데, 담장이 있으면 그마저도 쉽지 않다. 필자의 경험상 이런 상황에서는 순방향이 오히려 눈을 피곤하게 한다. 경치가 빠른 속도로 다가오기 때문이다. 그런데 역방향은 경치가 물러나는 것이라서 상대적으로 눈이 덜 피곤하고 마음도 편하다. 역방향이 더 편하다는 느낌은 바로 눈의 피로가 적기 때문일 것이다.

코레일은 1차적으로 역방향좌석에 대한 5퍼센트의 할인제도를 시행하고, 연구용역을 실시하여 해결방안을 모색했다. 그 결과 일반실의 좌석 일부를 떼어내고 나머지 좌석을 회전식으로 바꾸는 안이 제시되었다. 하지만 실행을 위해서는 많은 시간과 예산이 소요되며, 좌석 위치를 변경하면 객실 창 위치와의 부조화로 또 다른 불편을 초래한다는 문제가 제기되었다. 결국 실행이 지연되었고, 그사이에 역방향 논란은 잦아들었다.

정상화의 길

초창기의 운영 미숙이 바로잡히고 역방향이 실제로는 아무것도 아니라는 것이 체험을 통해 증명되면서 KTX 이용객은 조금씩 늘기 시작했다. 사람들은 고속철도가 선사하는 시간 가치에 눈을 뜨기 시작했으며, 고속철도가 무엇보다도 우리의 '빨리빨리' 문화에 딱 맞는 교통수단이라는 점을 간파한 것이었다. 물론 고속철도 이용에 따른 비용부담이 만만치 않은 것은 사실이다. 하지만 많은 이들이 비용보다 가족의 가치를 우선순위에 두었다. 그래서 주말부부 생활을 접고 장거리 출퇴근을 택한 이들도 많았다.

2007년 4월 21일, 마침내 KTX 이용객이 1억 명을 돌파하게 되었다. 개통 이후 3년, 정확히 1,116일 만의 경사였다. 주인공은 서울에 거주하는, SMS티켓서비스를 이용한 단골승객이었다. 하루 평균 약 8만 9,605명이 이용한 것인데, 초창기 1일 7만 명에 비하면 많이 좋아진 것이다.

2009년 12월 19일에는 2억 번째 주인공이 탄생했다. 이번엔 부산에 사는 승객이 그 주인공이 되었다. 개통 이후 2,089일 만의 성과였다. 1억 명 돌파 이후부터 계산하면 973일 만에 1억 명이니 하루에 10만 2,775명이 이용했다는 계산이 나온다. 드디어 1일 평균 10만 명 이상이 이용하는 시대에 들어선 것이다.

2012년 2월 21일에는 울산에 사는 3억 번째 주인공이 탄생했다. 2억 명 돌파 후 794일 만으로, 하루 평균 이용객이 12만 5,944명에 이르렀다. 장족의 발전이며, 다른 나라와 비교해보아도 결코 뒤지지 않는 성적이었다.

혼자서도 잘해요!

앞에서 살펴본 것처럼 우리나라가 일본이나 독일의 고속철도가 아닌 프랑스의 TGV를 선택했던 것은 기술이전 조건이 큰 영향을 끼쳤다. 그러면 우리나라는 어떤 방식으로 기술을 이전받았을까? 그리고 그 결과물은 과연 무엇일까?

당시 프랑스가 갖고 있던 고속철도 기술의 특징은 관절형대차를 사용한다는 점, 고속선과 기존선 연결부분(interface)의 원활한 소통 등을 들 수 있다. 관절형대차란 기존의 철도차량이 차량별로 2개(특별한 경우 그 이상)의 대차를 사용하는 것과 달리 각 차량의 연결부위에 관절처럼 유연성을 가진 하나의 대차를 사용하는 방식이다. 연결기가 없으니 운행시 충격이나 소음이 대폭 줄어들게 되고, 대차 수가 반으로 줄어들어 차량이 가벼워진다. 또한 사고가 발생했을 때 객차가 서로 분리되거나 겹쳐지는 현상이 거의 없어 인명피해를 크게 줄일 수 있다.

고속차량의 관절형대차

경부고속철도가 처음 개통되었던 2004년 당시, 고속열차가 운행하는 노선에서 고속신선의 비율은 50퍼센트에도 미치지 못했다. 그 이유는 예산이나 효율 측면에서 전체 구간을 새로 건설한 것이 아니라 기존선을 개량한 부분이 많았고, 사업이 순차적으로 진행되었기 때문이다. 2018년 말 현재 경부고속철도는 2단계까지 마무리되었으나, 호남고속철도의 경우에는 광주 송정에서 목포까지의 구간은 아직 공사가 이뤄지지 않고 있다.

당연히 KTX는 일반열차가 운행하는 기존선과 고속선을 오가며 운행할 수밖에 없고, 서로 다른 신호와 통신 체계 등을 극복해야 하는 것이다. 예를 들어 일반열차의 신호는 시각정보에 의지하는 시스템이다. 빨갛거나 파랗거나 노란 색깔의 신호를 주시하며 열차를 운행한다. 하지만 고속철도는 차내신호 방식이다. 신호기가 따로 없고, 허용속도가 기관실 계기판에 나타난다. 왜냐하면 시속 300km/h의 속도에서는 인간의 시각정보를 신뢰할 수 없기 때문이다.

관절형대차나 기존선과의 인터페이스처럼 금방 눈에 보이는 문제뿐만 아니라 눈에 보이지 않는 차이와 노하우는 무궁무진할 정도이다. 이것을 전수받기 위해 한국철도가 취했던 대표적인 조치는 전문가 양성이었다. 운영, 차량, 전기, 신호, 시설 등 각 분야의 인재를 선발해 기본교육을 시키고, 그들을 프랑스에 보내 새로운 기술을 배우도록 했다. 귀국한 이후에는 그 인력을 따로 관리하여, '교관요원(教官要員)'[4]으로서 일반직원에 대한 전파교육을 하게 했다.

2002년 탄생한 KTX-13호 편성부터 46호까지에는 프랑스 알스톰이 아닌 현대로템이 제작사로 표기돼 있다. 물론 대부분의 핵심기술은 알스톰이 보유하고 있는 것이지만, 한국철도는 그렇게 고속철도차량 제작에 참여하면서 기술력을 높여 나갔다.

기술이전과 관련된 가장 상징적인 사건은 2004년 12월 G7 프로젝트에 의해 개발한 HSR-350X가 전해준 희소식이었다. G7이란 1996년에 시작된 7개 선도기술개발사업을 뜻하며, 한국형고속전철 기술개발사업도 그 일환으로 추진되었다. 1996년 12월부터 2002년 10월까지 6년에 걸쳐 추진해온 이 사업의 성과물로 7량 1편성[5]의 한국형고속전철 시제열차 HSR-350X(High Speed Rolling stock 350km/h eXperiment)가 탄생한 것이다. 2002년부터 시운전에 들어간 이 차량은 2004년 12월 16일 천안-신탄진 사이에서 시속 352.4km/h를 달성했다. '따라 하기'에서 시작한 고속철도를 '혼자서

HSR-350X 차량

도 잘해요' 수준까지 올려놓은 것이다.

일단 350km/h라는 목표 달성에 성공한 이후에는 안정화(진동, 소음, 승차감 등 개선)와 한국의 자체 신기술 접목에 주력했다. 그리고 2007년 말, 20만 킬로미터의 시험운전을 모두 마친 후 시제차량으로서의 역할을 마감했다.[6]

HSR-350x와 KTX 비교

구 분		HSR-350X	KTX	비고
차량 수		7	20	
중량(만차시)		340t	841t	
총 길이		145m	388m	
좌석 수		82	935	
전동기 수		12	12	
출력/1대(kW)		1,100	1,130	
총 출력(kW)		13,200	13,560	
견인 전동기	형식	유도전동기	동기전동기	
	정격(kW)	1,100(2,183V/349A)	1,130(1,352V/631A)	
	극수	4극	6극	
	회전수(rpm)	4,300	3,937	
	기어비	2.012	2.179	

출처: 한국생산기술연구원 자료

한국형 고속철도차량 KTX-산천의 탄생

HSR-350X가 시험운전을 마친 지 약 1년이 지난 2008년 11월 25일, 창원에 있는 현대로템공장에서는 한국형고속철도차량의 출고를 축하하는 행사가 열렸다. 제2의 KTX라는 뜻에서 KTX-Ⅱ라고 이름을 붙였다. 드디어 대한민국이 세계에서 네 번째의 고속철도 기술보유국이 되는 역사적인 순간이었다. 1991년 고속철도 기술보유국인 일본과 프랑스, 독일에 고속차량 기종선정을 위한 제의요청서를 보낸 지 17년 만에 이뤄낸 쾌거인 것이다.

HSR-350X는 시제차량(試製車輛)이라는 이름 그대로 영업운행을 목표로 만든 것이 아니었다. 상업운전에 투입될 고속차량을 제작하기 위한, 실제 기술력을 확보하기 위해 만든 것이었다. 따라서 이 차량은 편성 전체가 하나의 거대한 시험실이었다. 그 시험의 최종적인 결정체가 바로 KTX-Ⅱ인 것이다.

KTX와 KTX-Ⅱ의 기술적 차이는 많지만, 제일 눈에 띄는 부분은 편성부분이다. KTX가 20량 고정편성인 데 비해 KTX-Ⅱ는 10량 편성이어서 수요에 보다 탄력적으로 대응할 수 있다. 예를 들어 수요가 적은 호남·전라선의 경우 평상시엔 10량 편성을 투입하고, 수요가 늘어나면 중련(重連)을 통해 20량 편성을 투입할 수 있다. 또한 일반실 좌석도 모두 회전이 가능하도록 함으로써 역방향 논란을 원천적으로 없앴다.

KTX-산천의 중련운행

KTX와 KTX-산천의 성능 비교

항목			KTX-산천	KTX	비고
일반 사양	내구연한		30년	30년	
	차량 편성		-10량:동력차2,객차8 (특실1, 스낵카1)	-20량:동력차2,동력객차2, 객차16(특실 3)	4량에서 3량으로 축소
	운행 형태		-10량단독 or 20량중련	-20량 고정편성	
	편성 길이		201m	388m	
	차체 재질(객차)		알루미늄 압출재	마일드 스틸	
	차체폭(객차외부)		2,970mm	2,904mm	
	중량(W0/W1)		403톤/407톤	694.1톤/701.1톤	
차량 성능	영업 최고속도		300km/h	300km/h	
	설계 최고속도		330km/h 330km/h		
	비상 제동거리		3,300m	3,300m	
	중련 제어방식		운전실 원격제어	중련 불가	
	평균서비스고장거리		12만 5,000km	12만 1,000km	
열차 구성	동력차/동력객차		2량/무	2량/2량	
	특실		1량(30석)	4량(127석)	
	일반실		7량(333석)	14량(808석)	
	스낵바		4호객차 1/3 규모	없음	
보안 장치	신호시스템		ATC, ATP, ATS	ATC, ATS(ATP 1편성 시범설치)	
	열차방호장치		기본설치	도입 후 추가설치	
	객실화재감지장치		객실당 3~5개(총 33개)	없음	
주요 장치	팬터그래프	형태	싱글암	싱글암	
		습판체댐핑	4점 지지 댐핑	2점 지지 댐핑	
		동작방식	공기상승, 자중하강	공기상승, 스프링하강	
	변압기	용량	6,200KVA	8,800KVA	
		견인권선	2권선(MB 2대)	3권선(MB 3대)	
		냉각방식	송유풍냉식	송유풍냉식	
	주전력 변환 장치	컨버터제어	PWM제어	위상제어	
		소자	IGBT	Thyristor	
		냉각방식	heat pipe식	침적식	
		인버터제어	전압형	전류형	
	보조 전원장치	컨버터소자	IGBT	Thyristor	
		냉각방식	Heat pipe식	침적식	
		운전방식	PWM, 2군병렬운전	위상제어, 단독운전	
	객차 인버터	적용소자	IGBT	GTO	
		용량	450KVA	345KVA	
	동력 대차	구조	H형 용접대차	H형 용접대차	
		감속기	1, 2차 감속방식	1, 2차 감속방식	
		트리포드	유압식	기계식	
	객차 대차	구조	관절형	관절형	
	제동 장치	제어방식	전기제어	BP압력제어	
		제동방식	전기+공기 블랜딩제동	전기+공기 병용제동	
		마찰제동(동력대차)	답면제동	답면제동	
		마찰제동(객차대차)	3디스크/축(Ventilation 방식)	4디스크/축(Solid 방식)	

출처: 한국철도공사 기술본부 자료

시험운행을 마친 KTX-Ⅱ가 코레일의 차적(車籍)에 오른 것은 2010년 2월 12일이다. 차량의 이름은 공모를 거쳐 'KTX-산천'으로 정해졌다. 차량의 앞부분이 우리나라 토종물고기인 '산천어'를 닮았다는 이유와 이 나라 방방곡곡 '산(山)과 내(川)'를 신명나게 달리라는 뜻이 함께 담겨 있는 이름이다. 그리고 3월 2일, 드디어 첫 상업운전을 시작했다.

정해져 있는 시험운행은 마쳤다고 해도 차량 구매자이자 철도 운영자인 코레일 입장에서는 KTX-산천의 상업운행 투입이 상당히 부담이 되었던 것이 사실이다. 브라질과 미국의 고속철도 신규사업에 대한 국가적인 관심 때문에 정부에서는 하루라도 빨리 한국형 고속철도차량의 멋진 상업운전을 세계에 보여주고 싶어 했다. KTX-산천이 기술적으로 안정화된 것은 2012년에 인수한 4차 도입분부터였다.

경부고속철도 2단계구간 개통

앞에서 살펴보았듯이 2004년 4월 1일 개통된 경부고속철도 1단계구간은 고속열차는 운행한다고 해도 서울에서 시흥(지금의 금천구청), 동대구에서 부산까지는 기존선을 개량한 것일 뿐 고속선은 아니었다. 그것은 호남선도 마찬가지였다.

2002년에 시작된 경부고속철도 2단계구간 공사는 바로 동대구에서 부산까지 124.2킬로미터의 고속선과 대전·대구 도심통과구간 45.3킬로미터를 신설하는 사업이 핵심이며, 그 과정에서 오송역, 김천구미역, 신경주역, 울산역이 새로 지어졌다. 기존의 울산역은 새로 지어진 고속철도역에 그 이름을 양보해 태화강역으로 역명이 바뀌었다. 이 공사를 통해 시흥 이남에서 부산까지 명실상부한 고속철도 노선이 완성되었다. 한반도의 동부인 경주와 울산 지역으로 우회하여 건설되었기 때문에 실제 운행거리는 길어졌지만, 고속선이어서 소요시간은 짧아졌다. 그리고 경부선 KTX의 운행노선은 더 다양해졌다.

① 서울-광명-천안아산-오송-대전-김천(구미)-동대구-신경주-울산-부산
② 서울-광명-천안아산-오송-대전-김천(구미)-동대구-경산-밀양-구포-부산
③ 서울-영등포-수원-대전-김천(구미)-동대구-신경주-울산-부산

1번 노선이 고속선만을 운행하는 기본노선이다. 2번 노선은 고속선을 운행하다 동대구에서부터 기존선을 운행하는 노선이다. 경부고속철도 2단계구간 개통 이전노선과 거의 같다. 3번 노선은 서울에서 대전까지 기존선을 운행하다가 대전에서 고속선을 타는 노선이다. 같은 노선이라고 해도 열차에 따라 정차역이 다르고 소요시간도 조금씩 다르지만, 이렇게 3개의 노선으로 KTX가 운행되는 이유는 무엇보다도 수혜지역 확대를 위한 것이다.

1단계구간과 2단계구간의 가장 큰 공사기법(工事技法) 상의 차이점은 도상(道床)에 있다. 도상이란 잘 다져진 노반 위에 자갈, 침목, 레일이 놓이는 부분을 말하는데, 1단계구간은 자갈도상 방식이며 2단계구간은 콘크리트도상 방식이다. 곧 침목을 콘크리트가 고정시켜주는 방식이다. 이 방식은 자갈도상에 비해 변형이 적고 유지보수를 자주 하지 않아도 되는 장점은 있으나, 일단 문제가 발생하면 보수작업이 쉽지 않다. 또한 고속주행 중 발생하는 진동과 충격 흡수에 취약하다. 반면, 눈이 많이 내렸을 때 발생하곤 하는 자갈 비산(飛散) 문제[7]로부터는 자유로운 방식이다.

경부고속철도 2단계구간의 개통식은 2010년 10월 28일에 열렸으며, 상업운행은 11월 1일부터 시작됐다. 2단계 사업비는 총 7조 9454억 원이 계상(計上)되었다.

풀지 못한 숙제들, 고속철도의 명(明)과 암(暗)

경부고속철도 2단계공사가 마무리된 후 호남고속철도가 오송에서 분기되어 광주송정까지 개통되었다. 광주송정에서 목포에 이르는 구간이 완공되면 경부축과 호남축의 고속철도사업이 완료된다고 할 수 있다. 2022년 3월 말 현재 고속철도가 운행되고 있는 노선은 경부선과 호남선, 전라선 외에 경전선(서울-진주), 동해선(서울-포항), 강릉선(서울-청량리-강릉-동해), 중앙선(청량리-안동), 중부내륙선(부발-충주)이다.

여기서 아쉬운 부분은 끝내 고속화가 이뤄지지 않고 있는 서울-금천구청 구간이다. 우리나라 철도에서 가장 많은 열차가 운행하는 구간이다. 서울에서 구로까지는 3복선, 구로에서 금천구청까지는 2복선 구간이다. 이 노선을 고속화하지 못하는 것은 비용도 비용이려니와 공사를 위해 기존 열차의 운행을 중단시킬 수 없기 때문이다. 대통령선거에 나선 어떤 후보는 고가화(高架化)를 공약으로 내세우기도 했고, 지하화를 주장하는 이도 있었다. 어떤 방식을 채택하든 천문학적인 비용뿐만 아니라 기존 열차운행에 막대한 지장을 줄 것이 뻔하기 때문에 선불리 나서지 못하고 있다.

국가경제나 사회생활에 미친 영향을 별개로 하더라도 고속철도는 우리나라 철도에 큰 선물과 함께 큰 짐을 주었다. 큰 선물이란, 전형적인 굴뚝산업으로 사양화의 길을 걷고 있는 철도를 친환경 첨단산업으로 일거에 변모시켰다는 것이다. 어제의 퇴물(退物)이 졸지에 영웅으로 떠오른 셈이다.

지금의 철도산업 종사자들이 가슴을 펴고 살 수 있게 된 것은 상당 부분 고속철도 덕분이다.

그런데 그 선물의 크기만큼이나 짐의 크기도 만만치 않다. 그 짐이란 바로 빚이다. 한 나라의 기반시설을 건설하는 재원은 국민의 세금으로 마련하는 것이 바람직하다. 그 기반시설은 도로가 될 수도 있고 철도가 될 수도 있고 공항이나 항만이 될 수도 있다. 혹은 발전소나 댐, 통신망이나 전력공급망이 될 수도 있다. 기반시설 중에서 철도는 그 건설과 운영에 막대한 자본을 쏟아 부어야 하는 산업이며, 그 가운데에서도 고속철도는 극단의 경우이다.

경부고속철도 1,2단계구간의 경우 총 사업비는 20조 6,018억원이다. 이중 국고는 8조 1,524억원으로 39.6퍼센트이며, 공단 조달은 12조 4,494억원으로 60.4퍼센트에 이른다. 호남고속철도의 경우 2018년 완료된 1단계구간(오송-광주송정)만 보더라도 총 사업비는 8조 1,323억원이며, 국고와 공단 조달은 각각 50퍼센트이다.[8] 공단이 채권으로 조달한 부채는 상당 부분 코레일의 부담으로 넘어와서 아무리 돈을 벌어도 원금은커녕 이자도 갚지 못하는, 밑 빠진 독에 물을 붓는 형상이 되고 있다.

철도 건설과 자산관리를 맡고 있는 공단 입장에서는 돈 나올 곳이라고는 코레일밖에 없기 때문에 마른 수건이라도 쥐어짜야 하는 입장이다. 하지만 코레일이 힘들여 번 돈을 매년 수천억 원씩 선로사용료로 내도 빚의 올무에서 벗어날 희망은 전혀 보이지 않고 있는 상황이다. 지금 세상에는 그 어느 나라 철도도 순수한 여객수입과 화물수입만으로 흑자를 구현하는 곳이 없다. 광복 이전에 조선총독부 철도국이 커다란 흑자를 낼 수 있었던 것은 그 당시엔 철도가 독보적이고 독점적인 교통기관이었기 때문이다.

이러한 문제 상황을 해결하는 방법은 두 가지 정도를 생각할 수 있다. 정부가 정책을 수정하여 고속철도 건설부채를 모두 세금으로 갚는 것이다. 그렇게 되면 공단과 공사가 아옹다옹 싸울 필요도 없고, 코레일이 이렇게 만년 적자기업이라는 불명예를 떠안을 이유도 없다. 그러나 이것은 쉽지 않을 것이다. 이렇게 정부의 정책 때문에 울며 겨자 먹기로 빚더미에 올라앉은 공기업이 철도에만 있는 것이 아니기 때문이다. LH의 경우 4대강이니 보금자리주택이니 하는 정책으로 떠안은 빚이 철도공단이나 철도공사와는 비교도 되지 않을 정도로 어마어마한 것으로 알려져 있다.

그렇다면 어떻게 이 난맥상을 풀어 나가야 할까? 철도회사가 스스로 돈을 벌 수 있도록 해주는 방법이 있다. 바로 부대(附帶)사업이다. 이렇게 돈을 벌고자 뛰어들었던 것이 코레일의 용산국제업무지구 개발사업이었다. 용산 이외에도 추진했다 무산된 대규모 역세권 개발사업이 얼마나 많은지 모른다. 과거 공무원 시절에는 기업인들보다 아이디어가 부족했다. 하지만 지금은 그런 세상이 아니다. 수백 대 일의 경쟁을 뚫고 우수한 인재가 코레일에 들어온다. 그리 큰돈을 들이지 않아도 세계 최고 수준의 자문을 쉽게 받을 수 있다.

문제는 정책이다. 일본의 JR히가시니혼[東日本]이나 JR도카이[東海] 등이 막대한 부대수입을 올리고 있는 것은 그 배경에 경영 노하우도 있겠으나 일본의 정책과 법령이 그 사업을 가능하게 하기 때문이다. 이 나라 철도를 어찌할 것인가?

달리는 기차를 멈추게 하는 장치들

모든 교통수단은 주행장치와 함께 제동장치를 갖추게 되어 있다. 제동장치를 갖추지 못한 교통수단은 언제든 이용자 자신뿐만 아니라 타인의 안전을 해치는 흉기로 변할 수도 있기 때문이다. 그래서 일정한 도로 또는 궤도를 사용하는 개인용 자전거에서부터 오토바이, 승용차, 버스, 기차 등 모든 육상교통 수단들은 주행장치 개발 못지않게 제동장치 개발에도 힘을 써왔다.

제동장치의 압박으로부터 비교적 자유로운 것이 선박과 항공인데, 그 이유는 물길(수로, 水路)이나 바닷길(해로, 海路), 하늘길(공로, 空路)이라는 것이 도로나 기찻길처럼 순간적인 가감속에 따라 사고가 발생하거나 이용자에게 큰 불편을 초래하는 경우는 거의 없기 때문일 것이다. 그래서 대형선박이나 항공기는 장애물이 감지되면 경보를 보내고 미리 방향을 틀어주는 것이 고작이다. 다시 말해서 운항 중 급제동을 한다는 개념 차제가 없는 교통수단이라고 할 수 있다.

ITX-새마을의 제동장치

1825년 영국에서 증기기관차가 끄는 기차가 처음 상업운행을 시작했을 때, 이 기차의 제동장치는 기관차에 설치되어 있는 것이 유일했다. 당연히 주행능력에 비해 제동능력이 부족했으며, 이 때문에 인명사고가 속출했다. 더구나 각 차량은 고리와 사슬로 연결돼 있어 출발이나 도착, 가감속에 따른 충격이 심했고 승객들이 다치는 경우도 많았다고 한다. 이런 문제가 근본적으로 해결된 것은 공기제동기와 자동연결기의 발명에 의해서였다.

공기제동이란 동력차에서 만든 압축공기를 이용해 제동력을 얻는 것으로, 제동이 필요할 때 공기압력을 줄여주면 자동적으로 제동이 체결되는 방식이다. 공기제동에서 핵심이 되는 기술은 '삼동변(三動弁)'이라고 하는 장치로, 공기압의 변화에 따라 공기의 흐름을 변화시켜 제동을 체결하거나 유지시키거나 풀어주는 세 가지 동작을 가능하게 해준다. 물론 이 장치가 정상적으로 작동하기 위해서는 동력차를 포함한 전체 차량이 제동관을 통해 연결되고, 그 공기압이 일정하게 유지되어야 한다. 그래서 공기제동을 사용하는 모든 철도차량에는 금속으로 만들어진 제동관이 달려 있고, 차량과 차량 연결부분에는 고무로 제작된 공기호스가 있어서 동력차나 다른 차량과 연결할 수 있도록 되어 있다. 또한 각 차량에는 제동관에서 받은 공기

제동통

를 저장하였다가 기관사의 조작에 따라 제동과 완해, 제동상태 유지를 할 수 있도록 삼동변, 공기통, 보조공기통, 제동통 등이 설치되어 있다.

동력차에서 제동을 걸게 되면 공기가 급격히 빠져나가면서 각 차량의 삼동변이 동작하여 공기통에 저장된 공기가 제동통으로 들어가고, 실린더 작동에 의해 스트로크가 튀어나와 제동간(制動竿)을 밀어내면 제륜자(制輪子)가 기차바퀴를 죄게 된다. 스트로크의 힘이 달리는 기차를 세우는 데에는 지렛대의 원리가 적용되고 있으며, 원칙적으로 모든 바퀴마다 양쪽에 제륜자가 설치돼 있어서 동시다발적으로 제동력이 가해진다. 이런 제동방식을 관통(貫通)제동이라고 하며, 특별히 기차바퀴에 직접 제동력이 작용하는 방식을 답면(踏面)제동이라고 한다. 공기압이 떨어질 때 제동 기능이 작동하는 관통제동 방식은, 기차가 달리다가 도중에 분리되는 사고가 발생했을 때에도 떨어져 나간 차량에 자동적으로 비상제동이 체결돼 더 이상 굴러가지 않는다는 장점이 있다.

제륜자(brake shoe)는 전통적으로 주철(鑄鐵, 무쇠)로 만들어 썼는데, 제작이 쉽고 비교적 저렴하다는 장점이 있다. 하지만 쉽게 닳아 없어져 관리에 손이 많이 갈 뿐만 아니라 잦은 마찰에 의해 기차바퀴를 닳게 하거나 제동

제륜자와 기차바퀴(안쪽)

이 잡힌 상태에서 미끄러질 때 부분적으로 찰상(擦傷)을 일으켜 소음과 승차감 저하의 원인이 되기도 한다. 극단적으로는 벌겋게 달아올라 제륜자가 바퀴에 눌러 붙어버리는 사고가 발생되기도 한다. 이러한 문제점은 크게 두 가지 방법으로 해결하고 있다. 하나는 제륜자의 재질을 바꾸어 잘 닳지 않으면서도 고착되지 않도록 하는 것이며, 또 하나는 자동차의 라이닝처럼 차륜과 나란히 디스크를 부착하여 여기에 제동력을 작용(디스크 제동방식)시킴으로써 바퀴에 직접적인 부담을 주지 않고도 효율적인 제동이 가능하도록 하는 것이다.

우리나라의 철도차량은 이렇게 공기를 이용한 답면제동이나 디스크제동 외에 전기의 원리를 이용한 제동방식도 동시에 채용하고 있다. 이것은 일반객차나 화차에는 해당이 되지 않고, 전기를 동력원으로 삼고 있는 동력차에 국한된 제동방식이다. 국내에서 많이 쓰고 있는 디젤전기기관차의 경우에도 전기제동이 가능한데, 그 이유는 원천동력은 디젤엔진으로부터 얻지만 그 동력으로 발전을 하고 거기서 얻은 전기로 견인전동기를 돌리기 때문이다.

전기제동은 크게 발전(發電)제동과 회생(回生)제동으로 나눌 수 있다. 발전제동이란 전원을 투입해 견인전동기를 돌리는 과정을 거꾸로 하여 견인전동기가 터빈 역할을 하게 하는 제동방식이다. 이 과정에서 견인전동기에 걸린 부하는 제동력으로 작용(견인전동기는 치차齒車를 통해 기차바퀴와 연결되어 있기 때문에)하고, 여기서 발생한 전기는 저항을 통해 열로 발산시킨다. 회생제동은, 발전제동 과정에서 생산된 전기를 버리지 않고 전차선으로 보내줌으로써 재활용이 가능하도록 해주는 방식이다. 단, 디젤전기기관차에는 전차선과 연결된 집전장치(集電裝置, pantagraph)가 없기 때문에 회생제동 방

객차의 수제동기

식을 사용할 수 없다. 이렇게 현대의 철도차량은 복수의 제동방식을 함께 채용하여 제동효율 극대화를 꾀하고 있다.

지금까지 알아본 제동방식이 달리는 기차를 세우기 위한 장치였다고 하면, 이와는 별개로 유치 중인 차량이 외부 충격이나 기울기 등에 의해 굴러가는 것을 막기 위한 장치가 차량마다 설치돼 있다. 이것을 수제동기(手制動機) 또는 수용제동기(手用制動機)라고 한다. 수제동기는 차량의 종류에 따라 다양한 형태로 만들어져 있는데, 구조상 제동간에 연결된 체인과 이 체인을 인력으로 감아주는 핸들이 핵심요소이다. 수제동기는 일정한 제동력을 발휘할 수는 있기 때문에 어느 정도의 가감속은 제어할 수 있지만, 이동 중인 차량을 정차시킬 정도의 제동력은 기대하기 힘들다.

2010년에 미국에서 만들어져 큰 인기를 얻었던 영화 「언스토퍼블(Unstoppable)」을 보면 위험물이 실린 채 도심을 향해 폭주하는 화물열차를 세우기 위해 주인공이 화차 위를 건너뛰면서 수제동기를 체결하는 장면이 나온다. 실화를 바탕으로 제작된 이 영화에서 최종적으로 열차를 세운 것은 수제동기가 아니었지만, 고속으로 달리는 차량의 지붕을 뛰어넘으며 수제동기를 조작하는 모습은 정말 손에 땀을 쥐게 한다.

2부

기차의 역사

우리나라의 첫 기차

'거물'이란 이름의 작은 기차, 모가

우리나라 최초의 기차는 널리 알려진 것처럼 '모가(Mogul)'라고 부르는 증기기관차이다. 이것은 미국의 브룩스(Brooks Locomotive Works)라는 회사에서 만든 소형기관차인데, 당시 일본은 아직 증기기관차를 만들 수 없었다. 1899년 6월, 경인철도합자회사는 미국으로부터 이 기관차를 사서 배편으로 인천에 들여왔으며, 인천공장에서 조립을 마친 후 시운전에 들어갔다. '거물(巨物)'이라는 뜻의 '모걸(Mogul)'을 '모가(モガ)'라고 부르는 이유는, 모든 철도차량의 모델명을 일본글자인 가타카나 두 음절로 줄여 쓰는 것이 당시의 원칙이었기 때문이다.[9] 예를 들어 태평양을 뜻하는 퍼시픽(Pacific)형 기관차는 '파시(パシ)'라고 불렀고, 산을 뜻하는 마운틴(Mountain)형 기관차는 '마테(マテ)'라고 부르다가 광복 이후엔 '마터'라고 불렀다.

모가는 탄수차(炭水車)가 별도로 연결되지 않고 자체적으로 땔감(석탄)과 물을 싣고 다니는 탱크형 증기기관차이다. 바퀴는 전륜이 2개, 동륜이 6개였으며 후륜은 따로 없었다. 따라서 바퀴 형식은 2-6-0 방식이었다. 모가형에 이어 1901년 처음 도입된 '푸러(Prairie, プレ)'형 증기기관차는 같은 탱크형이었지만 바퀴 형식이 2-6-2 방식이어서 모가형과 쉽게 구분된다.

모가형 증기기관차 모형

경인철도합자회사가 초창기에 텐더형

이 아닌 탱크형 모가를 도입했던 이유는 경성-인천을 연결하는 경인철도가 편도 42킬로미터를 조금 넘는 단거리구간이며, 대륙철도나 산업철도가 아닌 경량 도심철도의 성격을 갖고 있기 때문이다. 무거운 텐더형 기관차가 빠른 속도로 달리려면 기찻길도 그에 적합하게 만들어져야 하고, 정거장이나 부속시설도 그 기준에 따라줘야 한다.

경인철도합자회사는 넉 대의 모가형 증기기관차 외에 12량의 객차와 4량의 합조차[10], 36량의 화차를 미국으로부터 수입했다. 기관차를 빼고는 모두 목제차량이다. 사진에서 볼 수 있는, 지붕이 높게 솟아 있는 목제차량 실물은 일본의 철도박물관에 가면 볼 수 있다. 초창기의 우리나라 기차는 기본적으로 객차 3량을 연결해서 운행했다. 객차가 1등, 2등, 3등으로 나뉘어 있어서 각각 운임이 달랐다. 1등객차는 외국인용, 2등객차는 내국인용, 3등객차는 여성용이었다. 하지만 이것은 편의상 분류일 뿐이지, 외국인이라고 해서 반드시 1등객차에 타야 한다든지 내국인이라고 해서 1등객차에 타지 못하는 것은 아니었다.

모가형 증기기관차의 최고속도는 60km/h, 영업최고속도는 55km/h 정도인데, 초창기에는 노량진-인천 간 33.8킬로미터를 1시간 40분에 달렸다. 따라서 구간거리를 소요시간으로 나눈 표정속도(表定速度, scheduled speed)는 20km/h 정도였다. 각 역의 정차시간을 제외한 순수 운전시간으로 계산한 속도를 평균속도(平均速度, average speed)라고 하는데, 시속 40km/h 정도일 것으로 판단된다.

모가형은 우리나라에 모두 넉 대가 도입되었는데, 이 기관차의 마지막 행방에 대해서는 여전히 오리무중이다. 1935년 철도박물관 개관시 전시를 추진했으나 전시 여부는 알 수 없고, 최근의 일본 자료[11]에는 광복 당시 북쪽에 남아 있었다고 기록돼 있으나 확인되지 않는다. 한반도를 맨 처음 달렸던 모가에 대한 철도인(특히 철도 마니아)들의 관심은 대단해서, 지금도 행방추적은 계속되고 있지만 아직까지 희소식은 들리지 않고 있다. 남북철도 연결과 함께 철도인들의 교류가 본격화하면, 모가의 행방에 대한 좀 더 자세한 소식을 알 수 있게 될 것으로 기대하고 있다. 한편, 푸러형 모델은 현재 북한에 보존되어 있는 것으로 알려져 있다.

1899년 9월 18일 이야기

1899년 9월 18일, 경인철도합자회사는 경인철도 개통에 앞서 노량진에서 인천에 이르는 33.8킬로미터 구간을 먼저 부분개통 했다. 전 구간이 42킬로미터를 조금 넘는 단거리 노선임에도 불구하고 부분개통을 강행했던 이유는, 경인철도에서 가장 난공사 구간인 한강철교 건설이 홍수로 지연되면서 연내 전선(全線)개통이 불가능해졌기 때문이다.

1896년 3월 29일 조선 정부는 미국인 모스(James R. Morse)에게 경인철도 부설을 허가한다. 이 부설허가에는 몇 가지 조건이 있었는데, 그중 하나가 허가일로부터 12개월 이내에 착공, 착공일로부터 3년 이내에 준공이었다. 모스는 이 조건을 충족시키기 위해 1897년 3월 22일 쇠뿔고개(牛角峴)에서 부랴부랴 기공식을 치렀다. 3월 28일이 지나면 부설허가가 취소되기 때문이었다. 착공행사를 치름으로써 준공시한은 1900년 3월 21이 되었다. 그런데

경인철도 첫 기공식(1897년 3월 22일)

일본은 부설권을 모스로부터 양도받는 과정을 거치면서 대한제국 정부로부터 6개월이라는 준공연장 허가를 받았다. 이렇게 해서 준공시한은 1900년 9월 21일로 늦춰졌다.

홍수로 한강철교 건설이 지체되면서 제국의 수도 경성과 그 관문인 인천을 철길로 이어주고자 계획된 경인철도는 경기도 시흥군(당시 시흥군에 속해 있던 노량진이 서울에 편입된 것은 그로부터 36년이 지난 1936년의 일이다)과 인천을 잇는 반쪽짜리 철도로 시작했다.

그날의 행사에 대해서는 다행히 기록이 잘 남아 있다. 당시 우리나라에는 두 개의 일간신문이 있었는데, <독립신문>과 <황성신문(皇城新聞)>이었다. 9·18 이전의 보도가 대부분 보도자료를 옮긴 것이었던 데 반해, 9·18에 대한 1899년 9월 19일자 보도는 모두 취재에 의한 것이었다. 보도를 종합해보면, 이 행사는 인천역에서 시승(試乘)열차가 출발하면서 시작된다. 노량진역에 도착한 첫 기차는 한양에서 온 대한제국 관리를 비롯한 귀빈을 태우고 인천역으로 돌아간다. 인천역에서는 성대한 개업예식(開業禮式)이 열리고, 다과가 제공된다. 행사가 모두 끝나자 다시 기차를 출발시키는데, 이번에는 인천의 지역유지와 한양의 귀빈들이 함께 차에 오른다. 노량진역에 도착하여 한양 귀빈들은 하차하고, 인천의 유지들은 작별인사를 고한 후 다시 기차에 올라 인천으로 향함으로써 공식 일정이 모두 마무리된다.

개통 초창기 경인철도의 기차

당시의 정거장은 모두 일곱 개였는데, 인천역(仁川驛)에서 시작하여 축현(杻峴), 우각동(牛角洞), 부평(富平), 소사(素沙), 오류동

L 첫 기차와 노량진역(1899년 9월 18일)
R 인천역에서 열린 개업예식(1899년 9월 18일)

(梧柳洞), 노량진(鷺梁津)까지였다.[12]

특이한 것은 노량진역인데, 당시 홍수로 한강철교 공사도 못 하는 형편이었기 때문에 노량진에는 역사를 지을 수가 없었다. 결국 영등포에 노량진역 가역사를 세웠고, 이 때문에 신문에는 '노량진역' 대신에 '영등포'라는 지명이 계속 나온다. 그러니까 역명은 노량진이고 위치는 영등포에 있었던 것이다. 이듬해인 1900년 7월 8일 경성에서 인천을 잇는 경인철도가 온전히 개통될 때 노량진에는 제대로 된 역사가 새로 만들어져 있었고, 한강을 건너가면 용산역, 남대문역(지금의 서울역), 경인철도 시발역인 경성역(훗날의 서대문역)이 있어서 모두 10개 역이 영업을 시작하였다.

여기서 재미있는 것은 영등포역 이야기인데, 9·18 때 노량진역 간판을 달고 있던 임시역사는 운전취급(교행이나 대피, 기관차 돌려 붙이기 등)을 위해 철거하지 않고 남겨둔 상태였다. 그런데 전선개통 이후 영등포지역 주민들로부터 기차를 세워달라는 요구[13]가 계속 들어오자 가뜩이나 이용객이 없어 고민하던 철도회사 쪽에서는 곧바로 영등포역을 새로 만들었다. 계획에도 없던 새로운 역을 곧바로 추가할 수 있었던 것은 기존의 노량진역 가역사 건물을 재활용했기 때문이었다. 이렇게 현재의 영등포역 자리에 새

건물이 지어질 때까지 신길역 근처에 있던 이 건물에서 영등포역이 영업을 개시했으니 때는 1900년 9월 1일, 이렇게 경인철도에 열한 번째 역이 탄생한 것이다.

경인철도, 경인선을 달린 기차

1899년 9월 18일 부분개통 당시 기차는 오전과 오후 하루 두 번씩만 다녔다. 곧 인천에서 아침 7시에 출발한 기차가 노량진역까지 8시 40분에 도착하고, 노량진역을 9시에 출발한 기차는 인천역에 10시 40분에 도착했다. 오후에는 인천역을 13시에 출발한 기차가 노량진역에 14시 40분에 도착하고, 노량진역을 15시에 출발한 기차가 인천역에 16시 40분에 도착하면 하루 운행이 끝났다. 따라서 상하행 기차가 도중역에서 서로 만나는 일이 없었다.

그러다가 같은 해 12월 1일부터 하루 2왕복을 3왕복으로 늘렸다. 인천발 8시, 10시 15분, 14시 15분이었으며, 노량진발 10시 10분, 14시 10분, 16시 30분이었다. 이렇게 되니 비로소 중간에 서로 교행하는 기차가 생기게 되었다. 곧 양쪽 역을 오전 10시대와 14시대에 출발하는 기차는 도중역에서 서로 만날 수밖에 없었고, 정거장 간 소요시간을 감안할 때 소사역에서 교행했을 것으로 보인다. 이듬해인 1900년 3월 16일부터는 1왕복이 더 늘어나 하루 4왕복 운행을 하게 되었다. 인천역에서의 첫차는 변함없이 아침 7시였고, 노량진역에서의 첫차는 9시 15분이었다. 역시 기차가 인천역 중심으로 운행했다는 것을 알 수 있다.

1900년 7월 8일, 경성역에서 인천역까지 경인철도가 완전개통이 되자 기차는 왕복 5회로 늘어났다. 소요시간은 2시간 내외였다. 최초 인천에서 노량진까지 33.8킬로미터를 달릴 때 걸리던 시간으로 경성과 인천 42.3킬로미터가 연결된 것이다. 인천역을 출발하는 기차는 6시 정각에 출발하는 첫차를 시작으로 7시 45분, 10시 45분, 13시 45분, 16시 45분이었다. 경성역을 출발하는 기차는 8시 10분 첫차를 시작으로, 10시 10분, 13시 10분, 16시 10분, 19시 10분이었다. 인천역의 첫차를 제외하고는 3시간 간격으로 다니게 함으로써 이용자들이 기차시간을 기억하기 쉽게 하였다는 것을 알 수 있다. 여전히 첫차는 인천역에서 출발하고 막차는 경성역에서 출발하였다는 것을 볼 때, 당시 철도의 주 이용자였던 일본인들이 인천을 근거지로 삼고 있었기에 서울에서 볼일을 보고 귀가할 수 있도록 배려한 조치라는 것을 짐작할 수 있다. 또 다른 측면에서 보면, 운행을 마친 차량을 고치거나 정비할 수 있는 공장(차량기지)이 인천에 있었기 때문에[14] 인천역을 시발점으로 삼을 수밖에 없었다고 할 수 있다.

급행열차의 탄생 에피소드와 시사점

용산역에서 동인천까지 운행하는 경인선 급행전동열차를 애용하고 있는 수도권 지역의 현대인들은 경인선에 급행열차가 생긴 것이 비교적 최근의 일이라고 생각할지도 모른다. 철도에 대해 잘 아는 사람이라면, 구로역에서 동인천역까지의 복복선화가 2005년 12월 마무리되었으니 그 즈음에 급행열차가 다니게 되었을 것이라고 짐작할 수도 있겠다. 그런데 놀랍게도 이 노선에 최초의 급행열차가 등장한 것은 지금으로부터 115년도 더 지난 1903년 7월 1일의 일이다.

기차시간 개정과 첫 급행열차 운행을 앞두고, 경인철도합자회사는 <황성신문>에 1903년 6월 25일부터 6월 30일까지 다섯 차례나 광고를

냈다. 그런데 어이없게도 급행열차가 우각동·부평·오류동·노량진·용산역 등 5개역에 "정차하지 않는다"라고 해야 하는데, 정작 광고내용은 "정차한다"라고 되어 있었던 것이다. 지금 생각하면 신문사 입장에서는 급행열차에 대한 개념을 몰라서 그랬다고 쳐도, 광고주는 도대체 이런 중요한 광고를 하면서 어떻게 내용을 확인도 하지 않았던 것일까? 결국 이 소동은 7월 2일자부터 시작해서 7월 7일자까지 역시 다섯 번에 걸쳐 다음과 같은 정정 광고를 내는 것으로 마무리된다.

> "경인철도 기차시간 개정 광고 중 오후 9시발 열차는 우각동, 부평, 오류동, 노량진, 용산에서 정차치 아니하는 것을, 한다고 오식(誤植)하였기에 개정함"

어쨌든 7월 1일자 개정으로 기차는 1왕복이 늘어 모두 7왕복을 운행하게 됐다. 인천발은 6시 10분차를 시작으로 8시 35분, 11시 정각, 13시 25분, 15시 50분, 18시 15분이었고, 21시 막차가 급행이었다. 경성발은 6시 정각에 첫차가 있었고, 8시 25분, 10시 50분, 13시 15분, 15시 40분, 18시 5분에 이어 21시 정각에 출발하는 막차가 급행이었다.

일본이 경부철도 부설권을 얻게 되면서 만들어진 경부철도주식회사는 1903년 말 경인철도합자회사를 인수했다. 경부철도는 영등포역에서 부산의 초량역까지 이어졌는데, 영등포역에서 경성역까지의 핵심구간을 경인철도와 공유해야 했기에 합병이 불가피했던 것이다. 합병 이후인 1904년 3월 10일자로 기차시간이 바뀌는데, 7왕복 중에서 급행이 아침에 1왕복(인천발 8:35, 경성발 8:30) 늘어 막차까지 하루 2왕복이 되었다. 정차역에는 변함이 없었다.

1905년 1월 1일, 경부철도가 완전히 개통되면서 경인선은 경부철도의 지선으로 전락했다. 나중에는 경성에서 영등포까지의 구간도 경부선에 편입되고, 경인선은 영등포에서 인천까지로 축소되었다. 그래도 경인선 기차는 영등포와 인천 사이가 아닌 경성과 인천 간을 왕복했다. 그리고 그해 3월 24일, 경성역(京城驛, Seoul)은 서대문역(西大門驛, West Gate)으로 명칭이 바뀐다.[15] 1906년, 한국통감부는 일본 정부의 방침에 따라 한반도의 철도를 모두 국유화하는 조치를 단행[16]했다. 경부철도는 사설철도로서의 겉옷[17]을 벗고 국유철도로서 '경부선'으로 불리게 되었다.

1910년, 경인선은 전선개통 10주년을 맞았고 우리나라는 일제의 식민지가 되었다. 그사이 경인선의 기차 운행횟수는 꾸준히 늘어 하루에 9왕복이 다녔는데, 그중 2왕복이 급행이었다. 조선총독부 〈관보〉[18]에 실린 자료를 보면, 인천역에서 서대문역 간 소요시간은 보통은 1시간 35분 내외, 급행은 1시간 15분 정도 되었다. 급행은 오전과 오후 각 1회씩 운행되었는데, 급행열차가 정차하지 않는 역은 주안·부평·오류동 역이었고, 오전에 운행되는 급행은 노량진역에도 정차하지 않았다.

1903년 급행열차 초창기 운행 시 통과역이었던 우각동역은 1906년 아예 폐쇄되었고, 1910년 10월 21일 주안역이 새로 문을 열었다. 보통열차만 서던 용산역에 급행이 정차하게 된 것은 1906년 용산과 신의주를 잇는 경의선이 개통됨에 따른 수송수요 증가의 결과로 보인다. 초창기 조계지(租界地)를 품고 있는 인천에 치우쳐 있던 경인선의 무게중심은 경부철도와 경의선에 의해 한반도 종단철도가 완성되고 한강 이북에 일본인 거주지역이 확대되면서 점차 동쪽으로 옮겨가기 시작했다. 또한 1908년 인천공장이 용산공장으로 통폐합되고 결정적으로 일제강점기에 접어들게 되자 경인

◎ ◎

동아일보 1960년 7월 13일자 3면

아침 경인선은 생선열차
악취로 승객들 울상
당국 단속에 골치·상인도 대책요구

아침 5시부터 매시간 이곳 인천역발 서울행 5개 여객열차(상오 5시부터 10시 사이에 운행되고 있는 열차)는 각 차량마다 서울 시장으로 가는 생선장사와 그들이 휴대한 각종 생선 등으로 말미암아 객차라기보다 마치 '생선열차'와 같은 인상을 주는 가운데 운행되고 있다. 이러한 실정 밑에 운행되고 있는 전기 여객열차 내는 생선냄새로 승객들의 비위를 거슬리게 하고 있다.

그런데 이들 생선장사들은 새벽에 인천항에서 각종 생선을 사가지고 한 사람의 차표 값만으로 다량의 생선이 무임으로 서울에 운반되는 실정이다.

더욱이 여름철에 접어들자 생선냄새가 격심하여 승객들에 미치는 폐단은 이루 말할 수 없다 한다. 이와 같은 무질서한 차내정리를 하지 못하고 있는 교통부에서는 또한 아무런 대책조차도 세우지 않고 현상대로 묵과하고 있는 형편이며, 일선 종업원들과 상행위를 하고 있는 수많은 사람들은 한결같이 1개 열차에 1량씩의 소화물차를 연결시켜 이를 전용케 하여줄 것을 바라고 있다.

◇ 일선 철도국원 담=아무리 단속하여도 조절하지 못하고 있어 승객들에게 미안하기 짝이 없다. 이러한 물건을 실어 나르는 별다른 차량이 있었으면 한다.

◇ 박모 상인 담=여러 식구가 먹고 살기 위해 갖은 고생을 무릅쓰고 이러한 짓을 하고 있다. 화물차라도 좋으니 마음 놓고 탈 수 있는 차가 있으면 얼마나 좋을지 모르겠다.

선의 주도권은 인천에서 경성으로 넘어가게 되었다.

지금과 마찬가지로 당시에도 급행열차라고 해서 운임을 더 받지는 않았다. 사실 동일한 차량과 동일한 인력을 투입한다고 했을 때 정차역이 줄어들면 비용이 절감되기 때문에 굳이 운임을 더 받을 이유는 없는 것이다. 그런데 1910년 말, 당시 인천을 출발하는 북행(北行) 기차 아홉 대 중에서 네 대는 남대문역까지만 운행했고, 나머지 다섯 대는 서대문역까지 운행했다. 그리고 서울에서 인천으로 향하는 남행(南行) 기차는 아홉 대 중에서 세 대만 서대문역에서 출발하고 나머지 여섯 대는 남대문역에서 출발했다. 모두 18개의 경인선 여객열차 중에서 반 이상(10개)이 남대문역을 착발역으로 삼았다는 것은, 이미 서대문역이 시종착역으로서의 기능을 상실하여 서울을 대표하는 역할을 상당 부분 남대문역에 넘겨주었다는 것을 의미한다고 볼 수 있다.[19]

경인선은 비록 단구간이지만, 대한제국시대부터 급행열차를 따로 투입할 만큼 이용객이 많은 황금노선이다. 대부분 여행보다는 생계를 위한 이동이었고, 광복 이후에는 통학과 통근 수요가 부쩍 늘어났다. 화물수송도 매우 활발했다. 화물열차는 주로 쌀, 석탄, 공산품, 철도용품 등을 실어 날랐다. 일제강점기를 대상으로 한 통계에 의하면 경인선은 단위 거리당 여객 및 화물 수송량 면에서 그 실적이 경부선과 경의선 등 다른 노선에 비해 월등히 우수한 것을 알 수 있다.[20]

경인선이 복선(複線)으로 놓인 것은 비교적 늦은 1965년 9월 18일의 일이다. 또한 지금처럼 수도권전철이 다니기 시작한 것은 1974년 8월 15일부터이다. 이에 따라 경인선의 영역은 다시 구로역에서 인천역까지로 축소되었지만, 위성도시의 급격한 팽창에 힘입어 개통 120년을 맞은 지금도 경인선의 성장은 진행형이다.

노량진역의 철도시발지비
- 우리들의 부끄러운 이야기

우리나라 철도의 시발지는 어디인가

노량진역에서 한강철교 쪽으로 조금 들어가면 철도시발지비가 우뚝 서 있다. 1899년 9월 18일 경인철도가 노량진-인천 간 처음 달린 것을 기념하기 위해 1975년 10월 1일 세운 것이다. '鐵道始發地'라는 한자 휘호는 당시 김종필 국무총리가 썼으며, 비문(碑文)은 서정주 시인이 썼다. 비문의 내용은 다음과 같다.

1899년 9월 18일 철도 역사의 장이 열리고
경인간 33.2km의 철로가 뚫린 그날로부터 76주년
철마라 불리우던 증기시대를 거쳐 디젤기관이 철길을 누비더니
이어 전철의 막이 휘날리며 철도가 반석 위에 오른
오늘을 못내 그날의 감격을 함께 되새기며
유서 깊은 철도 효시의 요람지 여기 한강 마루에
이 기념비를 세워 기려 새 모습의 철도를 기리리라

이 시발지비가 노량진역 구내에 세워진 배경을 살펴보면 다음과 같다.

첫째, 당시의 철도인들, 적어도 철도 역사(歷史)를 담당하고 있는 직원은 노량진(또는 노량진역)이 철도의 시발지라고 생각하고 있었다. 이것은 사실 말할 필요도 없다. 노량진이 철도의 시발지라고 생각하지 않았더라면

많은 예산을 들여 이런 기념물을 세울 이유가 없기 때문이다. 더구나 현직 국무총리의 휘호와 이름난 시인의 비문까지 받아낸다는 것은 상식적으로 확신이 없으면 절대로 할 수 없는 일이다.

둘째, 노량진역에서 경인철도 개통식을 거행했다고 알고 있었다. 최근에는 인식이 조금 바뀌었지만 한국철도 100주년이 되던 1999년에는 말할 것도 없고, 2002년에 나온 철도주요연표에도 경인철도 개통식은 노량진역에서 했다고 되어 있다.

셋째, 1899년 9월 18일을 경인철도 개통일로 인식하고 있었다. 이 또한 당연한 말이다. 지금도 대부분의 일반국민과 철도인, 역사학자들은 그렇게 알고 있다.

그런데 이와 같은 세 가지 인식에는 문제가 있다.

경인철도 전선개통식(1900년 11월 12일 경성역)

먼저 우리가 염두에 두어야 할 것은, 시발지라는 개념에 과도한 의미를 둘 필요가 없다는 것이다. 출발점이라는 것이 어떤 행위나 사상, 업적의 기원을 적는 데 도움이 될 때가 많기는 하지만, 그것이 본질적인 면에서 전체적인 과정이나 결과물보다 월등히 우월하거나 중요한 것은 아니라는 것이다.

경인철도는 모두 네 개의 공구(工區)로 나뉘어 공사가 진행됐다. 1897년 3월 22일 미국인 모스에 의해 공사가 시작됐고, 일본에 넘기기 전에 건축자재며 궤조 등이 미국으로부터 많이 도입된 상태였지만 부설권 양도 양

수 협상이 길어지면서 공사는 지지부진했다. 일본은 1899년 1월 공사를 시작했지만 한겨울에 공사가 제대로 될 리가 없었다. 본격적인 공사는 4월부터 시작됐다.

제1공구는 인천역에서 5마일 지점까지인데, 역으로는 우각동역과 부평역 중간 부분에 해당되었다. 모스로부터 부설권을 인수한 후 1899년 4월 8일 재기공하여 같은 해 8월 15일 준공했다.

제2공구는 1공구가 끝나는 인천 기점 5마일 지점부터 오류동역 직전까지의 10마일로, 기점으로부터 15마일 지점까지였다. 1공구와 마찬가지로 4월 8일 기공하여 8월 15일 준공했다.

제3공구는 인천 기점 15마일 지점인 오류동역 부근에서 노량진역 구내까지 6.8마일로 1899년 6월에 기공하여 같은 해 9월 13일 준공했다.

제4공구는 한강철교를 포함한 경성역까지의 잔여구간으로 4.5마일에 이른다. 제4공구는 다시 한강철교 남쪽, 한강철교, 한강철교 북쪽으로 나뉘어 공사가 진행됐는데, 가장 난공사 구간이었던 한강철교가 1899년 4월 하순에 시작돼 1900년 7월 5일 최종적으로 준공됐다.

이렇게 공사는 인천을 시작으로 제1공구부터 제4공구까지 나뉘어 진행되었고 대체적으로 그 순서대로 준공되었다. 이는 인천이 경성보다 중요해서가 아니라 철도부설에 필요한 각종 물자와 차량 등이 인천 제물포항을 통해 들어오는 상황이었기 때문에 공사의 효율을 기하기 위한 당연한 선택이었다고 본다.

철도 부설공사가 인천으로부터 대한제국의 수도인 경성, 곧 서울을 향해 진행되었다는 사실 외에, 노량진이 아닌 인천이 한국철도의 시발지라는 근거는 더 있다. 1899년 9월 18일 경인철도 개업예식을 성대히 치른 곳이 바로 인천이었다. 특히 철도인들은 오랜 세월 이 행사가 노량진역에서 치러진 것으로 알고 있었고, 철도사[21]에도 그렇게 기록되어 있다. 하지만 당시 행사를 취재한 <독립신문>과 <황성신문>의 보도 내용이 밝혀지고 사진에 나오는 배경이 서울의 남산이 아닌 월미도라는 것이 알려지면서 행사 장소가 인천이었다는 것은 더 이상 논란의 여지가 없게 되었다.

인천이 경인철도의 시발지라는 또 하나의 논점은 열차운행에 관한 것이다. 당시의 증기기관차나 객차, 화차는 모두 미국으로부터 수입되었다. 배편으로 들어왔기 때문에 차량은 완제품 형태가 아닌 부품으로 들어와 경인철도회사의 인천공장[22]에서 조립과정을 거쳤다. 9월 18일의 행사일정을 보면, 첫 열차는 한양의 귀빈을 태우기 위해 인천에서 출발한 노량진행 열차였다. 또한 행사를 마친 후 노량진역까지 다시 한 번 왕복하게 된다. 이렇게 첫날의 행사열차뿐만이 아니라 위에서 먼저 언급했던 것처럼 당시의 열차시간표를 보더라도 철저하게 인천을 기점으로 열차가 운행되었다는 것을 알 수 있다.

결론적으로 노량진은 경인철도 개업예식이 치러진 곳이 아니며, 경인철도의 첫 열차가 출발한 곳도 아니라는 것, 더구나 당시 노량진역은 노량진이 아닌 영등포에 있었다는 것 등의 사실이 밝혀진 이상 노량진이 경인철도 시발지라는 주장은 잘못이라는 것이다. 오히려 부설공사가 인천으로부터 시작되었고, 차량도입이나 조립, 시운전이 인천에서 이뤄진 후 개업예식이 인천에서 치러졌다는 점, 열차운행 또한 인천을 기점으로 계획되고 시행되었기 때문에 경인철도의 시발지는 인천이라는 주장이 정당하다고 보는 것이다.

경인철도 개통일은 언제인가

우리나라 철도의 효시가 경인철도(혹은 경인선)라고 하는 것은 이제 상식에 속한다. 그리고 철도에 관심이 좀 있는 사람들은 경인철도 개통이라고 하면 1899년 9월 18일을 떠올린다. 그리고 2017년까지 9·18은 철도의 날이었다. 그러면 과연 그것이 맞는 것일까? 철도인으로서 이것이 상당히 중요한 문제이기 때문에 오랜 기간 고민해온 결과를 함께 나눠보고자 한다.

먼저 경인철도의 개념부터 정리해보자. '경인철도(京仁鐵道)'란 당시의 서울을 부르는 이름이었던 경성의 '경'자와 인천의 '인'자를 따서, 경성과 인천을 철길로 잇고 운영하는 것을 목적으로 설립된 '경인철도합자회사(京仁鐵道合資會社)의 철도노선'이라는 뜻이다. 1896년 경인철도부설권을 미국인 모스가 따내자 일본은 '경인철도인수조합(京仁鐵道引受組合)'을 결성해 부설권 확보를 위한 치열한 협상에 들어간다.

1898년 마침내 부설권을 최종적으로 손에 넣은 일본은 인수조합을 해산하고 경인철도합자회사를 세워 본격적인 철도부설과 운영에 나서게 된다. 일본 정부와 의회가 깊게 개입돼 있지만 외형상으로는 사설철도이기 때문에 노선 이름을 '경인선(京仁線)'이 아닌 '경인철도'라고 부른다. 경인철도는 1903년 말 경부철도주식회사에 인수합병 되고, 1906년에는 일제의 방침에 따라 국유화[23] 과정을 거친다. 인수합병 이후 국유화 전까지는 '경부철도주식회사 경인선'으로 불렸다. 국유화 이후에는 '경인선'이 공식명칭이다.

따라서 경인철도의 개통은 철도노선의 명칭 그대로 경성과 인천이 철길로 이어졌을 때 비로소 말할 수 있는 개념이다. 그렇다면 철도에서 말하는 '개통(開通)'이란 무엇을 말할까? 철도에는 두 가지 개념의 개통이 있다.

가장 많이 사용하는 개통은 운전취급 시 사용하는데, 운행 중인 열차가 폐색구간에서 완전히 벗어나 다른 열차를 폐색구간에 받을 수 있는 상태를 말한다. 또 하나의 개통은 일반인들도 잘 알고 있듯이 철길이 완성되어 서로 통하게 된 것을 말한다.

그런데 정확한 개통시점이 언제인가에 대해서는 다음과 같은 주장이 있을 수 있다.

1. 철길이 실제 놓인 시점
2. 철길에 대한 준공이 떨어진 시점
3. 실제 영업을 개시한 시점
4. 영업을 기념하는 개통행사를 한 시점

네 가지 모두 나름대로 의미가 있다. 피땀 흘려 공사를 마무리한 날, 이 공사가 설계대로 완벽하게 끝났다는 것을 인증 받은 날, 공사의 궁극적 목적인 수송서비스 제공이 최초로 이뤄진 날, 대외적인 선포와 축하를 겸한 기념식이 치러진 날이니 말이다. 그런데 우리나라 철도에서는 바로 세 번째, 실제 영업을 개시한 시점을 개통일로 삼고 있다. 이 영업개시일과 개통행사일에 대한 혼동이 우리 철도사(鐵道史)를 아직도 어지럽히고 있다. 개통행사는 하나의 의식(세레모니, ceremony)일 뿐이다. 행사일은 택일이나 주빈(主賓)의 일정 등에 따라 정해진다. 그래서 개통행사는 실제의 개통 이전에 행해지기도 하고 이후에 진행되기도 한다. 예를 들어 우리나라 철도역사에 커다란 획을 그은 경부고속철도의 경우, 2004년 4월 1일에 개통됐는데 개통행사는 그 전인 3월 30일 치러졌다.

이렇게 보면 경인철도의 개통일은 응당 경성(서울)역과 인천역이 철길로 이어져 영업을 개시한 날이 되어야 한다. 그런데 우리는 지금도 1899년 9월 18일을 경인철도 개통일로 믿고 있다. 그것은 광복 이후 우리 철도사가 그렇게 잘못 기록해왔기 때문이다. 다시 말하지만, 인천역에서 노량진역까지(혹은 노량진역에서 인천역까지) 한반도에서 최초의 기차가 달렸다는 사실은 우리나라 철도 역사에서 길이 기념해야 마땅하다. 하지만 그것과 경인철도의 개통은 전혀 다른 이야기라는 것이다.

예를 들어 지금의 중앙선은 청량리에서 제천과 영주, 안동을 거쳐 경주까지 이어지는 긴 노선이다. 건설 당시에는 청량리역이 '동경성역(東京城驛)'이었기 때문에 중앙선을 '경경선(京慶線)'이라고 불렀다. 1936년 말 착공하여 1942년 4월 1일 전 구간이 개통되었는데, 공사가 끝난 구간에서 먼

철도시발지비(노량진역 구내)

저 영업을 개시하고 점차 영업구간을 확대하는 방식을 썼다. 청량리역에서 양평역까지의 구간은 비교적 이른 1939년 4월 1일 영업을 개시했고, 남쪽의 안동에서 영천에 이르는 구간은 1940년 3월 1일, 양평에서 원주까지는 같은 해 4월 1일 영업을 개시했다. 이렇게 공사 진척에 따라 영업구간을 늘려가는 방식은 호남선, 함경선, 장항선, 동해북부선, 동해남부선, 만포선 등 일제강점기 대부분의 장거리 철도 건설에 적용되었다. 따라서 구간별로 영업개시일은 달라지지만, 그 노선의 개통일은 전선개통을 기준으로 삼는 것이 당연한 원칙이었다.

그렇다고 하면 경인철도의 개통일은 언제인가? 말할 것도 없이 그 명칭이나 조선 정부의 부설허가, 모스의 경인철도 설계도, 모스와 경인철도인수조합 간의 계약 내용에 근거하여 경성역과 인천역을 철길로 연결하여 영업을 개시한 시점이 되어야 한다. 그리고 이 시점은 바로 1900년 7월 8일이었다. 경인철도가 개통된 이후 일제는 11월 12일 경성역 부근[24]에서 대대적인 전선개통행사를 거행했다.

경인철도 개통일의 의미는 경부철도나 경의선, 혹은 호남선 개통일의 그것과 전혀 다르다. 왜냐하면 경인철도는 우리나라 철도의 효시이며, 조선 정부가 각종 조건과 단서를 붙여 외세에 철도부설을 허가한 것이기 때문이다. 일제가 우리나라를 식민지로 삼은 후 자국의 필요에 의해 건설한 철도와 성격이 다르다는 것이다. 그래서 "경인철도는 1899년 9월 18일 개통되었고, 이듬해인 1900년 7월 8일 경성역까지 연장되었다"는 주류 역사학자와 기존 철도사의 인식을 철도인인 필자는 받아들이기 어렵다. 이것은 철도에서 말하는 '개통(開通)'이라는 용어에 대한 개념을 이해하지 못했기 때문에 생긴 심각한 오해이다.

plus! 전차 이야기

우리나라 철도의 효시와 관련하여 일부 교통학자는 경인철도가 아닌 서울시내의 전차를 최초의 철도로 보기도 한다. 전차는 궤도를 사용한다는 점에서 철도와 공통점이 있는 반면, 배타적 운행방식이 아닌 도로면을 자동차와 공유한다는 점에서 철도와는 구분된다.

서울에 전차가 처음 개통된 것은 1899년 5월 20일로, 9월 18일 시작된 경인철도의 부분개통보다 4개월이나 앞섰다. 시기적으로 앞선 것뿐만 아니라 이 전차는 고종 황제의 내탕금, 곧 민족자본에 의해 완성되었다는 근본적 차별성을 갖고 있다.

전차를 부설하게 된 배경에는 을미사변이라는 민족의 큰 아픔이 깔려 있다. 일국의 왕으로서 궁궐에서도 가장 내밀한 침전에서 벌어진 일제의 만행으로부터 왕비를 지켜내지 못했다는 고종의 참담한 슬픔은 3년의 국상이 끝난 후에도 그 발걸음을 지어미가 누워 있는 홍릉으로 향하게 했다. 1896년, 경인철도 부설권과 서울시내 전기부설권을 얻어낸 미국은 이런 기회를 놓치지 않고 고종에게 서대문과 청량리를 잇는 전차부설을 제안했다. 미국을 신뢰하고 있던 고종은 전차가 부설되면 홍릉을 쉽게 오갈 수 있다는 말에 흔쾌히 내탕금을 내놓았고, 이렇게 하여 궁성과 가장 가까이에 있는 서대문과 홍릉이 자리 잡고 있는 청량리가 철길로 이어지게 되었다.

일제 입장에서 볼 때 고종이 명성황후를 잊지 못해 부설한 전차는 눈엣가시였을 것이다. 그들은 철도를 근대화의 상징으로서 조선을 '개명'시키는 도구로 선전하였는데, 서울의 전차는 그들이 말하는 근대화와 내선일체의 허상을 온몸으로 상기시켰을 테니 말이다. 따라서 전차는 철도일 수 없었고, 광복 이후에도 그 인식은 그대로 이어졌다.

전차를 철도로 볼 것인지 도로교통의 일부로 볼 것인지 여부는 이렇게 우리나라 철도의 효시와 관련되어 있는 중요한 문제이다.

미카는 뭐고 파시는 또 뭐야?
- 한반도를 누볐던 증기기관차

기차(汽車)가 원래 증기기관차의 줄임말이라는 것은 앞에서도 이야기한 바 있다. 증기기관차를 거의 보기 힘든 요즘엔 기차란 철도교통수단, 그 중에서도 여객열차를 친밀하게 부르는 말로 쓰이고 있다. 이번 꼭지에서는 원래 의미에서의 기차, 곧 증기기관차에 관해 알아보려고 한다.

증기기관차의 종류를 분류하는 방법은 여러 가지가 있지만, 가장 일반적인 것이 탄수차 유무와 바퀴 배열을 가지고 나누는 방법이다. 증기기관차는 물을 끓여 수증기를 발생시키고, 그 팽창압력으로 왕복운동과 회전운동을 일으켜 움직이도록 되어 있다. 그러기 위해서는 많은 물과 땔감(석탄 또는 기름)을 가지고 다녀야 하는데, 이렇게 물과 땔감을 싣고 다니는 차량을 '탄수차(炭水車, tender)'라고 부른다. 그리고 이런 탄수차를 기관차에 연결해서 다니는 방식을 텐더(tender)식, 별도의 탄수차 없이 자체적으로 물과 땔감을 싣고 다니는 방식을 탱크(tank)식이라고 부른다. 대체적으로 탱크식은 단거리용으로 만들어진 소형 증기기관차에 쓰였고, 대부분의 중·대형 증기기관차는 텐더식을 채택했다.

자동차와 비교했을 때 대체적으로 탱크식 기관차가 경차나 소형차에 해당한다는 것은 잘 알려진 사실이다. 복잡한 골목길이나 주차장에서 경차의 편의성이 돋보이는 것처럼 탱크식 기관차도 나름대로의 장점을 갖고 있다. 오르막이나 내리막 비탈, 곡선이 심한 구간을 지날 때 텐더식 대형기관차보다 탱크식 소형기관차가 훨씬 수월하게 운행이 가능하다. 또한 불가피하게 장폐단[25] 운행을 해야 할 경우 탱크식은 텐더식보다 더 안정적이다.

탄수차 연결 유무에 따른 분류방법 외에 많이 사용되는 것이 차륜배열에 따른 분류방법이다. 증기기관차의 바퀴는 크게 전륜(前輪, 혹은 선륜), 동륜(動輪), 후륜(後輪, 혹은 종륜)으로 이뤄져 있다. 전륜이란 앞바퀴를 말하는데, 기관차 맨 앞에 작은 크기의 바퀴가 1쌍 또는 2쌍이 있어 기차의 몸체를 기찻길로 안내(lead, guide)하는 역할을 해준다.

증기기관차의 동륜

동륜은 차체를 받치고 있는 가장 크고 중요한 바퀴로, 동륜의 수가 많을수록 증기기관차의 견인력은 강력해진다. 그리고 동륜의 크기(직경)가 커질수록 그 증기기관차의 최고속도는 빨라진다. 동륜 수가 많다는 것은 그만큼 궤조(레일)와의 접촉면이 많아 더 많은 마찰력을 얻을 수 있다는 뜻이다. 또 동륜이 크다는 것은 증기압력에 의한 실린더의 1회 왕복운동이 크랭크축에 의해 회전운동으로 바뀔 때 그만큼 이동거리가 길어진다는 것을 말한다. 따라서 무거운 짐을 싣고 다니는 화물열차에는 동륜이 많은 차종이 적합하고, 빠른 속도가 요구되는 급행 여객열차에는 동륜이 큰 차종이 필요한 것이다. 후륜은 말 그대로 뒷바퀴인데, 일반적으로 차체 뒤쪽에 위치하고 있는 화실(火室)과 운전실 부분의 중량을 받쳐주는 역할을 한다.

증기기관차의 차륜 배열을 표시할 때에는 전륜, 동륜, 후륜의 전체 개수를 아라비아숫자로 표기하고 그 사이에 줄표(-)를 넣는다.[26] 모가의 경우 탄수차가 별도로 연결되지 않고 자체적으로 땔감(석탄)과 물을 싣고 다니는

한반도를 달렸던 증기기관차

명칭*	영문명칭/뜻	바퀴 배열	탄수차	최초 도입년 및 제작사
모가(モガ)	Mogul/거물	2-6-0	탱크식	1899/미국 Brooks
푸러(プレ)	Prairie/대초원	2-6-2	탱크식	1901/미국 Baldwin
소리(ソリ)	Consolidation/단결	2-8-0	텐더식	1904/미국 Baldwin
4륜(フホ)	Four Wheeler/4륜	0-4-0	탱크식	1906/독일 호헨촐레른
터우(テホ)	Ten Wheeler/10륜	4-6-0	텐더식	1906/미국 Baldwin
아메(アメ)	American/미국제	4-4-0	텐더식	1911/미국 Alco
발틱(バル)	Baltic/발트해의	4-6-4	탱크식	1914/미국 Baldwin
미카(ミカ)	Mikado/황제	2-8-2	텐더식	1919/미국 Baldwin
파시(パシ)	Pacific/태평양	4-6-2	텐더식	1921/미국 Baldwin
시그(シグ)	Single driver/1인 운전자	2-2-0	탱크식	1923/일본 汽車製造
고로(コロ)	Columbia/컬럼비아	2-4-2	탱크식	1924/일본 汽車製造
혀기(ナキロ)	협궤증기기관차	2-6-2	탱크식	1926/일본 히타치
혀기(ナキハ)	협궤증기기관차	2-8-2	탱크식	1934/일본 히타치, 니폰사료
사타(サタ)	Santa Fe/성스러운 신앙	2-10-2	탱크식	1934/경성공장
마터(マテ)	Mountain/산	4-8-2	텐더식	1939/경성공장
해방자호	해방자	4-6-2	텐더식	1945/한국 용산제작소
SY	상유(上游)	2-8-2	텐더식	1994/중국 長春車廠

* 한글 명칭은 광복 이후 명칭이고 괄호 안의 명칭은 광복 이전 명칭이다.

형식이었기 때문에 탱크형에 해당된다. 바퀴는 전륜이 2개, 동륜이 6개였으며 후륜은 따로 없었다. 따라서 바퀴 형식은 2-6-0 방식이었다. 모가형에 이어 도입된 기종은 '푸러(Prairie, プレ)'형인데, 역시 탱크형이었지만 바퀴 형식이 2-6-2 방식이었다.

기록에 의하면 한반도를 달렸던 증기기관차는 명칭만으로 보았을 때 열다섯 가지 정도이다. 표를 보면 각각의 명칭이 무엇을 뜻하는지 나와 있다. 바퀴 배열이 서로 다른데, 다만 1945년 광복 직후 우리나라 기술진이 최초로 만든 증기기관차인 해방자 1호의 경우 파시를 기반으로 만들었기 때문에 파시형 증기기관차와 바퀴 배열이 동일하다. 또한 우리나라에서 가장 최근까지 운행된 SY-901호의 경우에도 중국에서 미카를 기반으로 만들었기 때문에 미카형과 바퀴 배열이 동일한 것이다.

한반도를 달렸던 증기기관차
1 미카$_3$ 129호
2 파시형 증기기관차
3 혀기형(협궤용) 증기기관차

표에 있는 증기기관차 중에서 가장 특이한 것은 시그(シグ, Single driver)로, 원래 시그는 증기기관차가 아니라 증기동차 형태로 도입되었다. 시그 증기동차 뒤에 객차 2량을 더 연결해 경인선에서 운행했는데 진동이나 소음 문제 때문에 얼마 가지 못했다. 결국 기관차부를 객차부와 분리하는 작업을 통해 증기기관차로 거듭나게 되었다.

일본 나고야의 리니어철도관에 가면 증기동차 실물이 전시돼 있는데, 우리나라에서 운행되었던 시그와는 형식이 조금 다르다. 일본의 증기동차는 기관부가 객차 내부에 들어가 있는 형태인 데 반해, 시그의 경우엔 객차의 앞 대차 하나를 떼어내고 탱크형 증기기관차 위에 객차를 얹어놓은 형태이다. 처음부터 일체형으로 제작된 것이 아니어서 동차로 운행할 때에는 안정성이 떨어졌지만, 그 덕분에 기관차와 객차를 원상태로 분리하는 것이 어렵지 않았던 것이다.

그런데 실제 증기기관차를 박물관에서 보면 대개 '미카$_3$ 129' 이런 식으로 적혀 있는 것을 볼 수 있다. 여기서 미카라는 것은 증기기관차가 갖고 있는 고유의 형식 명칭이다. 그 뒤의 숫자는 요즘 컴퓨터 프로그램으로 치면 '버전(virsion, 판)'에 해당한다. 우리나라에서 대중적 인기를 얻고 있는 현대자동차의 소나타를 예로 든다면, 소나타는 미카에 해당되며, '소나타 II', '소나타 III' 같은 것이 '미카1', '미카2' 등에 해당된다. 곧 같은 소나타라고 해도 II와 III은 외형이나 성능이 다른 것처럼 미카 역시 1과 2는 성능이 다른 모델이다. 그렇다고 해서 미카가 갖고 있는 바퀴 배열까지 달라지지는 않는다. '129'라는 번호는 제조 일련번호이다. 특별히 일련번호라는 개념이 적용되지 않는 자동차의 번호와는 좀 다른 개념이다. 그래서 일단 어떤 기관차의 형식과 모델번호까지가 같으면 그 기관차는 같은 제원(諸元)과 동일한 성능을 갖고 있다고 보면 된다.[27]

일제강점기에는 기관차의 형식뿐만 아니라 모델번호까지 1에서 10까지를 가타카나 약자(イ, ニ, サ, シ, コ, ロ, ナ, ハ, ク. チ)로 표기했다. 예를 들어 미카형 증기기관차라고 하면, 'ミカイ', 'ミカニ', 'ミカサ', 'ミカシ' 등으로 미카 1, 2, 3, 4를 표기하고, 그 뒤에 아라비아숫자로 일련번호를 표기했다.

모가형 증기기관차의 경우 전부 4량만 도입됐을 정도로 단명했지만 푸러나 파시, 미카 같은 경우엔 모델이 다섯 가지 이상일 정도로 사랑을 받았다. 지속적인 개량이 이루어졌고 제작회사도 다양했다. 개량은 냉난방 장치 설치에서부터 실린더의 설치방식, 탄수차 연결, 동륜 직경 조정, 연료 변경에 이르기까지 폭넓게 진행되었다.

2022년 4월 현재 우리나라에 실제 운행되고 있는 증기기관차는 없으며, 다음과 같이 열여덟 대의 증기기관차가 전국 각지에 남아 있다.

증기기관차 전시현황

(2022년 4월 기준)

번호	차호	전시 장소	관리기관	비 고
1	혀기8-28	국립어린이과학관	국립어린이과학관	일본(1934)
2	미카5-56	구 경춘선 화랑대역 (2017. 5)	서울특별시 노원구	일본전기차량제작소(1952)
3	혀기1			일본(1951), 부산공작창 조립
4	미카3-304	삼무공원	제주특별자치도	일본(1944), 국가등록문화재
5	미카3-244	임진각	경기도 파주시	
6	미카5-31	구 영산포역	전남 나주시	철도청(1979) → 운봉공고(2003) → 나주시
7	미카5-37	현대Rotem 창원공장	현대Rotem	대우중공업 → 현대Rotem, 의왕 → 창원
8	혀기11-12	삼성화재교통박물관	삼성화재	용인 자연농원(현 에버랜드) → 교통박물관
9	혀기11-14	용평리조트	쌍용양회	
10	미카5-48	구 오수역	임실군	대구어린이회관 → 구 오수역(2021. 5. 8.)
11	혀기11-13	철도박물관	한국철도공사	국가등록문화재
12	미카3-161			
13	파시5-23			국가등록문화재
14	터우700	코레일 인재개발원		국가등록문화재, 절개형, 1935년 제작. 용산 → 의왕
15	미카3-129	국립대전현충원		국가등록문화재, 대전철도차량정비단 → 국립대전현충원
16	SY-901	풍기역		중국산(1994). 국내 최후의 증기기관차. 수색역 → 점촌역 → 풍기역
17	마터 2	임진각	경기관광공사	국가등록문화재, 한준기 기관사 관련 유물. 장단역 구내 → 임진각
18	혀기7	소래역사관	인천광역시	1927년 조립, 철도청 → 쌍용그룹 → 대관령휴게소 → 담방문화근린공원 → 소래역사관

철도운영기관과 휘장(徽章)의 변천

조선 및 대한제국기: 1894년~1910년

철도부설에 대한 논의가 시작된 후 조직도 만들고 착공도 하였지만, 안타깝게도 준공이나 운영은 해보지 못한 기간이 바로 조선왕조와 대한제국 시기였다. 경인철도와 경부철도, 군용철도 경의선은 그 시작이 각각 다르고 경과도 달랐기에 이것을 모두 하나의 시각으로 보는 것은 적절하지 않다는 의견도 있다.

좀 더 자세히 살펴보자면, 경인철도의 경우 조선 정부가 각종 조건을 붙여 미국의 사업자에게 부설을 허가한 경우이다. 물론 일본 정부의 압박이 있었지만 그럼에도 불구하고 주체적인 판단을 한 것이다. 경부철도의 경우에는 일본 정부의 강압[28]에 못 이겨 허가한 경우이다. 군용철도 경의선 부설의 경우에는 조금 더 복합적이고 보다 악질적이어서, 강압 이외에 자본을 통한 회유와 강탈이 작용한 결과였다.

감독관청으로서의 철도국이나 철도사 이외에 서북철도국과 같은 철도를 건설하기 위한 기관이 설치되었고, 일부 선각자들에 의해 철도부설이 몇 차례 시도되었다. 하지만 역부족이었고, 총체적 의미의 '국력'이라고 할 수 있는 경제력과 노동력, 군사력, 협상능력 등에서 제국주의 세력 앞에 상대가 되지 않았다.

국내 철도기관은 갑오경장 때 의정부 공무아문(工務衙門)에 철도국을 설치(1894년 고종 31년 음력 6월 28일, 양력 7월 30일)한 것이 최초로 나와 있다. 참의

(參議) 1원(員), 주사(主事) 2원으로 구성되나, 당시 철도국의 실제 역할이나 업무성과에 대한 기록을 찾아보기 힘든 점으로 보아 실제적인 업무수행은 1896년 이후 이뤄진 것으로 보인다.[29]

1898년 7월 6일(음력) 농상공부에 철도사(鐵道司)가 설치되는데 감독 1명, 사장 1명, 기사 2명, 주사 2명, 기수 5명, 총 11명으로 이뤄진 조직이었다. 철도사는 얼마 지나지 않아 철도국(鐵道局)으로 개칭(음력 7월 27일)되면서 칙임관인 감독 1명, 칙임관 또는 주임관인 국장 1명, 주임관인 기사 2명, 판임관인 주사 2명, 기수 5명, 총 11명으로 조직되었다. 그리고 1900년 4월 6일에는 궁내부에 철도원을 두어 황실에서 철도사무를 관장하게 되었다. 철도조직의 잦은 명칭 변경과 그 상위기관(의정부와 궁내부)의 교체는 담당 창구와 책임자를 자주 바꿔서라도 철도부설권을 외세에 넘겨주지 않으려는 고육지책의 하나가 아니었을까 판단된다.

눈에 띄는 철도조직으로는 1900년 9월 3일에 궁내부 내장원에 만들어진 서북철도국을 들 수 있는데, 철도원과는 별개의 조직이었다. 총재 1인, 감독 1인, 국장 1인, 기사 1인, 주사 2인, 기수 2인, 총 여덟 명으로 이뤄져 있었다. 서북철도국 총재인 이용익은 대한철도회사의 경의철도 부설이 지지부진하자 경성-개성 간 철도 건설 기공식을 거행하고 노선측량을 실시하는 등 실질적인 철도 부설공사에 나섰으나 일본의 간교한 책략에 휘말려 철도부설권을 빼앗기고 말았다. 서북철도국은 1904년 8월 9일 철도원과 통합되고, 1905년 2월 28일 폐지되어 철도업무는 농상공부 철도국에서 담당하게 된다. 대한제국은 철도부설기관이 아닌 감독관청만을 보유하게 된 것이다.

경인철도합자회사

• 의미: 동그라미 가운데에 의장화한 '경(京)' 자를 놓고 그 주위를 세 개의 '인(仁)' 자로 둘러싸는 모양으로 형상화
• 사용기간: 1900. 5~1903. 11

당시에 한반도를 달리던 철도로는 1899년 9월 18일 첫 운행을 시작하여 1900년 7월 8일 개통된 경인철도가 있었다. 처음에는 경인철도인수조합으로 시작하였으나 미국인 모스로부터 부설권을 사들인 후엔 경인철도합자회사를 설립하여 경인철도 건설을 마무리하고 운영까지 담당하였다.

경인철도는 국가(혹은 지자체)가 부지를 제공하고 사업자가 자본을 투입해 선로를 부설한 후 일정 기간 운영권을 갖는다는 점에서 지금의 민자철도와 비슷하다. 하지만 지금처럼 기부채납(寄附採納) 조건이 아니라는 점이 다르다. 곧 민자역사나 민자철도는 정해진 운영기간이 끝나면 그 소유를 국가에 넘기도록 되어 있는데, 경인철도의 경우 일정 운영기간이 끝난 후 국가가 사업자로부터 민자철도를 구매할 수 있도록 되어 있었다. 이러한 계약조건들은 경부철도주식회사가 경인철도를 인수합병하고 얼마 되지 않아 일제가 한반도의 철도를 모두 국유화하는 과정에서 묻히게 되었다. 더구나 1910년에는 대한제국이 식민지로 전락하면서 소유권을 이야기하는 것이 무의미하게 되었다.

경부철도주식회사

• 의미: 가운데에 '경(京)' 자를 놓고 '부(釜)' 자로 둘러싸는 모양으로 형상화
• 사용기간: 1901. 6. 25~1906. 6. 30

(현업원의 모자 전장에는 경인철도와 마찬가지로 직명을 붙였으며 제복 단추에도 같은 문장이 이용되었다.)

경부철도의 경우 1904년에 공사가 마무리돼 1905년 1월 전선개통 되었는데, 러일전쟁을 위해 속성으로 건설하느라 군대까지 동원했다. 기본적으로 대륙철도와의 연결을 바라보고 건설했기 때문에 공사가 완공되기 전부터 경인철도 인수를 추진하여 1903년 통합을 마무리 지었다.

임시군용철도감부

- 의미: 산 모양 3개를 옆으로 나열한 육군 문장 가운데에 공(工)이라는 글자를 겹쳐 형상화
- 사용기간: 1904. 2. 21~1906. 8. 31

우리 정부가 끝까지 자력건설을 시도했던 노선이 서울과 신의주를 잇는 경의선이다. 서북철도국을 조직해 노선을 실측하고 기공식까지 했지만, 결국 힘이 뒷받침되지 않아 물러서고 말았다. 지금의 공병대에 해당하는 일본의 임시군용철도감부에 의해 군용철도로 건설되었고, 초창기엔 일반영업을 하지 않았다. 일본 정부의 철도국유화 정책에 따라 한국통감부 관리하에 들어간 이후 유료 편승(便乘) 편재(便載) 제도가 일반영업으로 바뀌었다. 군용철도는 경의선 이외에도 마산선이 있었다. 마산선 또한 경의선과 함께 통감부 산하로 통합되었다. 대한제국의 땅에 일본제국의 국철이 존재했던 모순의 시대였다.

한국통감부 철도관리국: 1906년~1909년

한국통감부 철도관리국

- 의미: '공(工)' 자를 가운데에 두고 '통(統)' 자를 의장화
- 사용기간: 1906. 9. 1~1909. 12. 5

청일전쟁에 이어 러일전쟁에서 승리한 일본제국 앞에 거칠 것이 없었다. 1905년 11월 17일 을사늑약을 강제로 체결하자 일본의 언어는 은유법에서 직설법으로 바뀌었다. 외교뿐만 아니라 적어도 철도에 관한 한 대한제국은 일본제국에 협의의 대상이 아닌 통고의 대상이 되었다. 당시 한반도엔 두 개의 완성된 철도노선(경인선과 경부선)과 세 개의 공사 중인 철도노선이 있었다. 공사 중인 노선은 일본군 임시군용철도감부에서 맡고 있는 마산선(마산포-삼랑진), 경의선(용산-신의주), 경원선(용산-원산)이었다.

한국통감부가 맨 처음 시행한 철도정책은 철도운영 일원화였다. 경인선은 이미 경부철도주식회사에서 운영하고 있었고 군용철도는 운영권만 인계받으면 되는 상황이었다. 따라서 경부선을 사들임으로써 모든 철도는 큰 어려움 없이 통감부의 소관이 되었다. 경부철도주식회사 매수시점인 1906년 7월 1일자로 통감부에 철도관리국이 설치됐으며, 군부 소관인 경의선과 마산선, 건설 중인 경원선이 인계된 것은 1906년 9월이었다.

통감부는 군용철도였던 경의선과 마산선을 일반영업선으로 전환하였으며 급행여객열차에 식당차를 연결하여 서비스 향상을 도모하였다.

한국통감부 철도청: 1909년 3월~1909년 12월

러일전쟁이 끝나고 호황을 누리던 일본의 경제는 점차 하락세로 돌아섰다. 경제가 어려우니 철도 또한 그 영향에서 벗어날 수 없었다. 정부 방침에 따라 중앙과 지방의 사무조직을 개편하고 행정을 간소할 필요가 있었다. 1909년 3월 철도관리국은 철도청으로 명칭이 바뀌었으며, 중앙 직제가 3단계에서 2단계로 축소개편[30] 되었다.

일본철도원(鐵道院) 한국철도관리국: 1909년~1910년

일본철도원 한국철도관리국

- 의미: 철도원과 마찬가지로 증기관차 동륜을 문장화
- 사용시기: 1909. 12. 16~1910. 9. 30

한국통감부 산하 철도청 조직도 오래가지 않았다. 철도청으로 조직이 개편된 지 9개월 만에 우리나라의 철도업무는 일본 정부의 방침에 따라 통감부가 아닌 일본철도원 한국철도관리국이 맡게 되었다. 일본 중앙정부가 우리 영토의 철도를 직접 경영하는 형식이 된 것이다. 하지만 이 형태의 운영도 한일합병조약으로 10개월 정도에 그치게 되었다.

철도원 한국철도관리국은 기존의 호남선 건설공사를 계속 진행하였으며, 조선철도에도 종사원 복지제도를 도입하여 철도종사원구제조합을 설립했다.

조선총독부 철도국(1차 직영): 1910년~1917년

조선총독부 철도국

- 의미: 통감부 시대와 동일
- 사용시기: 1910. 10~1917. 7

일제강점기의 철도운영은 크게 세 부분으로 나눌 수 있다. 1917년부터 1925년까지 약 8년간 일제의 공기업인 남만주철도주식회사(만철)가 조선철도를 위탁운영했기 때문에 그 기간을 전후로 하여 조선총독부 철도국의 운영시기가 나눠는 것이다. 이에 따라 1910년 10월 1일 설치된 조선총독부 철도국이 남만주철도주식회사(만철)에 한국철도 경영을 위탁한 1917년 7월 이전까지의 기간을 1차 직영기간이라고 부른다.

철도국의 1차 운영기간 동안 압록강철교가 완공(1911년 11월)되고, 경의선 개량공사 준공과 함께 만주철도 안봉선(安東-奉天 간 철도) 개축[31]이 이뤄지면서 한반도와 만주를 잇는 직통열차가 운행을 시작했다. 평남선(평양-진남포)과 군산선(이리-군산), 경원선(용산-원산)과 호남선(대전-목포)이 개통되고, 1915년 10월 3일에는 서울에서 '조선철도 1,000마일(1,609킬로미터) 기념 축하회'가 열리는 등 한반도를 통한 일제의 대륙진출이 실현되는 시기였다.

남만주철도주식회사(滿鐵) 경성관리국, 경성철도국: 1917년~1925년

남만주철도주식회사

- 의미: 궤도 단면을 가운데에 표시하고 '만주'를 상징하는 'M' 자를 의장화
- 사용시기: 1917. 7. 31~1925. 3. 31

일본의 내각총리 데라우치는 조선총독을 역임한 바 있어 한반도와 만주 상황에 밝았다. 그는 한반도와 만주를 일체화한 대륙정책이 일본의 국익을 극대화할 수 있다는 신념 아래 조선철도와 만주철도 경영의 일원화를 추진했다. 조선총독부는 국유철도 운영조직으로서 민간철도인 만철 흡수를 주장했으나 국제정세의 흐름이나 규모 측면에서 만철이 조선철도를 위탁운영하는 것으로 결정되었다. 국유철도 건설계획과 사설철도 보호에 관한 업무는 총독부에 남겨두고 국유철도 운영 및 그 부대사업에 관한 사항은 모두 만주철도에 위탁경영하는 형태로, 건설과 운영이 분리된 지금의 우리 철도와 비슷한 상황인 것이다.

조선총독부는 1917년 7월 31일 위탁과 동시에 총독관방에 철도국을 설치하여 감리·공무의 2과를 두어 국유철도 건설계획과 지휘감독, 장래계획 노선의 조사, 국유재산 감리, 사설철도 보조·허가·저당등록, 만철 위탁경영 업무 및 사설철도와 궤도 감독사무를 담당하였다. 철도국은 1919년 8월에 철도부로 개칭하고, 1925년 위탁 해제 시까지 존속하였다. 당시 철도부의 업무는 거의 국유철도의 건설과 개량, 사설철도 보호와 조성에 관한 기본계획을 수립하는 것이었다.

만철은 단순한 철도회사가 아니라 본격적인 중국침략에 앞서 일본제국의 이익추구를 위해 만주지역을 실질적으로 지배하고 경영하던 거대한 조직이었다. 만철의 조선철도 위탁운영 기간 동안 일본, 한반도, 만주, 중국 간 연계교통이 긴밀히 이뤄졌다. 또한 장거리 여행자가 늘어남에 따라 전망1등침대차, 3등침대차를 제작하여 사용하였다. 만철은 1919년 서대문역을 폐쇄한 후 1923년부터 남대문역의 이름을 경성역으로 고쳐 불렀으며, 지금의 구 서울역사를 세웠다.[32]

만철이 용산에 세운 경성철도학교는 동아시아 최고의 3년제 정규 철도종사원양성기관이었으며, 철도도서관도 창설해 열차를 통한 전국 순회문고를 활성화시켰다.

조선총독부 철도국(2차 직영): 1925년 4월~1943년 11월

조선총독부 철도국

- 의미: 궤도를 나타내는 'I' 자를 가운데에 두고 'Chosen'의 'C'와 'Government, General'의 'G'를 좌우를 둘러싸는 모양으로 도안화
- 사용시기: 1925. 4. 1~1935. 5. 31

만철이 조선철도를 위탁운영하면서 여러 가지 변화가 있었으나 철도운영권이 없는 조선총독부 입장에서는 식민지 경영에 불편함이 많았다. 또한 위탁운영 초기를 벗어나면서 수익성이 악화되자 만철은 만철대로 위탁운영에 대한 매력을 잃어갔다. 결국 양측 합의에 따라 위탁경영 해제가 이뤄져 조선철도 운영은 다시 총독부가 맡게 되었다.

조선총독부는 '조선철도 12년계획'을 수립하여 1927년 의회의 승인을 받았는데, 그 주요 내용은 3억 2천만 엔을 투자하여 1927년 이후 12년간 5개 노선에 걸쳐 총 860마일(약 1,384킬로미터)의 신설노선을 부설하고, 5개 노선 210마일(약 338킬로미터)의 사설철도 매수와 이에 수반하는 기설선 및 차량을 증설한다는 것이었다. 이 계획에 따라 혜산선, 경전선, 만포선, 중앙선, 평원선, 백무선 등이 건설되었다.

1927년에는 철도국 최초의 증기기관차 '데호로(テホロ, 터우6)'형 2량을 경성공장에서 제작하였다. 국제열차인 히카리와 노조미를 운행시켰으며, 시베리아를 경유한 아시아 및 유럽 각국과의 여객·수하물 연대운수를 가능하게 한 것도 이 시기였다. 1935년 10월에는 만철로부터의 조선철도 환수 10주년을 기념하여 용산에 철도박물관을 세웠다.

조선총독부 교통국: 1943년 12월~1945년 8월

조선총독부 철도국

- 의미: 궤도를 나타내는 'I' 자를 가운데에 두고 역시 궤도를 의미하는 I를 좌우로 둘러싸는 모양으로 형상화
- 사용시기: 1935. 6. 1~1945. 8. 15

진주만 공습을 통해 태평양전쟁을 일으킨 일본은 승승장구하는 듯하였

으나 미국의 반격으로 전황은 점점 불리하게 돌아갔다. 전쟁의 장기화에 따라 자원조달 및 수송기능 극대화를 위해 철도국을 폐지하고 교통국을 설치하였다. 곧 철도운수 이외에 해운 및 육해 접속지점의 항만업무를 원활하고 신속하게 진행할 수 있는 총체적 비상체제를 만든 것이다. 그러나 이것으로 대세를 뒤엎을 수는 없어 결국 패전을 맞게 되었다.

전쟁 악화에 따라 광주선·경북선·금강선전철 일부 궤도를 철거하여 전용하였으며, 1945년엔 경부선과 경의선 복선 개량공사가 이뤄졌다.

미군정 교통국, 운수국, 운수부: 1945년~1948년

미군정청 운수부

- 의미: 철도를 상징하는 궤조와 항공을 상징하는 날개를 무궁화가 감싸는 모양으로 형상화
- 사용시기: 1946. 2. 7~1947. 7. 13

8·15광복과 함께 찾아온 것은 미군이었다. 마찬가지로 북쪽엔 소련군이 진주했다. 미군은 1948년 대한민국 정부수립 시까지 3년간 한반도 남쪽에 군정을 실시하였다. 이를 통해 식민지에서 벗어난 한국철도는 자립할 수 있는 기반을 마련할 수 있었다. 그러나 남북을 이어주던 경의선과 경원선은 그 운행이 중단됐다.

광복 당시 남한의 철도연장거리는 3,738킬로미터, 영업거리는 2,642킬로미터였으며, 기관차는 488대, 객차 1,280량, 화차 8,424량, 동차 29량, 역 300개소, 종업원은 모두 5만 5,960명이었다.

미군정청 운수부는 1946년 5월 남한의 사설철도 및 그 부대사업 일체를 흡수하여 국유화하는 조치를 단행했다. 모두 566킬로미터에 달했으며,

그중 260킬로미터는 협궤였다.

대한민국 교통부 : 1948년~1963년

대한민국 교통부

- 의미: 육상교통을 상징하는 궤조, 해운을 상징하는 닻, 항공을 상징하는 날개를 태극문양을 중심으로 통합하여 형상화
- 사용시기: 1948. 8. 15~1952. 6. 30

대한민국 교통부

- 의미: 궤조와 날개, 닻을 통합하여 형상화
- 사용시기: 1952. 7. 1~1963. 8. 31

일제강점기와 미군정기를 거치고서야 우리는 스스로 철도를 운영할 수 있게 되었다. 철도가 이 땅에 놓인 지 49년 만이었다. 물론 기술적인 면이나 재정 면에서 볼 때 매우 열악한 상황에 놓인 것은 분명했고 얼마 지나지 않아 북한의 침공으로 심각한 피해를 입었으나, 비로소 철도가 국가발전을 위해 기여할 수 있는 기회를 얻게 된 것이다.

철도는 전쟁과 그 복구과정에서 국가의 동맥으로서 역할을 충실히 했고, 영암선 개통은 도시의 에너지원을 나무에서 석탄으로 바꾸어줌으로써 국토의 산림녹화에 막대한 공헌을 하였다.

철도청: 1963년~2004년

철도청(Korean National Railroad)

- 의미: 터널을 빠져나가는 철길을 통해 희망과 번영 상징
- 사용시기: 1963. 12. 31~1996. 1. 31

한국철도(Korean National Railroad)

- 의미: 진취적이며 활력 있는 철도 상징. 3개의 녹색 선은 안전, 신속, 정확 상징, 선 사이의 흰 공간은 쾌적함과 친절함 상징
- 사용시기: 1996. 2. 1~2003. 1. 23

철도청(Korean National Railroad)

- 의미: 푸른 구(球)는 지구를 상징, 지구를 가로지르는 선(Line)은 고속철도의 스피드와 첨단의 기술력 상징. 세계를 무대로 힘차게 달리는 21세기 한국철도의 이미지를 형상화함
- 사용시기: 2003. 1. 24~2004. 12. 31

철도가 곧 교통을 의미하던 시대가 가고 우리나라에서도 자동차와 항공, 해운이 새로운 교통수단으로 떠오르면서 교통부의 역할은 실무가 아닌 계획과 조정에 집중하게 되고, 각 부문별 산하기관을 독립시키는 형태로 나아갔다.

철도청은 1963년 9월 1일 외청으로 독립하게 되는데, 정부는 경제발전을 위해 자동차산업과 도로 위주의 교통정책을 펴 나감으로써 철도의 수송분담률은 급격히 낮아지고 수십 년 동안 사양화의 길을 걷게 되었다. 이 시기에 철도의 주 동력원은 증기기관에서 디젤기관으로 바뀌었으며, 산업선 전기철도와 수도권전철이 개통되었다. 또한 762밀리미터 협궤구간인 수려선과 수인선이 폐선됨으로써 우리나라 철도가 1,435밀리미터 표준궤로 통일되었다. 무엇보다도 고속철도 건설과 개통이 이루어짐으로써 철도가 사양화 산업에서 벗어날 수 있는 기반이 다져진 시기였다.

한국철도공사 : 2005년~

KORAIL

한국철도공사(Korea Railroad Corporation, KORAIL)

- 의미: 푸른 구(球)는 지구를 상징, 지구를 가로지르는 선(Line)은 고속철도의 스피드와 첨단의 기술력 상징, 세계를 무대로 힘차게 달리는 21세기 한국철도의 이미지
- 사용시기: 2005. 1. 1~

철도산업 발전방안으로 민영화를 검토하던 정부가 최종적으로 확정한 것은 상하분리를 통한 혁신이었다. 이에 따라 한국고속철도건설공단이 철도청의 건설부문과 합쳐져 2004년 1월 1일 한국철도시설공단으로 출범했고, 경부고속철도 1단계구간 개통을 치른 철도청은 2005년 1월 1일 한국철도공사로 새롭게 거듭났다.

철도공단은 정부의 위탁을 받아서 철도 건설과 국유재산 관리를 담당하고, 철도공사는 차량과 역을 출자 받아서 철도운영을 담당하는 구조인 것이다.

한국철도공사 출범(2005년)

여객열차 이름의 변천

열차번호와 열차 이름

철도운영기관에서 정하고 있는 열차등급에 대해서는 앞에서 이미 다루었다. 이번에는 1899년 우리나라에 철도가 맨 처음 도입된 이래 고속철도 시대에 이르기까지 맥을 이어온 다양한 여객열차의 이름에 대해 알아보려고 한다.

모든 열차에는 열차번호가 부여된다. 열차번호는 아라비아숫자와 알파벳으로 구성되는 것이 일반적이다. 일정한 규칙에 따라 부여된 것이기 때문에 열차번호를 보면 그 열차의 성격을 알 수 있다. 이를테면 여객열차인지 화물열차인지, KTX인지 새마을호인지, 사업을 하는 열차인지 회송하는 열차인지 그런 것들이다. 물론 일반인들이 알 수 있는 것은 아니다. 일반인들이 알 수 있는 것은 열차번호가 아닌 KTX, 새마을호, 무궁화 같은 열차 이름이다.

광복 이전부터 지금까지 지켜지고 있는 열차번호에 대한 원칙은 첫째, 열차의 등급 또는 중요도에 따라 번호가 매겨진다는 것이다. 예를 들어 101번에서 1,000번까지는 KTX열차, 1001번부터 1199번까지는 새마을호 열차, 1200번부터 1599번까지는 무궁화호 열차에 사용하는 식이다. 그래서 제1열차는 과거에는 서울에서 부산으로 가는 새마을호 첫차였고, KTX 개통 직후에는 서울에서 부산까지 2시간 40분 만에 달리는 KTX 첫 직통열차였다.[33] 물론 광복 이전에는 대륙으로 향하는 가장 상징적인 열차가 제1열차라는 영광을 누렸다.

두 번째 원칙은 상행과 하행을 구분하여 하행에는 홀수를 사용하고 상행에는 짝수를 사용한다는 것이다. 여기서 상행과 하행이라는 개념은 그 철도를 운영하는 나라의 수도 또는 중요한 간선을 기준으로 그 중심에서 멀어지는 것이 하행이고 그 중심을 향해 다가가는 것이 상행이다. 이것은 지대(地帶)의 높고 낮음을 떠나 서울에서 지방에 갈 때에는 내려간다고 하고, 반대로 서울로 갈 때에는 올라간다고 말하는 것과 같은 이치이다.

광복 이전에는 이 부분에 혼란이 있었다. 경인철도가 처음 운행을 시작했을 때 열차가 비록 인천을 중심으로 운행되었다고 해도 당연히 대한제국의 수도를 향해 출발하는 열차가 상행, 그 반대 방향이 하행으로 규정되었어야 했다. 하지만 경인철도회사는 인천에서 떠나 경성 쪽으로 가는 열차를 동행(東行), 그 반대 방향을 서행(西行)이라고 불렀다. 정치적 의미를 빼고 방위(方位)만을 표기한 것이다. 이것은 일제가 대한제국의 중심이 서울에 있다는 것을 무시한 처사일 것이다. 강점기에는 부산에서 경성 쪽으로 올라가는 열차를 북행(北行), 경성에서 부산 쪽으로 내려가는 열차를 남행(南行)으로 표기했다. 이것은 경인선에도 적용이 되었다. 혹자는 그게 무슨 상관이 있느냐고 할지 모르나, 철도에서 어느 방향을 중심으로 삼느냐 하는 것(곧 어느 쪽 열차에 홀수 또는 짝수를 붙이느냐 하는 것)은 주권(主權)에 관한 문제인 것이다.

또한 대부분의 열차는 상행과 하행이 하나씩 짝[34]을 이루고 있다. 그것은 열차 운영과 관계된 일인데, 아무리 특정일에 특정 방향으로 열차가 몰린다고 해도 차량이 없으면 열차를 편성할 수 없기 때문에 내려간 열차는 다시 올라와야 하는 것이다. 예를 들어 추석이나 설 명절 때에는 수도권에서 지방으로 내려가는 귀성열차에 대한 수요가 극에 이른다. 그리고 명절을 쉰 이후에는 반대로 귀경열차에 대한 수요가 급격히 늘어난다. 이럴 때 차량이 많고 선로용량에 문제가 없다고 하면, 명절을 전후해서 수요에 따라 열차를 투입해 철도운영기관은 돈을 많이 벌 수 있을 것이다. 하지만 현실은 그렇지 않다. 열차 편성이 가능한 차량의 수는 제한적이고, 선로용량이나 각 종착역에서 차량을 받아들일 수 있는 유치선도 한계가 있다. 더구나 열차를 운영할 수 있는 인력도 정해져 있어서 기존 인력과 시스템을 최대한 효율적으로 가동하는 방법밖에 없다. 만약 1년 365일 중에서 열흘 내외에 불과한 명절 수송을 대비하여 별도의 차량이나 선로, 인력을 보유한다면 그보다 비효율적인 일은 없을 것이다.

모든 열차에 반드시 부여되는 열차번호 외에 이름을 갖고 있는 열차가 있다. 그것은 비공식적인 애칭일 수도 있고 공식적인 명칭이 될 수도 있는데, 여기서 알아보고자 하는 것은 공식적인 명칭에 대한 것이다.

조선해방자호(1946년)

우리나라의 열차 이름은 1899년 9월 18일 첫 운행을 시작한 이후 크게 세 단계의 변화과정을 거쳤다. 그 과정을 편의상 제1, 제2, 제3기로 나누어 부른다면, 제1기는 1899년부터 1950년 중반까지이다. 이 시기의 특징은 대부분의 열차는 열차번호만을 사용했으며, 특별한 의미가 있는 열차에만 이름을 붙여주었다는 것이다. 국내 최초로 한반도를 종단하여 부산과 신의주를 왕복하는 직통급행열차에 '융희'라는 이름을 붙여주었던 것이 그 예이다. 광복 이후에는 우리 손으로 만든 증기기관차가 끄는 경부선 특별급행열차인 '조선해방자호'가 있었다.

제2기는 1950년대 중반 이후 1979년까지, 노선별로 같은 등급의 열차에 이름을 지어주던 시기이다. 무척이나 다양한 이름들이 등장했고, 그중에는 맹호, 청룡, 협동, 증산처럼 월남전이나 새마을운동 같은 시대상황을 반영한 이름들도 많았다. 과거에 사용했던 이름을 다시 등장시키는 경우도 종종 있었기 때문에 이름만을 가지고 운행시기와 구간, 열차등급을 알아내기가 힘들다. 그럼에도 불구하고 여기서 하나의 규칙을 찾는다면, 특급이나 초특급열차에 주로 이름을 붙였다는 것이다. 화물열차에 이름을 붙인 적도 있으나 그것은 극히 예외적인 경우이며, 보급(보통급행)이나 완행열차에는 따로 이름이 없었다.

제3기는 1980년 1월부터 현재까지이며, 운행노선과 관계없이 열차의 등급별 이름을 정해 모든 여객열차가 이름을 갖게 되는 시기이다. 사실 새마을호, 특급, 보급, 보통이라는 열차계급이 정착된 것은 1977년 1월 7일이고, 뒤이어 8월 13일 우등열차가 새마을호와 특급 사이에 추가되었다. 하지만 당시까지도 우등이나 특급은 열차계급일 뿐 그 이름으로 불리지 않았다. 여전히 경부선에서는 통일호, 호남선에서는 풍년호였던 것이다. 그러다가 1980년 1월부터 열차계급과 열차 이름을 일치시키는 작업이 추진되었는데, 정확하게는 새마을호를 제외한 기존의 열차 이름을 버리고 열차계급을 열차 이름으로 대체하게 된 것이다. 또한 승차권에도 열차 이름을 넣기 시작했다. 고속철도 개통 이후 보이고 있는 이 시기의 또 다른 특징은, 열차의 등급과 관계없이 새로운 기종의 차량이 도입되면 그에 맞는 이름을 지어주었다는 것이다. KTX, KTX-산천, 누리로, ITX-청춘, ITX-새마을 등이 그 예이다.

제1기, 철도 초창기의 열차운행 상황과 열차 이름

그러면 먼저 제1기에 해당하는 열차 이름 중에서도 첫 번째 단계에 해당하는 광복 이전의 기차와 그 이름들에 대해 알아보자. 물론 대한제국기도 포함되는 것이다. 철도가 맨 처음 달린 경인철도와 경부철도의 경우 별다른 이름이 없었다. 다만 숫자, 곧 열차번호에 의해 서로 구분될 뿐이었다.

1905년 1월 경부철도가 처음 개통되었을 때 서울과 부산을 잇는 열차는 경성-초량 간을 약 30시간에 달리는 2왕복의 열차가 있었다. 30시간이나 소요됐던 이유는 경부철도가 급히 건설되었기 때문에 궤도의 안전성이 떨어지기도 했지만 무엇보다도 야간(심야)운행을 하지 않았기 때문이다. 경성역과 초량역 양 끝에서 오전과 오후 각각 1개 열차가 출발했는데, 경성역에서 아침 일찍 출발한 남행열차는 대구역까지, 오후에 출발한 열차는 대전역까지 운행한 후 다음 날 날이 밝으면 각각 대전역과 대구역을 출발해 초량역까지 운행했다. 반대로 초량역에서 경성역까지 운행하는 북행열차는 아침에 출발한 열차는 대전역까지, 오후에 출발한 열차는 대구역까지 운행한 후 다음 날 경성역까지 운행하는 식이었다. 이렇게 하여 남행열차는 약 29시간이 소요되었고, 북행열차는 30시간 정도가 소요되었다.

그로부터 4개월이 지난 1905년 5월 1일, 선로개량을 마친 경부철도주식회사는 대대적인 광고와 함께 직통열차를 운행하기 시작했다. 남행열차는 서대문역을 06시 30분에 출발하여 초량역에 20시 15분에 도착했으며, 북행열차는 초량역을 08시에 출발하여 서대문역에 21시 45분에 도착했다. 소요시간을 기존 30시간에서 13시간 45분으로 획기적으로 줄인 것이다. 이런 직통은 하루에 1왕복만 운행했으며, 기존처럼 대전이나 대구에서 1박을 하는 방식의 여객열차가 2왕복, 서대문-성환 간 1왕복이 있었다. 경부철도에 급행여객열차가 등장한 것은 군용철도 경의선이 개통된 이후인 1906년 4월 16일의 일이다. 이 열차는 서대문역과 초량역을 11시간에 연결해주었다.

경의선은 1906년 4월 3일 용산-신의주 간 전 구간이 개통되었지만 군용철도로 건설되었기 때문에 초창기엔 경부철도와 경의선을 잇는 직통열차는 운행되지 않았다. 초창기 경의선에는 용산-평양 간 여객열차 1왕복, 혼합열차 1왕복, 용산-개성 간 혼합열차 1왕복, 평양-신의주 간 혼합열차 1왕복이 운행되었다. 소요시간은 남대문-평양 간에는 10시간 20분, 평양-신의주 간에는 8시간 30분이 걸렸다. 총 운행시간으로만 따지면 30시간 정도이지만 열차가 심야에는 다니지 않았기 때문에 초량에서 신의주까지 한반도를 종단하려면 도중(서울과 평양)에 2박이 불가피했다.

우리나라 열차에 이름이 붙은 것은 '융희(隆熙)'호가 최초이다. 융희란 1907년부터 1910년까지 사용된, 대한제국의 마지막 황제 순종의 연호이다. 융희호의 등장은 이렇게 경부선 따로 경의선 따로 다니던 열차가 직통으로 연결되면서 비롯됐다. 1908년 4월 1일, 경부선에 부산역이 새로 들어서고 부산-신의주 간을 26시간에 운행(평균 시속 37.7킬로미터)하는 직통 급행여객열차 융희호가 운행을 시작했다. 부산에서 신의주로 올라가는 열차를 북행(北行)이라 하여 '융(隆)'이라 부르고, 신의주에서 부산으로 내려가는 열차를 남행(南行)이라 하여 '희(熙)'라고 불렀다.[35] 꼬박 3일이 걸리던 구간을 26시간에 돌파하게 된 가장 큰 비결은 직통열차를 운행하면서 야간운행을 처음으로 시작했기 때문이었다.

1910년 12월 28일자 조선총독부 <관보>에 실린 열차시간표에 의하면, '융호'는 부산역을 21시 50분에 출발하여 남대문역에는 다음 날 아침 8

시 45분에 도착(10시간 55분 소요)했고, 9시 10분에 출발[36]하여 용산역을 거쳐 신의주역에 도착하면 밤 23시 25분(14시간 15분 소요)이었다. 총 25시간 35분의 장거리 일정이다. 반대로 '희호'는 신의주역을 8시 5분에 출발하여 남대문역에는 22시 20분에 도착하였으며, 역시 기관차를 돌려 붙여 22시 40분에 남대문역을 출발하면 부산역에는 다음 날 아침 9시 30분에 도착하였다. 총 25시간 25분의 일정이다.

1911년 11월 1일, 신의주와 중국 안둥을 이어주는 압록강철교가 연결되었다. 한반도와 대륙이 비로소 철길로 이어진 것이다. 일본과 중국 양국 간에 중일협약이 조인되어 차량 통과·수하물 및 화물의 수출입에 관한 검사 및 절차 등이 정해졌다. 경의선의 시종착역을 아예 신의주에서 안둥으로 변경하고, 남대문역과 창춘[長春, 新京]역 간에 주 3회의 직통 급행여객열차를 운행하기 시작했다. 이것이 한반도와 대륙을 잇는 최초의 직통열차이다. 이듬해인 1912년 1월 1일부터 한반도의 표준시가 일본과 통일되었으며, 6월 15일자 열차시간표 개정 시 직통열차의 운행구간을 기존 남대문역에서 부산역까지 연장하였다. 이때 소요시간은 부산-안둥 간 19시간 20분(평균시속 약 49km/h), 부산-창춘 간은 33시간 50분이었다.[37]

이후 한반도와 만주를 잇는 급행열차는 이용객과 전쟁 상황 등에 따라 신설과 폐지, 부활을 거듭했다. 1924년 5월 1일 열차시각 개정을 기준으로 볼 때 부산-펑톈 간에는 급행여객열차 1왕복, 직통여객열차 2왕복이 운행되었다.

융희에 이어 이름이 부여된 두 번째 기차는 '히카리'이다. 히카리는 '빛(光)'을 뜻하는 일본어로, 기존에 부산에서 경성까지 운행하던 열차에 1933년 4월 1일 제1, 제2 열차번호를 부여하고, 펑톈까지 구간을 연장하면서 히카리라는 이름을 붙여준 것이다. 이것은 '융희'처럼 둘로 나눌 수 있는 단어가 아니었기 때문에 상하행(남북행) 모두 히카리라고 불렀다. 그것은 융희를 제외한 모든 기차 이름에 적용되었다.

1934년 11월 1일, 일본과 조선철도, 만철에 이르는 열차시간표를 함께 개정하면서 기존 히카리의 속도를 향상시키고 운행구간을 신징[新京, 지금의 창춘][38]까지 연장했다. 또한 부산에서 펑톈 간 직통 급행여객열차를 새로 설정하면서 '노조미[望, 희망]'라는 이름을 붙였다. 희망, 이것이 우리나라 열차에 붙은 세 번째 이름이다.

1936년 12월 1일, 국내 최초의 특별 급행여객열차가 탄생했다. 이 열차는 경성과 부산을 6시간 45분에 주파하는 '아카쓰키[曉]'로, 새벽이라는 뜻을 갖고 있다. 차량은 1, 2, 3등차, 식당차, 전망 1등차로 구성된 최신식 반유선형 경량객차로 편성돼 있었다. 동력차는 고속주행을 위해 시속 100km/h 이상의 속도를 낼 수 있는 파시4형 또는 파시5형 증기기관차가 연결됐다. 서비스 측면에서는 차내 방송장치를 설치하여 안내방송과 음악방송을 실시한 최초의 열차였다. 조선철도의 자랑이었던 아카쓰키는 1943년 10월 전쟁 상황 격화로 인해 운행을 마쳐야 했다.

1938년 10월 1일부터 부산과 베이징[北京]을 잇는 직통급행열차가 운행을 개시했으며, 1939년 11월 1일에는 부산-베이징 간에 직통급행열차를 1왕복 증설하였다. 새로 증설한 열차에 '흥아(興亞)'라는 이름을 붙이고, 기존에 운행하던 열차는 '대륙(大陸)'이라고 명명했다. 모두 소요시간은 38시간 45

대륙호 전망차 내부(1939년)

분이었다. 융희, 히카리, 노조미, 아카쓰키, 흥아, 대륙, 이렇게 모두 여섯 개가 광복 이전 한반도에 존재했던 공식 열차 이름이다.

한편, 중일전쟁의 확대로 한반도를 경유한 일본과 중국 간의 수송 수요는 계속 늘어났다. 1940년 10월, 한반도의 동해안을 타고 올라가는 함경선 경유 경성-목단강(牡丹江) 간 직통여객열차가 1왕복 신설되었으며, 평양에서 한반도의 중앙부인 만포선을 경유하여 중국 지린(吉林)을 연결하는 직통여객열차도 1왕복 신설되었다. 이로써 한반도와 대륙을 잇는 직통여객열차가 기존 경의선을 포함하여 세 개의 통로를 이용할 수 있게 되었다.

1942년 8월에는 기존에 부산-신징 간 운행하던 급행열차 1왕복을 하얼빈까지 연장 운행하였다. 1942년 10월을 기준으로 하루에 운행되는 국제열차는 부산-베이징 간 2왕복, 부산-하얼빈 간 1왕복, 부산-신징 간 1왕복, 부산-펑톈 간 1왕복(이상 경의선 경유), 경성-목단강 간 2왕복, 평양-지린 간 1왕복이다.[39]

태평양전쟁이 점점 치열해지면서 연합군의 폭격과 잠수함 공격으로 기존의 해상을 통한 물자수송이 크게 제한을 받게 되었다. 이에 따라 철도를 통한 수송이 급격하게 증가하였는데, 이것을 대륙 전가화물(轉嫁貨物)이라고 부른다. 전쟁물자를 포함한 화물수송이 우선순위를 차지하자 여객열차는 대폭 감소할 수밖에 없었고, 운행구간은 축소되었는데도 소요시간은 크게 늘어났다.[40] 결국 1944년 10월 1일 기준 한반도와 대륙을 잇는 직통여객열차는 부산-베이징 간, 부산-하얼빈 간 및 경성-목단강 구간의 각 1왕복만 남게 되었다.

광복 직후의 열차 이름

광복 이전에는 정말 특별한 의미가 있는 열차에만 이름을 붙였기 때문에 오로지 1왕복이 존재했다. 그래서 융희호처럼 열차번호가 따로 부여되지 않는 경우도 있었다. 특별한 열차에만 이름을 붙이는 것은 광복 직후에도 마찬가지였다. 그 첫 번째가 조선해방자호였다. 조선해방자호는 1946년 5월 20일 운행을 시작한 경성-부산 간 특별 급행여객열차이다. 전망객차 1, 우등객차 2, 1등객차 5, 식당차 1량까지 모두 9량 편성으로 운행했는데, 정원은 512명이었으며 소요시간은 9시간 40분이었다.

조선해방자호는 영업적인 측면에서는 성공하지 못했으나, 철도사에서 특별한 의미를 갖는 것은 그 열차를 견인했던 동력차 때문이다. 일본인 기술자들이 모두 돌아간 광복 직후 철도의 현실은 정말 암담했다. 초기엔 열차운행 자체가 불가능했고, 차츰 인력과 장비를 정비해 부분적으로 운행을

한반도를 달린 1기 열차들(1899년~1950년대 중반)

번호	열차 이름	최초운행일	폐지일	운행구간	소요시간	비 고
1	융(隆)	1908-04-01		부산→신의주	26:00	
2	희(熙)	1908-04-01		신의주→부산	26:00	
3	히카리[光]	1933-04-01		부산-안둥[安東]		1934.11.1 신징 연장
4	노조미[望]	1934-11-01		부산-펑톈[奉天]		
5	아카쓰키[曉]	1936-12-01	1943-10-09	경성-부산	6:45	특별급행
6	대륙(大陸)	1938-10-01		부산-베이징[北京]	38:45	
7	흥아(興亞)	1939-11-01		부산-베이징[北京]	38:45	
8	조선해방자호	1946-05-20	1949-08-15	경성-부산	9:40	특별급행
9	서부해방자호	1948-06-30	1949-08-15	서울-목포		
10	삼천리호	1949-08-15		서울-부산		
11	무궁화호(1)	1949-08-15		서울-목포		

재개했으나 크고 작은 사고가 끊이지 않았다. 이렇게 열악한 상황 아래 용산제작소에서 기존 파시형 기관차를 모델로 한 국산 증기기관차를 만들어 냈다. 바로 해방자 1호[41]다. 해방자 1호는 시험운행을 거쳐 본선운행에 나섰으며, 조선해방자호를 끌고 해방된 경부간선을 힘껏 달렸다. 기적 같은 일이었다.

조선해방자호에 이어 두 번째로 등장한 열차 이름은 서부해방자호였다. 서부해방자호는 서울과 목포를 이어주는 급행열차로 1948년 6월 30일부터 운행되었다. 그러니까 동쪽의 경부선엔 조선해방자호가, 서쪽의 호남선엔 서부해방자호가 달린 것이다.

1949년 8월 15일, 조선해방자호는 삼천리호, 서부해방자호는 무궁화호로 이름이 바뀌었다. 초창기 특별급행열차로서 호화로운 이미지는 많이 무뎌졌지만, 이때까지만 해도 열차 이름은 오로지 상행과 하행 1왕복에 해당하는 열차에만 붙었다.

제2기, 전쟁 이후 국토개발과 경제성장기의 열차 이름

그런데 6·25전쟁 이후 상황에 변화가 생겼다. 노선별로 나누어 같은 등급의 열차에는 동일한 이름을 붙이기 시작한 것이다. 서울과 부산을 오가는 경부선 특급열차의 경우 1954년 8월 15일 통일호가 등장했으며, 1960년 2월 21일엔 무궁화호, 1962년 5월 15일에는 재건호가 그 뒤를 이었다. 1966년 7월 21일 초특급열차로 맹호호가 등장하여 경부간을 5시간 45분에 주파했으며, 서울과 대전 간에는 청룡호가 운행을 시작했다. 1969년 2월 10일에는 관광호가 등장해 맹호호를 대신했으며, 맹호호는 특급으로 내려앉았다. 관광호는 1974년 8월 15일 새마을호로 이름을 고친 이후

L1 통일호(1955년) R1 재건호(1962년)
L2 청룡호(1966년) R2 관광호(1969년)

지금에 이르고 있다.[42]

호남선을 운행하는 특급열차로는 1954년 10월 31일 등장한 태극호가 서울-목포 간을 달렸다. 그리고 1974년 8월 15일 풍년호에 바통을 넘겨주었다. 호남선을 경유해 광주역까지 운행하는 열차로는 1966년 11월 21일 운행을 시작한 백마호가 있었으며, 디젤동차 3량에 객차 2량을 연결하여 운행된 열차였다. 전라선에는 1963년 8월 12일 서울과 여수 간 운행을 시작한 풍년호가 있었다. 1968년에는 동백호도 운행이 시작되었다. 중앙선을 거쳐 영

태극호(1962년)

동선 강릉까지 운행되는 특급열차로는 동해호, 설악호, 약진호가 있었고 보통급행열차인 십자성호도 1968년 4월 1일부터 운행되었다. 장항선 열차로는 피서열차인 대천호, 1974년 8월 15일부터 서울-장항 간 운행된 특급열차 부흥호가 있었다.

갈매기호(1973년)

영남지방과 호남지방을 연결하는 열차로는 갈매기호가 있었는데, 처음(1967년 7월 16일)에는 서울과 부산을 이어주는 피서열차였으나 이듬해인 1968년 2월 25부터 부산진과 전주를 이어주는 특급열차로 활약하기 시작했고, 다시 1970년 11월 1일부터는 동대구-전주 간으로 운행구간을 다시 바꾸어 영호남을 이어줬다. 부산과 강릉을 이어주는 부강호도 있었는데, 1976년을 기준으로 장장 10시간 15분이나 걸리는 거리를 동해남부선, 중앙선, 영동선을 이어주며 달리는 열차였다. 1966년 4월 1일에는 화물열차에도 이름을 부여하여 중앙선 특급화물열차에 건설호, 호남선 화물열차에는 증산호라는 이름을 붙였다.

이렇게 같은 노선의 같은 등급 열차에는 동일한 이름을 붙이는 방식은 1950년대에 시작돼 1960년대를 거쳐 1979년 말까지 계속되었다. 수많은 이름이 뜨고 졌으며 시대상을 반영한 이름도 많아서 1960년대 월남 파병이 한참 이뤄지던 시기에는 파병부대의 이름을 따서 지은 열차가 우후죽순처럼 생겼다.

철도역사에서 1974년 8월 15일은 매우 의미가 깊은 날이다. 이날 서

한반도를 달린 2기 열차들(1950년대~1979년 12월)

번호	열차 이름	최초운행일	폐지일	운행구간	소요시간	비 고
1	통일호(1)	1954-08-15	1979-12-31	서울-부산 서울-대전 서울-제천	9:30(초기) 2:00(1978) 4:55(1978)	경부선 특급/ 1980년 특급에 통합
2	태극호(1)	1954-10-31	1974-08-15	서울-목포		풍년호로 변경
3	화랑호	1954-12-12	1974-08-15	서울-부산진		경부선 군용열차/1955.6.1. 용산 출발 변경
4	상무호	1955-08-25	1974-08-15	용산-목포		호남선 군용열차/호남선 보통열차로 변경 /경부선 보통열차로 변경
5	무궁화호(2)	1960-02-21	1962-05-15	서울-부산	6:40	초특급/재건호 운행으로 폐지
6	재건호	1962-05-15	1969-02-10	서울-부산	6:10	초특급/관광호 운행으로 폐지
7	동해호		1968-04-01	서울-강릉		1968.4.1 십자성호로 변경
8	풍년호(1)	1963-08-12	1974-08-15	서울-여수	9:00	증산호로 변경
9	약진호(1)	1963-08-14	1966-07-20	서울-부산		맹호호 운행으로 폐지
10	건설호	1966-04-01		중앙선		특급화물열차
11	증산호(1)	1966-04-01		호남선		특급화물열차
12	맹호호	1966-07-21	1970-12-01	서울-부산	5:45	초특급->관광호 운행으로 특급으로 격하
13	청룡호	1966-11-21		서울-대전	2:20	동차 1량+객차 1량/1967.9.1 부산 연장
14	백마호	1966-11-21	1974-08-15	서울-광주	6:10	동차 3량+객차 2량/풍년호로 변경 1967.4.5 서울-전주 객차 2량 연결. 1971.3.15 폐지
15	대천호	1967-07-16		장항선		피서열차
16	비둘기호(1)	1967-09-01	1974-08-15	서울-부산진	5:45	통일호로 변경
17	갈매기호(1)	1967-07-16	1967-08-21	서울-부산		피서열차
18	갈매기호(2)	1968-02-25	1970-03-	부산진-전주	6:31	
19	갈매기호(3)	1970-11-01		동대구-전주	4:50	
20	십자성호	1968-04-01	1974-08-15	서울-강릉	11:00	보통급행/약진호로 변경
21	관광호	1969-02-10	1974-08-15	서울-부산	4:50	초특급
22	신라호			서울-울산		1970.12.1 동대구-울산으로 단축
23	은하호		1974-08-15	서울-부산		경부선 침대열차/통일호로 변경
24	설악호			청량리-강릉		
25	계명호			서울-부산		경부선 보급
26	동백호(1)	1968?	1974-08-15	서울-여수		전라선 특급
27	계룡호	1971-02-10		서울-대전		
28	충무호	1971-03-15	1974-08-15	서울-진주		협동호로 변경
29	상록호	1972-12-20	1974-08-15	서울-부산		통일호로 변경
30	부강호		1979-12-31	부산-강릉	10:15(1976)	동해·중앙·영동선 특급/특급에 통합
31	동백호(2)	1974-08-15	1984?	서울-목포		호남선 보급
32	을지호		1974-08-15	서울-진주		협동호로 통합
33	새마을호(1)	1974-08-15		서울-부산 서울-목포 서울-광주	4:50(1978) 5:40(1978) 4:45(1978)	경부선 초특급/전선 초특급으로 변경
34	증산호(2)	1974-08-15	1979-12-31	서울-여수	7:30(1976)	전라선 특급/특급에 통합
35	풍년호(2)	1974-08-15	1979-12-31	서울-목포	6:40(1978)	호남선 특급/특급에 통합
36	협동호	1974-08-15	1979-12-31	서울-진주 서울-마산	9:29(1976) 5:40(1978)	경전선 특급/특급에 통합
37	약진호(2)	1974-08-15	1979-12-31	청량리-영주 청량리-북평 청량리-안동	4:45(1976) 7:20(1976) 5:35(1976)	중앙선·태백선·영동선 특급/특급에 통합
38	부흥호	1974-08-15	1979-12-31	서울-장항	4:35(1976)	장항선 특급/특급에 통합

수도권전철 운행(1974년 8월 15일)

울-수원, 구로-인천, 용산-성북을 잇는 전기 철도가 개통되었고, 수원과 인천으로 전동차가 다니기 시작했다. 우리나라 최초의 지하철인 종로선(지금의 지하철1호선)도 개통되었다. 또한 기존의 관광호가 새마을호라는 이름으로 거듭난 날이 바로 이날이다. 이날 이름을 바꾼 열차는 새마을호뿐만이 아니었다. 전국의 특급열차가 온통 새마을정신으로 무장해서 풍년, 증산, 통일, 협동, 약진 등의 이름으로 진용을 새로 갖췄으며, 이 명칭은 1980년 1월 열차계급과 열차 이름이 통일되기 직전까지 사용되었다.

제3기, 열차 이름의 혁신적인 변화

1980년 1월에는 열차 이름에 근본적인 변화가 있었다. 기존의 노선별 열차등급별로 붙이던 명칭이 노선과 관계없이 열차등급별로만 구분하도록 바뀐 것이다. 예를 들어 특급열차라고 해도 경부선에서는 통일호, 호남선에서는 풍년호, 전라선에서는 증산호, 중앙선에서는 약진호로 불렀는데, 이 모든 특급열차가 '특급(特急)'이라는 이름 하나로 통일된 것이다. 특급과 초특급열차인 새마을호 사이에는 '우등(優等)'열차가 새로 생겼고, 특급과 보통 사이에는 '보급(普急)'이라는 열차 이름이 생겼다. 또 이와 함께 일반적으로 '완행'이라고 부르던 각역정차열차에는 '보통(普通)'이라는 이름을 지어주었다.

이렇게 되니 열차 이름은 모두 다섯 개로 통일되었다. 바로 새마을호,

우등, 특급, 보급, 보통이었다. 이렇게 열차의 이름은 아주 단순하고 누구든지 쉽게 기억할 수 있게 되었다.

1984년 1월 1일, 새해를 맞아 열차 이름에 변화가 찾아왔다. 등급별 이름이 통용되는 방식은 동일하지만, 기존 이름을 바꾸어 사용하게 된 것이다. 새마을호는 초특급열차로서 그 이름에 변화가 없었고, 특급열차인 우등은 '무궁화호(無窮花號)'로 이름이 바뀌었다. 특급은 '통일호(統一號)'로 바뀌었으며, 보급은 아예 열차 이름에서 사라지게 되었다. 보급열차가 사라지게 된 이유는 노후차량 폐차와 냉난방장치 개량 등을 통한 특급열차로의 일원화 등이 원인이었다. 기존의 보통열차는 '비둘기호'로 이름이 바뀌었다.

이렇게 1984년에 정해진 열차의 이름 체계는 2004년 경부고속철도 KTX가 개통될 때까지 큰 변화 없이 유지되었다. 다만 서민과 가장 가까운 거리에 있던 비둘기호가 2000년 11월 14일을 기해 사라지면서 통일호가 가장 낮은 자리에서 일반국민을 섬기는 열차가 되었다.

1 비둘기호(1980년)
2 무궁화호(1984년)
3 통일호(1988년)

당시 비둘기호와 통일호는 각 역 정차인지 주요 역 정차인지의 차이가 있었고, 차량으로 볼 때에는 냉난방이나 화장실, 급수시설 등에 차이가 있었다. 쉬운 예로 통일호 객차에는 에어컨이 장착돼 있었고, 비둘기호 객차에는 선풍기만 달려 있었다. 그런데 비둘기호 객차가 오래돼서 모두 폐차해야 할 시기가 되었는데, 새 객차를 만들면서 시대에 뒤떨어진 선풍기를 달 수는 없는 노릇이었다. 에어컨을 달기 위해서는 창문을 밀폐형으로 만들어야 하고, 선풍기를 달려면 개방형으로 만들어 필요할 때 바깥바람을 쐴 수 있도록 해야 하는 것이다. 경영진의 선택은 비둘기호 폐지로 결정되었다. 객차는 한번 만들면 수명이 30년에 이르는데, 고속철도를 건설하고 있는 마당에 선풍기 달린 차를 새로 만들어 비둘기호를 유지할 이유가 없었던 것이다. 1990년대 말부터 비둘기호가 점차 떠난 빈자리는 통일호가 메꾸었다.

그리고 우리 철도는 대망의 2004년 4월 1일을 맞았다. KTX(Korea Train eXpress)가 개통된 것이다. 고속철도의 등장으로 새마을호는 1974년 등장 이래 30년 만에 최고급열차로서의 자리를 내주고 특급열차로 내려앉아야 했다. 변화는 이것뿐만이 아니었다. 1954년 경부선 특급열차로 처음 등장했던 통일호는 점차 그 위상이 낮아지다가 고속철도 개통을 하루 앞둔 2004년 3월 31일 마지막 운행을 하고 역사의 뒤안길로 사라졌다. 통일호의 역할은 무궁화호가 감당하게 되었고, 일부 구간에는 디젤동차로 편성된 통근열차가 대신 운행을 시작했다. 이렇게 고속철도 개통을 계기로 해서 우리나라의 열차는 KTX, 새마을호, 무궁화호, 통근열차로 재편되었다.

고속철도 개통 이후 몇 가지 신형 차량이 도입되었다. 가장 먼저 선보인 것은 2009년 6월 1일부터 영업을 시작한 누리로[43]이다. 무궁화호로 사용되던 디젤동차가 내구연한이 다 돼 더 이상 운행이 불가능해짐에 따라 친환경 전기동차를 도입한 것이다. 4량 1편성으로 제작된 누리로는 무궁화호와 같은 열차등급에 해당되며, 가감속 기능과 등판능력이 뛰어나서 좋은 평가를 받고 있다. 또한 우리나라의 타는곳(platform)은 일반열차에 대응하는

누리로

저상(底床) 타는곳과 전동열차에 대응하는 고상(高床) 타는곳이 있는데, 누리로는 우리나라의 전기동차 중 유일하게 모든 저상과 고상 타는곳을 사용할 수 있다는 장점이 있다. 누리로는 2018년 말 현재 장항선과 호남선, 충북선 구간에서 운행되고 있으며, 일부 편성은 중부내륙관광열차(O-train)로 개조되어 새마을호 등급으로 활약 중이다.

누리로 이후에 도입된 차종은 준고속차량인 ITX-청춘이다. ITX란 Intercity Train eXpress의 약자로 도시 간 급행열차를 말한다. 이 열차는 경춘선 전철화사업과 연계하여 서울과 춘천을 빠른 시간 내에 연결해주는 것을 목적으로 도입돼 2012년 2월 28일 영업을 개시했다. '청춘'이라는 이름은 두 가지 뜻을 갖고 있는데, 청량리역과 춘천역을 이어준다는 뜻에서 머리글자 하나씩을 딴 것이며, 또 하나는 경춘선이 원래 청춘 남녀들의 MT나 데이트 코스로 많이 이용되던 노선이었기 때문에 붙은 이름이기도 하다. 8량 1편성인 ITX-청춘의 가장 큰 특징은 4, 5호차가 2층객차로 되어 있다는 것이다. 이것은 우리나라 최초이자 유일한 것이다. 준고속열차인 ITX-청춘의 영업최고속도는 180km/h이며 현재는 새마을호 운임을 적용받고 있다. 이 열차가 도입되면서 새마을호는 특별급행열차에서 다시 한

단계 내려와 무궁화호나 누리로와 함께 급행열차가 되었다.

오랜 세월 우리나라 철도의 얼굴이자 대표 상품이던 새마을호에도 변화가 찾아왔다. 1987년에 첫 선을 보인 이래 1990년대에 집중적으로 생산된 전후동력형[44] 새마을호의 동력차(PMC)가 내구연한[45]을 넘기며 더 이상 달릴 수 없게 된 것이다. 이에 따라 우리에게 익숙한 8량 편성의 새마을호 디젤동차는 2013년 1월 5일 포항-서울 간 제1042열차 운행을 끝으로 퇴역했다. 이후 동력차를 제외한 부수객차를 일반객차로 개조하여 일반 기관차에 연결하여 운행을 하다가 그마저 2018년 4월 30일 장항선에서의 운행을 끝으로 신형객차에 자리를 내주었다.

ITX-새마을

코레일은 새마을호 디젤동차의 퇴역에 대응하기 위해 ITX-새마을이라고 하는 새로운 열차를 투입했다. 이것은 현대로템에서 제작한 6량 1편성의 간선형 전기동차로 이루어져 있으며, 2014년 5월 12일 영업을 개시하였다. ITX-새마을은 경부선을 시작으로 호남선과 전라선, 경전선, 중앙선, 동해선에 이르기까지 전국 방방곡곡을 달리고 있다. 다만 전기철도 구간이 아닌 장항선에서는 2018년 4월 30일 이후 무궁화호 객차를 개량한 객차형 새마을호가 디젤전기기관차에 연결돼 운행되고 있다. 외부 도장이나 내부 구조는 ITX-새마을과 유사하다.

일반열차 외에 고속열차에도 변화가 생겼다. G7 프로젝트의 산물인 HSR350X를 모체로 삼아 한국형 고속차량인 KTX-산천이 새로 탄생한 것이다.[46] 시험운행 당시엔 KTX-Ⅱ로 불리다가 국민공모를 통해 이름이

한반도를 달린 3기 열차들(1980년 1월~현재까지)

번호	열차 이름	최초운행일	폐지일	운행구간	소요시간	비 고
1	새마을호(2)	1974-08-15	운행 중			초특급→특별급행→ 2019년 현재 급행
2	우등	1980-01-10	1984-01-01			무궁화호로 변경
3	특급	1980-01-10	1984-01-01			통일호로 변경
4	보급	1980-01-10	1984-01-01			통일호와 통합 및 폐지
5	보통	1980-01-10	1984-01-01			비둘기호로 변경
6	무궁화호(3)	1984-01-01	운행 중			특급→2019년 현재 급행
7	통일호(2)	1984-01-01	2004-04-01			고속철도 개통으로 폐지
8	비둘기호(2)	1984-01-01	2000-11-14			보통
9	KTX	2004-04-01	운행 중			고속열차
10	통근	2004-04-01	운행 중	광주송정-광주	15분	1일 30회 운행
11	누리로	2009-06-01	운행 중			급행
12	KTX-산천	2010-03-02	운행 중			고속열차 강릉선 포함
13	ITX-청춘	2012-02-28	운행 중			특급
14	ITX-새마을	2014-05-12	운행 중			급행
15	KTX-이음	2021-01-05	운행 중	청량리-안동	2시간 2분	준고속여객열차

※ 위에서 제시한 세 개의 표는 많은 빈칸과 물음표가 드러내듯이 아직 미완성이다. 이 빈칸을 채우고 고쳐 나가는 것은 필자 자신뿐 아니라 독자의 몫이기도 하다. 숙제인 셈이다. 열차 이름 뒤의 숫자는 중복해서 쓰인 경우 세대를 나타낸다. 새마을호처럼 비록 열차계급이 달라졌다고는 해도 단절 없이 운행이 이어진 경우에는 따로 나누지 않았다.

1일 여객열차 운행횟수

(2021년 12월 기준, 단위: 회)

구 분	주 중		주 말		
	월요일	화~목요일	금요일	토요일	일요일
계	643	641	690	698	694
KTX	241 (경부107, 전라30, 호남54, 경전24, 동해26)	239 (경부105, 전라30, 호남54, 경전24, 동해26)	273 (경부124, 전라33, 호남56, 경전32, 동해28)	278 (경부126, 전라36, 호남56, 경전32, 동해28)	275 (경부124, 전라35, 호남56, 경전32, 동해28)
	58 (경강36, 중앙14, 중부내륙8)	58 (경강36, 중앙14, 중부내륙8)	73 (경강51, 중앙14, 중부내륙8)	80 (경강56, 중앙16, 중부내륙8)	79 (경강55, 중앙16, 중부내륙8)
일반	344 (새46, 누22, 무246, 통30)	344 (새46, 누22, 무246, 통30)	344 (새46, 누22, 무246, 통30)	340 (새48, 누22, 무240, 통30)	340 (새48, 누22, 무240, 통30)

'KTX-산천(山川)'으로 정해졌다.

KTX와 KTX-산천의 가장 큰 차이점은 기존의 KTX가 20량 1편성인 데 반해 KTX-산천은 10량 1편성이라는 것이다. 이것은 수송수요에 보다 탄력적으로 대응할 수 있다는 뜻이다. 경부선처럼 승객이 많을 때에는 두 개 편성을 묶어서 운행[47]할 수 있을 뿐만 아니라, 복합열차로도 운행이 가능하다. 다시 말해서 목포와 여수엑스포로 가는 두 편성을 용산에서 묶어서 1개 열차로 운행하다가 익산에서 각각 목포와 여수엑스포로 갈라져서 제 갈 길을 가는 것이다. 그 반대로 호남선과 전라선에서 올라온 열차가 익산에서 만나 복합열차로 용산까지 운행되기도 한다. 이럴 경우 용산에서 익산까지 한 사람의 기장(고속열차 기관사)만 있으면 된다는 인건비 절약 측면 외에 선로용량을 늘일 수 있다는 더 큰 장점이 있다. KTX-산천의 또 다른 차이점은 모든 좌석이 회전 가능하여 역방향이 없다는 것이다. 회전형 설계로 수송원가는 올라갔지만 현재 KTX와 KTX-산천의 운임에는 반영되지 않고 있다. 이렇게 해서 2022년 4월 현재 코레일이 운영하고 있는 일반열차는 고속열차인 KTX와 KTX-산천, 준고속열차인 KTX-이음, 특급열차인 ITX-청춘, 급행열차인 새마을호와 ITX-새마을·무궁화호·누리로, 그리고 보통열차인 통근열차로 정리된다.[48]

무궁화호 동차(RDC)

남북철도 이야기

사진으로 보는 남북철도 연결

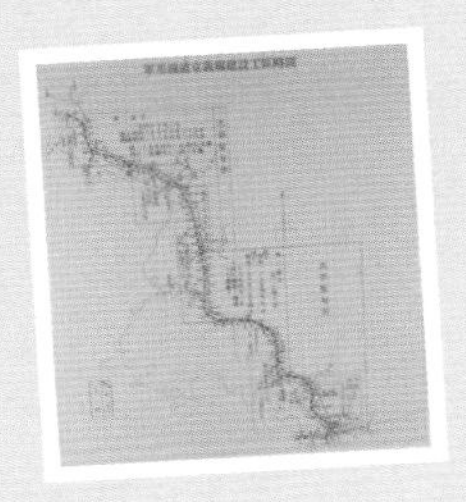

1. 군용철도 경의선 건설공구 약도

경의선은 서울(용산역)과 신의주를 잇는 499킬로미터에 이르는 노선으로, 압록강을 건너 중국과 연결된다. 대한제국은 서북철도국을 통해 마지막까지 자력으로 경의선을 부설하려 하였으나 러일전쟁을 일으킨 일제는 군대를 동원해 경의선을 완공했다.

2. 일제 군부의 경의선 건설

일제는 임시군용철도감부를 통해 1904년 3월 31일 용산-마포 간 노반공사를 시작한 이래 청천강철교가 완공된 1906년 4월 3일까지 733일 동안 1일 평균 약 730미터라고 하는 전투적인 속도로 공사를 강행하여 경의선을 완전히 개통시켰다.

3. 6·25전쟁으로 파괴된 임진강철교

1950년 6월 25일 북한의 기습남침으로 시작된 한국전쟁의 피해는 막심했다. 터널 4,935미터, 교량 9,351미터, 궤도 329킬로미터가 파괴되고 기관차와 객차는 절반, 화차는 34퍼센트가 피해를 입었다. 1만 9,300여명의 철도인이 수송지원 사명을 띠고 참전하여 287명이 전사했다.

4. 임진강 철교를 건너는 열차

2001년에 임진강역, 2002년엔 도라산역 등 조금씩 좁혀지던 경의선 남북철도의 틈새가 2003년 6월 14일 드디어 온전히 메꿔졌다. 2007년에는 시험운행이 실시되고 화물열차도 1년 남짓 오갔다. 2014년 5월 4일엔 DMZ-train이 운행을 시작했다.

5. 남북정상회담

2000년 6월 15일, 김대중 대통령의 평양 방문으로 성사된 김정일 국방위원장과의 남북정상회담에서 두 정상은 '남북공동선언문'에 서명하고 남북철도 연결을 위한 기본 틀에 합의하였다. 이로써 분단 이후 끊어진 철길을 다시 잇기 위한 발걸음이 시작되었다.

6. 경의선 철도·도로 연결 기공식

남북정상회담에서의 합의에 따라 2000년 9월 18일, 임진각에서는 김대중 대통령이 참석한 가운데 경의선 복원 및 도로 연결을 위한 기공식이 열렸다. 대통령이 승무신고를 받고 있다.

7. 한미정상 도라산역 방문

대한민국의 김대중 대통령은 2002년 2월 20일, 미국의 부시 대통령과 함께 경의선 최북단 도라산역을 방문하였다. 두 정상은 침목에 기념서명을 하고 한반도의 평화와 안정을 기원했다.

8. 경의선 및 동해선 철도 도로 연결 착공식

2002년 9월 18일, 김석수 국무총리가 참석한 가운데 도라산역 북부 통문 앞에서 경의선 철도 도로 연결 착공식이 거행됐다. 동해선 착공식은 정세현 통일부장관이 참석한 가운데 고성 통일전망대 앞에서 열렸다.

9. 군사분계선 내 경의선 철도 연결식

군사분계선 내 경의선 철도 연결지점에서 2003년 6월 14일, 남북의 국장급 인사가 참석한 가운데 끊어졌던 레일을 다시 잇는 연결행사가 열렸다. 분단 이후 끊어졌던 경의선 철길이 다시 연결되는 순간이었다.

10. 남북러 3자회담

남한과 북한, 러시아 3국의 철도 책임자는 2006년 3월 17일, 러시아의 블라디보스토크에서 3국의 철도 연결을 위한 회담에 참석했다. 한국철도공사의 이철 사장, 북한의 이용삼 철도상, 러시아철도공사의 블라디미르 야쿠닌 사장이 각국 정부 대표로 참석했다.

11. 경의선 남북철도연결구간 열차시험운행1

역사적인 남북철도 시험운행 행사는 2007년 5월 17일, 전국에 생방송으로 중계되는 가운데 경의선과 동해선으로 나뉘어 시행되었다. 경의선은 문산역에서 기념행사 후 남측 열차를 이용하여 개성까지 다녀왔다. (군사분계선을 지나 개성으로 향하고 있는 경의선 행사열차)

12. 경의선 남북철도연결구간 열차시험운행2

경의선 연결행사에는 남측에서 100명, 북측에서는 50명이 참석했다. 개성역에 도착한 일행은 '자남산려관'에서 환영행사를 겸한 오찬에 참석한 후 인근의 선죽교를 둘러봤다.

(개성역에 도착한 경의선 행사열차)

13. 경의선 남북철도연결구간 열차시험운행3

남측의 대표단 중에는 경의선 마지막 기관사로 알려진 한준기옹이 있었다. 공식 일정을 마치고 개성역을 떠나기 직전, 한준기옹은 북측의 여성 역무원과 악수를 나누며 다시 만날 것을 기약했다. 하지만 그는 끝내 그 역무원을 다시 보지 못하고 눈을 감았다.

14. 동해선 남북철도연결구간 열차시험운행1

동해선 행사는 북측 주도로 이뤄졌다. 2007년 5월 17일, 남측 대표단 100명이 버스로 금강산청년역까지 가서 기념행사를 한 후 북측 대표단 50명과 함께 북측 열차로 제진역까지 내려왔다.

(금강산청년역에서 악수를 하고 있는 남과 북의 고위관계자)

15. 동해선 남북철도연결구간 열차시험운행2

이제는 헤어질 시간, 남측이 제공하는 제진역에서의 환영행사와 오찬이 끝난 후 북측의 열차가 다시 돌아갈 시간이 되었다. 북측 기관사와 남측 제진역의 명예역장은 서로의 손을 굳게 잡고 다시 만날 것을 기약했다.

16. 남북화물열차 운행 개시

2007년 12월 11일 남북 정상 간의 합의에 따라 개성공단의 원자재와 상품 수송을 위한 화물열차가 다니기 시작했다. 열차운행은 주중에만 이뤄졌으며, 2008년 11월 28일까지 총 222 왕복 남북을 오갔다.

(첫 짐을 싣고 도라산역 구내로 들어오고 있는 남북화물열차)

17. 분단의 상징, 장단역 구내 증기기관차(국가등록문화재)

비무장지대 장단역 터에는 1950년 12월 31일 경의선 마지막 기관사 한준기 옹이 두고 온 마터형 증기기관차가 있었다. 2006년 11월 임진각으로 옮겨지기 전까지 56년 세월 동안 분단의 상징으로 널리 알려졌던 이 기관차는 포스코의 지원으로 보존처리를 거친 후 임진각 독개다리에서 전시되고 있다.

18. 철도개보수 남북공동 현지조사

2007년 12월 12~18일 동안 개성~신의주 간 경의선 철도 개보수를 위한 남북공동 현지조사가 광복 이후 최초로 이뤄졌다. 남북관계 경색에 따라 실질적인 경의선 개보수 사업은 진행되지 못했다.

(현지조사를 마치고 도라산역에 도착한 조사단)

19. 대한민국, 국제철도협력기구(OSJD) 정회원 가입

우리나라는 2018년 6월 국제철도협력기구(OSJD) 장관회의에서 만장일치로 정회원 자격을 획득하였다. 이로써 대륙철도 국제노선 운영에 함께 참여할 수 있는 제도적 기반이 마련됐다.

(양국의 대통령 앞에서 업무협약을 체결하고 있는 한국과 러시아의 철도 수장)

20. 남북철도 현지 공동조사

북한철도 현대화를 위한 현지 공동조사로, 남북의 열차를 연결해 2018년 11월 30일~12월 5일 경의선(개성역~신의주역, 413킬로미터) 및 12월 8일~12월 17일 동해선(금강산청년역~두만강역, 777킬로미터) 구간을 조사했다.

경원선을 꿈꾸다

광복 70주년을 앞둔 2015년 8월 5일, 경원선 남측구간 철도복원 기공식 행사가 백마고지역에서 열렸다. 이 자리엔 대통령을 포함한 정부요인들이 대거 참석함으로써 이 행사가 얼마나 중요한 의미를 갖고 있는지를 보여주었다.

경원선! 이 이름은 100년 넘게 사용되고 있는 서울(일제강점기의 경성)과 원산을 잇는 222.7킬로미터 구간을 말한다. 우리는 광복 이전 부설 당시의 명칭을 그대로 쓰고 있지만, 북쪽에서는 예전 명칭을 거의 사용하지 않는다. 그들은 북방한계선 가까이에 있는 평강에서 원산을 지나 옛 함경선 지역인 고원까지 145.1킬로미터를 강원선이라고 부른다.

경원선 부설과정에는 다른 노선처럼 사연이 많다. 쇄국을 고집하던 조선이 외세에 굴복하여 문호를 열기 시작한 것은 '조일수호조규' 곧 강화도 조약 이후이다. 이 조약에 따라 조선의 핵심 항구인 부산, 원산, 인천(제물포)을 열어주고, 훗날 서울에서 이들 항구를 잇는 철길이 열리게 되니 경인철도, 경부철도, 경원선이 바로 그것이다.

일본은 경인철도 부설권을 미국에 선점당하기도 했으나 다시 찾아왔고, 경부철도 부설권은 막강한 힘을 동원하여 얻어냈다. 하지만 경의선과 경원선은 만만치 않았다. 우리 정부가 끝까지 자력건설 의지를 내보이며 프랑스와 독일, 일본 등의 부설권 요구를 거절하고, 서북철도국을 설치하여 경의선과 경원선 건설을 관장하도록 했기 때문이다. 그러나 1904년 만주와 한반도에 대한 지배권을 두고 러시아와 일본이 전쟁을 벌이면서 이 땅은 일제의 전쟁터이자 병참기지가 되는 기막힌 운명을 맞게 된다. 이제 철도부설권 따위는 허가고 협의고 필요도 소용도 없게 된 것이다.

이러한 배경 아래 일본 군부는 경의선과 경원선 공사를 시작한다. 경의선은 경부선에 이어져 신의주까지 연결되고 압록강을 건너면 곧바로 대륙으로 통하기에 전쟁의 승패를 좌우할 만큼 중요한 노선이었고, 경원선은 동해를 건너 일본 서부도시와 연결되는 항구이기에 매우 중요했다. 그런데 러시아와의 전쟁이 예상보다 쉽게 끝났다. 일본이 이긴 것이다. 전쟁이 끝나자 군대까지 동원해 병참선을 건설할 필요성이 줄었고 자금압박도 심했기에 일제는 군용철도 경원선 건설을 중단하게 된다. 경원선 공사가 군용철도가 아닌 일반 국철노선으로 재개된 것은 1910년의 일이다.

1914년 8월 14일 세포-고산 간 26.1킬로미터가 개통됨으로써 경원선 전 노선이 연결되었다. 그리고 9월 16일에는 원산에서 전통식(全通式)을 거행했다. 하지만 이것이 전부가 아니다. 서울(용산역)에서 원산까지가 경원선이지만, 경원선의 효용가치는 함경선과 함께할 때 극대화되기 때문이다. 함경선은 원산에서 상삼봉까지 664킬로미터에 이르는 노선으로, 경원선이 완전히 개통된 1914년 착공하여 1928년 완공됐다. 원산에서 동해안을 따라 북상하다가 러시아와의 국경을 만나고, 다시 두만강을 마주보며 북상을 거듭해 중국과의 국경을 내다보고, 정점에서 다시 남하하여 국토의 최북단을 감싸 안는 형태의 길고 긴 노선이다. 용산에서 원산을 거쳐 상삼봉에 이르는 구간은 모두 890.6킬로미터에 이르렀으며, 초창기엔 편도 운행시간만 해도 26시간이나 소요됐다.

경부선과 경의선이 일제의 대륙 침략을 위한 직통노선 역할을 했다면, 경원선과 함경선은 식민지철도로서 천연자원을 반출하는 빨대 역할을 했다. 남쪽에서는 호남선과 군산선을 통해 비옥한 평야지대의 식량을 반출하고, 북쪽에서는 목재와 광물이 철길을 통해 일본으로 건너갔다. 그렇다고 물자만 실어 나른 것은 아니었다. 중국으로 가려면 주로 경의선을 이용했지만, 만주와 러시아로 가는 국제선은 경원선과 함경선 몫이었다. 철도 건설에 조상 대대로 물려받은 선산과 옥답을 잃은 조선의 민초들은 종살이를 하거나 새로운 터전을 찾아 만주로 러시아로 발길을 돌려야 했는데, 경원선과 함경선은 그들의 한이 맺힌 철길이기도 했다.

경원선과 관련하여 빼놓을 수 없는 것은 바로 금강산 관광이다. 금강산은 철도를 이용할 경우 철원에서 들어가는데, 전력회사가 금강선전기철도 주식회사를 차려 내금강까지 전기철도를 부설함으로써 금강산 관광은 일대 호기를 맞게 된다. 1924년 철원에서 김화까지 28.8킬로미터를 개통한 것이 우리나라 전기철도의 효시가 되며, 1931년에는 내금강까지 116.6킬로미터를 전선개통 시켰다. 전동차가 1일 8회 운행되었고, 소요시간은 4시간 반, 운임은 당시 쌀 한 가마 값인 7원 56전이었다고 한다. 그래도 1936년의 연간 관광객이 15만 4,000명에 이르렀다고 하니 이 회사는 본업이 아닌 철도라는 부대사업을 통해 짭짤한 수익을 올렸다고 할 수 있다.

1945년 8월 15일, 드디어 광복을 맞았다. 하지만 일본군이 물러간 자리는 각각 소련군과 미군이 차지했다. 38도선을 경계로 남과 북을 오가던 정기열차의 운행이 전면 중지됐다. 그 후 6·25전쟁 전까지 남과 북을 이어주는 열차는 우편열차와 특별열차뿐이었다.

6·25전쟁이 터지고, 밀리고 미는 상황이 이어지다가 휴전을 맞았다. 전쟁 전과 달라진 것은 경의선의 경우 개성지역을 내주며 휴전선이 38도선 밑으로 내려오고, 경원선의 경우 38도선 이북으로 올라가 철원지역을 차지했다는 것이었다. 하지만 금강산선은 복구되지 못했다. 금강산은 여

전히 북녘 땅이었기 때문이다. 그래서 오랜 기간 경원선의 종착역은 신탄리역(용산 기점 88.8킬로미터)으로 남았다. 동해안을 따라 북으로 북으로 올라가 국경에 닿았던 시절에 비하면 10분의 1 수준에 머무는 거리다.

2012년, 백마고지역이 개통되었다. 연장거리는 비록 6킬로미터가 채 안 되지만, 드디어 경원선 최북단역이 경기도에서 강원도 땅으로 넘어간 것이다. 그로부터 3년이 흘러 남측구간 철도복원 기공행사가 열렸다. 남방한계선 바로 밑에 있는 월정리역까지 9.3킬로미터가 2017년까지 연장될 예정이었으나 정치상황의 변화 등으로 공사가 마무리되지 않고 있다. 공사가 끝나면 지금까지 경의선 중심으로 이뤄지던 안보관광이 경원선으로 확대되고, 아예 무게중심이 옮겨질지도 모른다. 그만큼 철원이 갖고 있는 관광자원이 풍성하고 잠재력이 엄청나다는 뜻이다.

강원선 종착역인 고원역에서는 평양의 간리역에서 나진으로 이어지는 781.1킬로미터의 평라선이 연결된다. 나진과 러시아의 하산 간엔 직통열차가 수시로 운행되며, 시베리아횡단열차의 시발점인 블라디보스토크가 코앞이다. 중국의 동북3성으로 가는 철길도 물론 열려 있다.

19세기 말 동북아시아에 처음 놓인 철길은 평화와 번영보다는 침략과 쇠락을 가져왔다. 피눈물로 놓인 철길이었고 그 길을 따라 군대와 피란민이 오갔다. 그리고 세월이 흘러 21세기를 맞았다. 철길은 여전히 그 자리에 있지만 주변국의 상황은 많이 달라졌다. 극단적인 이념이나 힘에 의해 어느 한쪽이 피해를 강요받는 시대가 아닌, 서로에게 도움이 되는 길을 찾아가는 상생의 시대가 왔다. 이런 시대를 맞아 경원선의 역할이 기대된다. 과거의 아픈 기억을 지워내고 새로운 꿈을 이뤄주는 통로가 돼주면 좋겠다.

특별한 승객을 위한 특별한 기차

우리나라 철도에는 '특별동차운영단(特別動車運營團)'이라고 하는 조직이 있다. 특별동차란 대통령이나 외국 국가원수 등의 귀빈을 모시기 위해 특수하게 제작하여 운영하는 동차이다. 과거에는 업무용 동차도 따로 운영했는데, 업무용 동차는 국무총리·장관·철도청장·한국철도공사사장 등이 지방출장 시 사용하였다.

세계적으로 현재 국가원수만을 위한 특별동차를 운영하고 있는 나라는 남한과 북한뿐이라는 검증되지 않은 정보가 있다. 이것은 분단이라는 특수상황이 낳은 결과라고 할 수 있을 것이다. 미국은 땅덩어리가 넓어서 '에어포스 원(Air Force One)'이라는 대통령 전용기를 사용하고, 전용차는 알려져 있지만 전용열차는 운영하지 않는 것으로 알려져 있다.

특별동차는 국가원수를 모시기 때문에 만약의 상황에 대비하여 차체나 유리는 방탄재를 사용하며, 전파차단장치가 장착돼 있다고 한다. 군사정권 때에는 국가보안상의 이유로 특별동차에 대한 언급 자체가 금기였으며, 더군다나 사진을 찍는다는 것은 상상도 하기 어려웠다. 하지만 민주화 과정을 거치면서 지금은 인터넷을 통해 특별동차에 대한 각종 정보가 공유되고 운행 중인 차량이 촬영되어 심심찮게 철도 마니아들 사이에 나돌기도 한다. 지적 호기심과 억눌렸던 욕구의 분출은 충분히 이해하지만, 국가의 안보를 위한 최소한의 양식과 절제는 반드시 필요하다는 생각이다.

이번에는 철도가 처음 달리기 시작한 이래 한반도를 달렸던 황실 전용차량과 대통령 전용철도차량 등에 대해서 알아보려고 한다. 현재 운영 중인 차량에 대해서도 간략히 짚고 넘어갈 것이다.

광복 이전

● 제왕차(1900~1936년)

1900년, 경인철도 개통과 함께 우리나라에 도입된 특별한 객차가 있었다. 대한제국 황제가 사용하기 위해 일본에 주문하여 제작한 제왕차(帝王車, 황실 전용객차)이다. 도쿄에 있는 히라오카[平岡]공장에서 제작하여 배편으로 들여왔으며, 인천공장에서 조립하여 사용하였다.

이 차량은 일본에서 제작하여 해외에 수출한 첫 번째 철도차량으로 기록되어 있다. 비록 목조차(木造車)이지만 외판에 티크재를 이용하고 내부 장식과 집기류는 화려하게 만들어 총 제작비가 거금 1만 5,000엔이었다고 한다. 일본의 기록에 남아 있는 이 차량의 규격은 1,435밀리미터 표준궤간에 차체 길이는 1만 5,240밀리미터, 폭은 2,959밀리미터, 중량은 1만 4,000킬로그램, 차륜의 직경은 838밀리미터였다.

제왕차는 제왕실, 차실(次室), 시종실(侍從室) 2개 등 총 네 개의 방으로 구성돼 있었다. 제왕실 내의 각 창 사이에는 거울을 걸고, 테이블과 난로를 설치하였다. 차실에는 화장대, 화장실 및 수납장을 설치했다. 의자, 장의자, 커튼은 비단을 썼으며, 바닥에는 방수포나 융단을 깔았다. 외장재로는 티크와 노송나무를 교대로 붙이고 나뭇결을 살려 칠을 했다. 조명은 스톤식 전등을 이용하고 납촉등[49]도 비치했다.

도쿄 근처 사이타마[埼玉]에 있는 '철도박물관'은 일본이 자랑하는 대표적인 명소이다. 이 박물관에 가보면 패전 이전에 사용되던 황실용 어차(御車)가 시대별로 전시돼 있다. 이것을 보면 1900년에 도입된 우리나라의 제

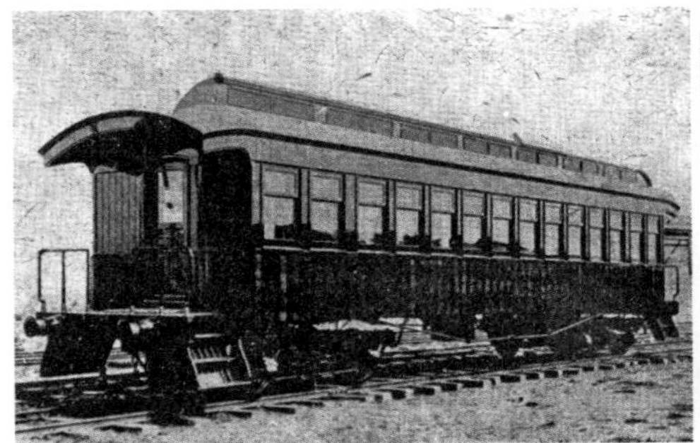

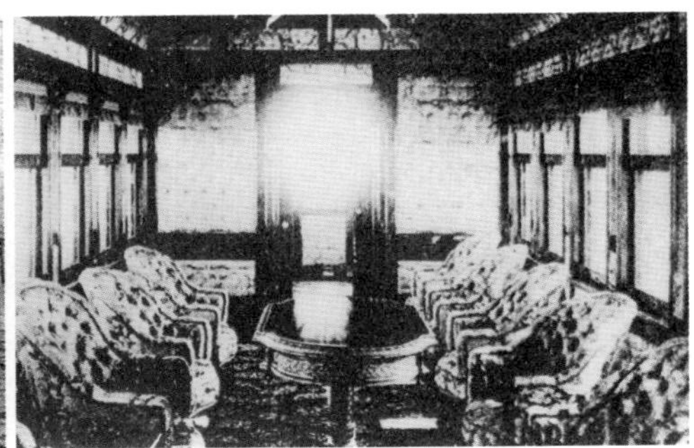

L1 귀빈객차
R1 귀빈객차 내부
L2 대한제국 황제의 순행

왕차가 어떤 형태였을지 짐작해 볼 수 있다.

이 차량의 사용 기록은 꽤 많이 나오는데, 순종 황제의 순행(巡幸)이 1907년 10월 경인선을 시작으로 1909년 1월 경부선과 경의선, 1917년 5월 경원선과 함경선 일부, 1917년 6월에는 도쿄로 이어졌기 때문이다.[50] 1907년 10월 16일과 20일의 경인선 순행은 일본 황태자의 서울 방문을 계기로 환영과 환송을 위해 이루어진 것이다.

제왕차는 대한제국 시대 이후에는 귀빈차로 사용되다가 1936년 폐차되어 용산에 있던 당시의 철도박물관에 전시되었다. 안타깝게도 이 차량이 언제 사라졌는지에 대한 기록은 남아 있지 않으나 6·25 때 폭격으로 소실(燒失)된 것으로 추정된다.

● 특별차(1939년~?)

우리나라에서 사용된 두 번째 특별차량은 1939년에 용산의 경성공장에서 제작되었다. 당시의 철도차량 설계 기술의 진수를 모았다고 할 만큼 특수하고 호화로웠다고 한다. 출입문 손잡이나 금속제품은 은으로 도금하고 벽은 옻칠 바탕에 자개를 이용해 산호나 사슴 모양을 넣었다. 전망실의 내부 장식도 매우 호화로웠으며, 소파, 둥근 의자, 탁자 등은 디자인, 재질, 완성도 면에서 수준 높은 예술품이었다. 창은 강제(鋼製) 창틀에 권상식(捲上式)의 이중창으로, 창유리는 외부 13밀리미터, 내부 6밀리미터의 방탄유리를 사용하였다. 또한 상판, 외판, 지붕판의 전면에 두께 3.175밀리미터의 특수강판을 씌운 특별한 차량이었다.[51]

이 특별차는 만주국 황제가 수풍수력발전소댐 시찰을 할 때 사용하기 위해 제작하였다고 한다.

1950년대

● 1세대 특별기동차

6·25전쟁으로 얼룩진 1950년대에도 국가원수나 귀빈을 위한 특별한 열차가 운행됐다고 하는 사실은 신문보도를 통해 확인할 수 있다. 아직 전쟁이 끝나지 않은 1952년 8월 7일자 〈경향신문〉 2면에는 서울에서 부산으로 가는 급행열차가 특별동차를 대피하느라 삼랑진역에 40분이나 정차하는 바람에 급행열차 승객들이 불편을 많이 겪었다는 기사가 실려 있다. 이 특별동차에는 대통령이 아닌 국무총리가 타고 있었다고 한다.

1955년과 1956년에도 특별동차에 대한 보도가 나타나는데, 모두 사고와 관련된 것이다. 버스와 충돌한 사고와 용산역 구내에서의 선로 무단횡

1960년대 초반까지 사용된 특별동차(가솔린)

단자 사상사고인데, 1950년대의 신문보도에서는 '기동차(汽動車)'라는 용어를 사용하고 있음을 알 수 있다. 기동차란 원래 증기동차를 뜻하는 말로 광복 이전에 도입되어 경인선에 운행되던 차량이다. 하지만 1950년대에 특동으로 운행했던 기동차는 증기동차가 아닌 휘발유를 원료로 하는 동차였다는 고증[52]이 있다. 사실 우리나라에서 운행되었던 증기동차는 그 구조상 소음이나 충격이 심해서 실용화 단계에 이르지 못했기 때문에, 영업용으로도 사용하지 못하는 것을 귀빈용으로 사용한다는 것은 설득력이 없는 것이다.

세 가지 사례 모두 이승만 대통령이 타고 있던 열차는 아니었다. 1955년의 경우 산업시찰을 하고 귀경중인 국제기구 관계자들이 타고 있었고, 1956년에는 국정감사반원들이 타고 있었다. 이 보도 말고도 부통령이나 장관의 지방 시찰 때 기동차를 이용했다는 기록이 있는 것으로 보아 부통령 이하 장관은 휘발유동차를 이용했던 것으로 보인다.

● 대통령 전용객차(1955~1969년)

1955년에는 대통령 전용의 객차가 만들어졌다. 광복 이전에 직통급행열차 히카리와 노조미에 연결되어 한반도와 중국 대륙을 이어주던 최고급 침대객차인 전망1등침대차를 개조하여 국가원수 전용차량으로 만든 것이다. 전망1등침대차는 1923년 경성공장에서 생산된 이후 몇 가지 종류가

나왔는데, 대통령 전용객차의 모태가 되었던 차량은 1927년에 제작된 6륜보기 형식의 '덴이네 3(テンイネ 3)' 모델이다. 개조 후 전장은 2만 5,000밀리미터이며 차폭은 3,173밀리미터로 넓고, 높이는 4,438밀리미터이다. 창의 폭도 1,295밀리미터로 하고 맨 뒤에는 출입구를 겸한 발코니를 만들어 송영에 이용하였다. 이 차량은 기본적으로 내부의 목부(木部)는 티크재로 통일하여 차분한 분위기를 연출했다. 전체적인 조명은 중앙부에 글로브식 환풍기를 달고 벽면 브래킷등으로 국부 조명하였다. 또한 대차는 객차의 자중이 55톤이므로 축중 상 6륜보기차를 채용하였다. 속도가 향상되면서 볼스터 스프링의 스팬을 길게 해서 스프링 진동 주기와 속도의 조화를 유지하고 차체 진동 방지에 노력했다.[53]

대통령 전용객차

이 차량은 이승만 대통령에 이어 박정희 대통령도 사용하였으며, 1966년 11월 1일 미국의 존슨 대통령이 내한하여 군부대를 방문했을 때에도 이 차량을 사용한 기록이 남아 있다. 대통령 특별동차가 도입된 1969년 이후에도 업무용 차량으로 일부 운행되다가 1970년대에 폐차되었다. 2008년 10월 17일 국가등록문화재로 지정되었으며 현재 철도박물관에 보존 전시 중이다.

- 주한 유엔군사령관 전용객차(1958년~)

1936년 경성공장에서 만들어진 전망2등침대차를 1958년 서울공작창

주한 유엔군사령관 전용객차

(광복 이전에는 경성공장이었으며, 서울철도차량정비창 등으로 불리다가 용산국제업무지구 개발사업을 위해 시설을 분산·이전했다)에서 개조하였다. 2008년 10월 17일 국가등록문화재로 지정되었으며, 현재 철도박물관에 보존 전시 중이다. 주한 유엔군 및 미8군 사령관 전용객차로 개조 후 운행 당시에는 귀빈객차 17호라 불렀다. 길이 23.2미터, 너비 3미터, 높이 3.4미터, 무게 55.9톤이다.

1966년 11월 방한한 미국 제36대 존슨 대통령이 이 객차를 이용하였다고 알려졌으나 사진과 영상기록을 통해 실제 이용한 차량은 대통령 전용객차였음이 밝혀졌다. 그럼에도 불구하고 이 차량이 당시의 행사열차에 연결되었다는 것은 사실로 보이며, 국빈 관련 유물로서 역사적·사료적으로 그 가치가 큰 차량이다.

1960년대

● 2세대 특별동차

특별동차 운행에 관해 가장 많은 기록이 남아 있는 것이 1960년대이다. 아마도 박정희 대통령이 전국의 산업기지며 댐, 건설 현장 등을 대부분 특별동차를 타고 돌아봤기 때문일 것이다. 당시의 사진은 외부에 알려진 것이 거의 없지만, 보도를 통해 알 수 있는 것은 지금 박물관에 남아 있는 전용객차가 아닌 동차를 주로 이용했다는 것이다. 대통령의 동선과 일정을 상세히 보도한 것은 '국가를 위해 헌신하는 대통령의 바쁜 일정'을 의

도적으로 보여주기 위한 것으로 보인다.

1961년부터 특동 차장으로 근무했던 오덕원 씨의 고증에 의하면 당시 박정희 대통령은 주로 1량 편성의 동차를 이용했다고 한다. 이 특동은 1950년대에 사용되던 기동차(휘발유차)와 1963년 7월에 새로 도입된 디젤동차로 판단된다. 그러니까 1969년 DEC형 특별동차가 도입되기 전까지는 1량으로 편성된 동차를 특동으로 개조하여 사용한 것이다.

● 3세대 대통령 전용 디젤전기동차(1969~2001년)

기존의 객차나 동차를 귀빈용으로 개조한 것이 아니라 처음부터 대통령 전용으로 설계 제작한 차량이다. 2량 1편성으로 구성돼 있으며, 국가원수용인 본동(本動, 차량번호 551·552호)은 1969년 4월 일본 니폰샤료[日本車輛]에서 도입하였다. 이후 1985년 대우중공업에서 제작한 2량 1편성의 경호동(警護動, 차량번호 555·556호)을 추가 도입하였다. 1992년 10월 차량번호를 각각 1, 2, 5, 6호로 변경하였으며, 2001년 경복호가 새롭게 등장하면서 운행이 중지되었다. 본동은 2022년 4월 7일 국가등록문화재로 지정되었다. 자세한 소개는 코레일 사보인 〈레일로 이어지는 행복플러스〉에 게재한 복원 후기로 대신하고자 한다.

DEC형 대통령 특별열차

대통령 특별동차 복원 이야기

◆◆◆

2015년 5월을 맞아 철도박물관에 경사가 났다. 2013년 하반기부터 준비해온 대통령 특별동차 이전 및 복원작업이 마무리돼 드디어 일반 공개가 시작된 것이다.

이 차량은 그 이름 이상으로 우리 철도사에서 '특별한' 자리를 차지하고 있는 존재들이다. 오늘은 그 의미를 하나하나 짚어보려고 한다.

'맹꽁이'라고 불리던 이 특동은 모두 4량이며, 전후동력형 디젤전기동차 각각 2량이 한 편성을 이루어 모두 두 편성이다. 외관은 전문가가 아니면 구분할 수 없을 정도로 유사하지만, 두 편성은 그 용도나 내부구조가 많이 다르다. 먼저 '본동'이라고 부르는 1호차와 2호차는 대통령 전용차량으로, 1969년 일본의 니폰샤료[日本車輛]라는 회사에서 제작했다. 쌍둥이처럼 본동과 나란히 전시돼 있는 차량은 '경호동'으로, 5호차와 6호차로 구성돼 있다. 수행원용 차량이며, 1985년 대우중공업에서 제작했다.

본동의 경우, 도입된 이래 박정희 대통령으로부터 2001년 김대중 대통령까지 여섯 분의 국가원수가 이용하였고, 경호동 또한 제작 이후 16년 동안 주요 행사에서 국가원수를 보필하는 역할을 훌륭히 수행한 우리 철도의 자랑거리이다.

기술사적으로 볼 때, 이 차량은 국내에 남아 있는 유일한 디젤전기동차 편성이다. 일반적으로 디젤동차는 액압식으로, 디젤기관의 폭발력으로 전기를 생산하여 견인전동기를 돌리는 방식을 사용하지 않는다. 그런데 이 특동은 마치 디젤전기기관차처럼 전기의 힘으로 바퀴를 구동하는 방식을 사용한다. 게다가 차량의 길이나 무게가 국내 최장, 최고를 자랑한다. 길이는 각각 25미터나 되고, 무게는 65톤에서 75톤을 넘나든다. 이 차량은 2001년 임무해제 이후 대기상태에 있다가 2004년 차적에서 제적되었으며, 그 뒤 오이도에 있는 시흥차량사업소에서 10년 세월을 보냈다. 이 기간 동안 전시나 재활용을 통해 그 존재를 세상에 드러내고자 하는 시도는 많았지만 보안이나 예산, 공간 부족 등의 문제로 번번이 틀어지고 말았다.

그런데 2013년 여름, 드디어 오매불망 고대하던 기회가 왔다. 경영진의 전폭적인 지원을 받아 특동 복원 및 전시를 위한 사업을 시작하게 된 것이다. 제일 먼저 해결해야 할 문제는 전시공간을 확보하는 것이었다. 차량 길이만 편성당 50미터에 이르기 때문에 최소한 100미터의 궤도가 필요했다. 그해 가을 내내 박물관 초입부 KTX-산천 목업(Mockup, 실물 크기의 모형)이 있던 자리를 넓혀 터를 닦고 폭 2.5미터, 길이 50미터의 관람대를 설치했다. 그 좌우에는 궤도를 부설했다. 관람대를 설치한 이유는 차량의 특수목적성으로 인해 내부출입이 곤란하기 때문이었다. 차량 내부에 들어가는 대신, 관람대에서 창문을 통해 내부를 들여다보는 방식을 택한 것이다.

2014년 봄을 맞았다. 멍석을 깔았으니 주인공을 모셔 와야 하는데, 10년 세월 맞은 눈비의 흔적은 녹록하지 않았다. 어렵게 동력차를 앞뒤에 연결해 차량을 의왕역으로 옮기고, 수도권서부본부와 수도권동부본부의 기중기 2대가 공동작업을 해서 트레일러에 실었다. 찬란한 5월 햇살을 받으며 철도박물관으로 들어서는 육중한 특동의 모습은 그야말로 장관이었다.

외부에 가림막이 쳐진 상태에서 복원공사가 시작됐다. 복원은 크게 외부도장 및 보수, 내부 청소와 세탁 등으로 이뤄졌다. 한정된 예산으로 큰 사업을 추진하는 것이 쉽지 않았지만, 무엇보다도 차량의 도면을 찾아낸 것과 복원 과정에서 내부의 조명을 살릴 수 있었던 것은 생각할수록 뿌듯하다.

2014년 겨울이 깊어지기 전에 복원작업이 마무리됐다. 이제 공개행사만 남았다고 생각하고 있었는데, 뜻밖의 복병이 있었다. 차량의 유지보수를 위해 관람대와 차량 사이에 남겨둔 폭 50센티미터의 공간이 관람객 안전에 위협이 된다는 의견이 제시된 것이다. 물론 관람대엔 안전 펜스가 있었지만, 안전 펜스를 넘어갈 경우를 대비하자는 것이었다.

폭 50미터, 길이 100미터에 가까운 보판은 폐무궁화호 객차의 선반을 활용하여 만들기로 했다. 이렇게 관람대가 보강됨으로써 이제 특별동차는 손님맞이 준비를 모두 마쳤다. 정말 소설을 쓴다면 두 권쯤은 다 채울 수 있을 정도로 우여곡절이 많았지만, 마치고 나니 너무 감사하고 가슴이 벅차다.

욕심이 있다면, 이젠 눈비 맞는 신세는 면했으면 좋겠다는 것이다. 제대로 자리를 잡고 복원까지 마쳤으니, 내년엔 지붕공사를 해서 이 귀한 차량이 오래오래 우리 곁에 남을 수 있도록 해주고 싶다. 그리고 남는 것은, 이 사업의 성공을 위해 지원과 격려를 아끼지 않으신 수도권서부본부와 특별동차운영단, 동부본부, 그리고 본사의 차량기술단, 물류본부, 연구원을 비롯한 각 관련부서의 간부님들과 사우들께 드릴, 다 채우지 못할 찬사와 감사의 잔이다.

아, 그리고 "임금님 귀는 당나귀 귀!"라고 외치고 싶어 근질거리는 입을 두 손으로 막으며 보안을 지켜주었던 우리 열혈 철도동호인들께도 큰절을 올리고 싶다.

• 전용객차들

1960년대에 대통령이 가장 애용했던 전용차량은 기동성을 갖추고 있는 디젤동차였던 것으로 나타나 있다. 하지만 기존의 전망차를 개조해서 만든 전용객차도 사용된 기록이 있다. 대표적인 경우가 위에서 언급한 존슨 미국대통령의 방한행사였다. 존슨 대통령은 1966년 10월 31일 방한하여 11월 2일 출국했는데, 11월 1일 육군 2사단과 미군기지를 방문하기 위해 서울역에서 경원선 주내역(지금의 양주역)까지 특별열차를 이용했다.

철도박물관의 기록에는 존슨 대통령이 당시에 주한 유엔군사령관 전용객차를 이용했다고 되어 있으나, 동영상 기록을 보면 실제 이용했던 차량은 대통령 전용객차임을 알 수 있다. 당시 철도청에서 수행원들을 위해 400여 장의 기념승차증을 만든 것을 보면, 이 특별열차에는 수행원과 기자단[54] 등을 위해 대통령 전용객차뿐만 아니라 주한 유엔군사령관 전용객차도 연결되었을 것으로 보인다.

1960년 3월 25일자 <동아일보>를 보면 교통부가 600만 환이라는 거금을 들여 부통령 전용차를 새로 만들었다는 비판기사가 실려 있다. 기존의 전용객차가 고장 나자 이걸 고칠 생각은 하지 않고 전망차를 개량해 식당까지 딸린 새 차를 만들었다는 것이다. 이 기사를 보면 1950년대에도 국가원수 외에 부통령을 위한 전용객차가 존재했다는 것을 알 수 있다. 존슨 대통령을 위한 특별열차에는 이러한 의전용 차량들이 총동원되었을 것으로 보인다.

1970년대

1970년대에 들어서면서 특별동차 운행에 관한 언론보도는 급격히 감

◎ ◎

동아일보 1960년 3월 25일자 3면

600만 환 들여 신조
부통령전용차 고장 났다는 건 그대로 두고

교통부에서는 3·15 정부통령 선거가 끝난 지 얼마 안 되는 요드음 갑자기 수백만 환의 예산을 들여 부통령전용열차인 '특2호차'새로이 만들어내고 있어 색다른 화제를 던져주고 있다. 그런데 현 부통령인 장 부통령이 전용해야 할 차는(그것도 특2호차) 약 6개월 전에 고장이 났다는 이류로 차고(서울공작창 창고)에 가두어둔 채 수리도 안 하고 있었으며 이번에 새로이 제작 완료된 부통령전용차는 약6백만 환의 예산을 들여 현대식 내부장치에다 보기에도 산뜻한 모양으로 꾸며진 것이다.
이 새 '특2호차'는 식당차까지 연결되어 있으며 지난 2월 초순부터 기왕에 있던 '전망차'에다 내부 및 외부 수리를 가한 것이라고 하나(교통부 공전국장이 말한 것이다) 직접 보기에는 모든 것이 신품인 것으로 보여지고 있었으며 24일 하오에도 일부 차체에다 페인트칠을 하는 등 서울검차사무소 앞에서 단장에 바쁜 이 '부통령 전용차'는 오는 8.15 정부통령취임식이 거행된 후에야 정식 운행되리라는 것이다.
그런데 앞서 장 부통령이 춘천에서의 강연을 끝마치고 귀경할 당시 사전에 교통부에다 특별열차 배정을 요구했으나 교통부에서는 일반통근열차 뒤에다 낡은 객차 1량을 연결 운행한 일이 있으며, 기왕에 있던 특2호차의 고장수리는 포기한 채 방치하여 왔던 것이다.
선거가 끝나기 무섭게 새 부통령 전용차 '특2호차'를 만들어낸 교통부 당국자는 그들의 급작스러운 움직임에 대해 묻는 기자 질문에 퍽 난색한 표정으로 우물쭈물하는 태도를 보이고 있었는데 24일 하오 정 교통부 공전국장은 "그 차는 지난 2월 초순부터 착수하여 동월 20일경에 시운전을 끝냈다. 시운전 관계는 내가 그 당시 한국에 없었던 관계로(미국에 출장 중) 확실히 모르겠으나 지금이라도 장 부통령이 요구하면 즉시 운행할 수 있을 것이다"라고 말하면서 소용된 제작비 관계 등에 대해서는 확실한 답변을 못 하고 있었다.

소한다. 국가운영에 대한 군사정권의 자신감의 표현인지, 혹은 안보에 대한 중요성 인식 때문인지는 확인할 방법이 없다. 어쩌면 국가정책이 철도보다 도로교통에 매달리게 되면서 자연스럽게 철도에 대한 관심이 밀려났는지도 모른다. 실질적으로는 헬리콥터나 전용기를 통한 이동 외에 경부고속도로 개통 이후 전국으로 확산된 고속도로를 통한 이동이 1970년대에 나타난 가장 큰 변화의 흐름일 것이다.

그럼에도 불구하고 1969년에 도입한 3세대 특별동차는 1970년대부터 1990년대까지 맹활약을 했던 것으로 다양한 기록에 나타나 있다. 비록 언론에는 잘 노출되지 않았지만 말이다.

1980년대

특별동차 운영과 관련하여 1980년대의 가장 큰 변화는 새로운 편성의 특별동차를 도입했다는 것이다. 1969년에 들여온 DEC형 특별동차는 국가원수로서의 대통령의 권위를 드러내는 데에는 탁월했지만, 너무 눈에 띄는 것이 문제였다. 누가 보더라도 특수하게 생긴 외모가 경호에 부담 요인으로 작용했을 것이다. 이렇게 해서 대우중공업에서 제작한 쌍둥이 편성이 1985년에 탄생했다. 동차 2량 1편성의 새 차량은 기존의 편성과 겉모양은 흡사하지만 내부 구조는 전혀 다르다. 기존의 편성은 '본동'으로 불리며 국가원수가 이용하고, 새로 만든 편성은 '경호동'이라고 하여 기자단이나 수행원들이 이용했다.

쌍둥이의 탄생이 눈에 띄는 외모 문제는 근본적으로 해결할 수 없었지만, 보안 부분은 많이 보강할 수 있게 되었다.

1990년대 이후 현재까지

● 경복호(2001년~)

1969년에 도입된 3세대 특별동차는 2001년까지 운행되었다. 그사이 엔진이 교체되고 내부개량도 이루어졌지만 30년 이상 활약을 한 것이다. 그 뒤를 잇는 4세대 특별동차인 경복호가 언론에 등장한 것은 2002년이었다.

2002년 2월 20일, 부시 미국대통령이 경의선 최북단의 도라산역을 방문했다. '경복호(景福號)'는 이때 김대중 대통령이 서울역에서 도라산까지 이동할 때 이용하면서 언론에 공식적으로 알려졌다. 철도박물관에 전시 중인 3세대 특동이 디젤전기동차(DEC) 형식인 데 반해, 경복호는 새마을호처럼 디젤액압동차(DHC) 형태이다. 전후동력형 새마을호를 연상시키는 이 동차는 기존 3세대 특별동차와 달리 4량 1편성으로 제작되어 2편성이 운영되고 있다. 전차선이 없는 비전철화 구간을 운행해야 할 때, 혹은 북한처럼 전기 공급방식이 다른 구간에서도 요긴하게 사용될 수 있다. 앞으로 우리나라 대통령이 기차를 타고 평양이나 베이징, 모스크바를 방문하게 된다면, 바로 경복호가 큰 역할을 하게 될 것이다.

● KTX형 고속특별동차(2003~2009년)

경부고속철도 1단계구간 개통을 앞두고 시운전 단계부터 한국형 고속차량인 KTX-산천이 도입되기 전까지 사용한 최초의 고속특별동차이다. KTX 편성 하나(36호)를 정하여 1호차와 17, 18호차를 개조하여 고속특별동차로 활용한 것이다. 평상시에는 해당 차실의 출입을 통제한 상태로 일반열차로 쓰다가 필요할 때에만 특수임무를 수행했다. 노무현 대통령이

이 차량을 이용하는 모습이 언론에 소개된 적이 있다.

- KTX-산천형 고속특별동차(2010년~)

경복호와 함께 현역 특별동차이다. 한국형 고속철도차량인 KTX-산천을 기반으로 한 차량으로 '트레인 원(Train One)'이란 애칭으로 불리고 있다. 별도의 편성을 운영하는 것이 아니라 기존 KTX-산천 편성 중 하나를 선정해 1, 2호차를 개조한 후 전용공간으로 사용하는 것이다. 평상시에는 1호차와 2호차 출입을 통제한 상태로 일반 고속열차로 운영된다.

마무리하며

여기 언급한 차량 외에도 많은 차량들이 특별한 임무를 수행했던 것으로 알려져 있다. 먼저 광복 직후부터 대통령 전용객차가 만들어진 1955년까지 약 10년간의 공백 기간을 생각할 수 있다. 그런데 1948년 8월 15일 이전 3년간의 미군정 기간에는 우리나라에 국가원수가 존재하지 않았다. 또한 6·25 발발 이후 긴 전쟁과 혼란기가 겹쳐 있어 국가원수를 위한 별도의 의전용 철도차량을 제작할 형편은 안 됐을 것이다. 하지만 극심한 정치적 혼란기였기 때문에 오히려 주요인물에 대한 경호의 필요성은 어느 때보다 높았을 것이다. 이에 따라 1950년대에는 기동차를 특별동차로 이용했던 사실이 신문보도를 통해 확인되고 있다.

또한 1955년 대통령 전용객차 제작 이후 1969년 DEC형 대통령 특별동차가 등장하기 이전까지의 공백 기간도 현재 남아 있는 차량으로는 설명이 어렵다. 우리나라에 내연기관을 갖춘 동차가 처음 도입된 것은 1920년대이지만, 본격적으로 표준궤 디젤동차가 활약을 하게 된 것은 1960년대

NDC형 업무용 동차(철도박물관)

부터이다. 니가타와 가와사키에서 제작한 차량들이 일본에서 대량 도입되면서 디젤 동차 전성시대를 연 것이다. 철도박물관에 전시 중인 대통령 전용객차는 화려함과 품격은 잘 갖추고 있으나 기동성 면에서 약점이 있는 것이 사실이다. 그래서 동차화에 대한 논의가 자연스럽게 나왔을 것이다. 그리고 그 당시 도입된 동차 가운데 성능이 좋은 차량을 개량해 의전용으로 활용했을 것이다. 실제로 1962년 이후 1969년까지 수많은 신문보도에서 대통령 전용객차가 아닌 특별동차가 언급되고 있다.

일부에서는 현재 철도박물관에 보존 중인 가와사키 디젤동차가 과거에 특별동차로 사용된 8호 특동이라고 주장해왔다. 1966년 도입된 이 차량은 2000년부터 2007년까지 철도박물관 구내에서 '관광열차' 또는 '우주동차'라는 이름으로 유료운행을 하기도 했던 차량이다. 과거 특별동차에 근무했던 사람의 고증에 의해, 이 차량이 장관이나 청장의 업무용 차량이었다는 것이 최근에 밝혀졌다. 철도박물관에 나란히 전시돼 있는 NDC형 업무용 동차 바로 전 세대의 업무용 동차였던 것이다.

국가안보는 그 무엇과도 바꿀 수 없는 소중한 가치이다. 그 핵심에 국가원수에 대한 경호가 자리 잡고 있다. 그런데 광복 이후 국가원수의 국정수행을 적극 지원해온 철도의 역할이 이런저런 이유로 가려지고 있는 것은 아쉬운 일이다. 시대의 변천을 따라 이어져온 사진이나 동영상 자료, 차량제원, 수행기록 등이 공유돼서 땅에 떨어진 철도인의 자긍심을 높이고, 철도 사랑의 불씨를 살려주었으면 좋겠다.

전쟁과 철도

증기기관이 발명된 후 폭발적 인기를 누리게 된 것은 산업혁명 덕분이었다. 광산이나 공장에서 산업기계로 활용되던 증기기관은 철도와 만나 증기기관차로 재탄생했다. 산업혁명에 의해 대량생산된 잉여공산품은 판로가 필요했고, 원자재 확보와 완성품 판매를 목적으로 한 해외진출은 제국주의 국가의 탄생으로 이어졌다. 이 과정에서 철도는 자원과 상품, 노동자, 군대, 군수물자를 실어 나르며 전쟁의 핵심 도구로 자리 잡게 되었다.

불행하게도 우리나라 철도는 외세에 의해 놓이고, 일제강점기를 거치면서 침략과 수탈의 도구로 활용되었다. 아직도 일부 일본인들은 철도 건설을 통해 한반도를 근대화했다고 주장하고 있으나, 이것은 731부대의 잔혹한 생체실험이 의학 발전을 위한 것이었다는 궤변과 다를 것이 없다. 철도, 특히 군용철도 경의선을 건설하는 과정에서 가옥과 논밭을 잃고 선산을 빼앗긴 농민, 강제 부역에 시달리고 아들과 딸을 징용 공장과 정신대에 내보낸 민초들은 철도가 미웠다. 철도운행 방해와 정거장 기물 파괴는 곧 독립운동의 한 형태로 자리 잡았다. 이렇게 우리나라 철도는 태생적으로 반민중, 반민족적 성격을 지닐 수밖에 없었다.

우리 민중과 척을 졌던 철도는 역설적으로 전쟁의 참상을 겪으며 민중의 품으로 돌아왔다. 6·25전쟁으로 인해 기관차 51%, 객차 50%, 화차 34%, 공장설비 27%, 전력설비 56%가 피해를 입었다. 전체 3만 명 정도의 철도인 중 19,300여 명의 철도인들이 수송사령부에 배속돼 군무원의 신분으로 수송지원업무에 참여했으며, 그중 287명이 전사했다. 전쟁상황이 진퇴를 거듭하는 과정에서 철도는 수많은 피란민의 생명을 참화로부터 구해냈고, 병력과 물자수송을 통해 나라를 지켜냈다. 그분들 중에서 전쟁 영웅 김재현 기관사 이야기를 소개하려고 한다. 그동안 알려져 온 김재현 기관사 이야기는 대략 다음과 같다.

윌리엄 F. 딘 소장은 6·25 당시 미 제24사단 사단장으로서 중부전선을 방어하는 책임을 맡고 있었다. 한창 전투가 진행되던 1950년 7월 19일, 대전시내에 고립돼 있는 그를 구해내기 위한 작전이 펼쳐졌다. 서른 명의 미군과 세 명의 철도원으로 구성된 결사대는 아직 아군이 점령하고 있던 경부선 이원역에서 김재현 기관사가 모는 미카3-129호 증기기관차에 타고 대전역을 향해 출발했다. 대전시 외곽엔 이미 적군이 들어온 상황, 결사대는 대전에 진입하는 과정에서 기관총과 수류탄 공격을 당해 스물일곱 명이 생명을 잃었다. 물탱크마저 구멍 나 기관차가 출력을 내지 못하자 서둘러 철수할 수밖에 없었다. 하지만 그것도 쉽지 않았다. 대전역을 떠나 남쪽으로 오르막길을 힘겹게 오르는 증기기관차를 향해 적군의 집중포화가 쏟아졌다. 결국 미군 결사대 두 명이 더 전사하고, 김재현 기관사 또한 하늘의 부름을 받았다. 보조기관조사 현재영 씨도 총격을 입고 쓰러졌고, 본무기관조사 황남호 씨에 의해 미카는 미군 야전병원이 있는 옥천역에 도착할 수 있었다. 결사대 서른세 명 중 서른 명이 전사하고 미군 한 명과 승무원 두 명만 겨우 살아남은 것이다.
1962년, 집중포화를 받았던 대전-세천 사이 경부선 선로변에는 김재현 기관사의 숭고한 넋을 기리는 순직비가 세워지고, 1983년에는 철도인으로는 최초로 국립서울현충원 장교묘역에 안장됐다. 딘 소장은 인민군에게 포로가 되었다가 정전 후 본국으로 돌아가 여생을 마쳤다.

필자에게는 전사와 관련하여 몇 가지 풀리지 않는 의문이 있었다. 그 하나는 전사일에 대한 것인데, 우리나라의 공식 전쟁사에서는 윌리엄 딘 소장의 행방불명일을 1950년 7월 20일로 기록하고 있다. 그런데 딘 소장 구출작전에 참여했던 김재현 기관사는 그 전날인 7월 19일 전사한 것으로 추모하고 있으니, 어디에 착오가 있는 것인지 꺼림칙했다. 또 하나는 당시 작전에 투입되었던 기관차에 대한 것이었다. 국립대전현충원에는 미카3-129호 증기기관차가 전시돼 있는데, 김재현 기관사가 적진에 끌고 갔다고 알려진 이 증기기관차에 객차 2량을 연결해 호국철도기념관을 조성해 놓았다. 별것 아닌 것 같지만, 그 작전에 이용됐다는 이유로 국가등록문화재로 지정되었기에 이 기관차 번호는 중요한 것이다.

김재현 기관사(가운데 줄 왼쪽에서 두 번째, 1946년

그러던 차에 박사학위 논문[55]을 통해 대전전투에 깊은 관심을 보여주었던 평화통일교육연구센터의 임재근 센터장이 새로운 사실들을 발굴해 내었고, 그 결과가 2021년 8월 2일 언론을 통해 발표되었다. 이 기사의 핵심내용은 다음과 같다.

① 김재현 기관사 순직일은 1950년 7월 19일이 아닌 7월 20일이다.

② 작전 목적은 딘 소장 구출이 아닌 보급품 후송이었다.

③ 미군 병력은 서른 명이 아닌 여섯 명이었고, 그중 사망자는 없었다.

④ 작전에 투입된 기관차는 미카3-219호였다.

작전 목적이나 기관차 번호는 필자 역시 확인하여 발표한 사실이 있기에 새로운 것은 아니었다. 그런데 자료 제시를 통해 전사일을 20일로 단정한 것은 매우 의미가 있으며, 미군 병력이 여섯 명이었다는 것은 전혀 새로운 사실을 밝혀낸 것이다. 임 박사의 조사에 따르면, 적군이 최초로 대전시내로 들어온 것은 1950년 7월 20일 03시였다. 대전을 향해 은밀하게 포위망을 조여 오다가 20일 새벽이 돼서야 접전을 개시 했으니 그 전날인 19일 적군의 공격을 받아 다수의 미군과 우리 기관사가 사망하는 사건이 발생한다는 것은 있을 수 없는 일이라는 것이다. 이러한 상황 전개는 우리 국군의 전쟁사 기록과 정확히 일치한다. 국방부에서 1979년 6월 발행한 『한국전쟁사』 제2권 지연작전기(1950. 7. 5.~7. 31.)를 보면, 딘 소장이 대전역 구내의 탄약과 보급품이 실린 화차 10량을 후방으로 빼내기 위해 기관차를 대전역으로 올려 보내도록 영동의 사단지휘소에 유선으로 명령한 것이 7월 20일 오후 4시로 되어 있다.

김재현 기관사와 33인의 결사대 이야기는 교통부가 1953년 휴전 직후 발간한 『한국교통동란기』에 그 뿌리를 두고 있다. 군사정변 이후 왜곡이나 조작된 이야기가 아니라 사건 발생일로부터 채 3년 6개월이 되기도 전에 국가기관에서 간행한 자료에 근거를 둔 것이다. 그런데 이 결사대 이야기는 국방부나 미군 기록에서는 찾아볼 수 없고, 생존자인 두 보조기관사의 증언에서 비롯됐다. 이 영웅담은 6·25 이야기가 나올 때마다 언론에 오르내리다 마침내 1983년 하나의 결실을 맺게 되었다. 철도청이 국방부에 요청한 김재현 기관사의 국립묘지 안장이 받아들여진 것이다. 김재현 기관사의 공적조서를 작성하는 과정에서 현재영 씨와 황남호 씨 그리고 당시 철도 군사수송담당관이었던 류기남 철도참전유공자회 회장의 진술서가

증빙자료로 작성됐다. 이 진술서에도 김재현 기관사의 전사일은 7월 19일로 되어 있으며, 결사대 또한 33인으로 되어 있다.

그렇다면 당시 작전에 참여했던 미군이 여섯 명에 불과하고, 더구나 아무런 인명피해가 없었다는 주장의 근거는 무엇인가? 그것은 바로 비밀이 해제돼 일반에 공개된 미군의 자료이다. 임 박사는 30명의 병력이 단일 작전으로 사망했을 경우 분명히 기록이 남아 있을 것으로 생각하고 당시 24사단이 남긴 자료를 추적하였다. 그리고 마침내 놀라운 사실을 밝혀냈다. 우선 사건 당일인 1950년 7월 20일 19시 07분에 철도수송사령부(Diamond2)가 24사단 사령부 G2(정보참모부)에 보고한 문서가 있었다. 이 문서에 따르면, 기관차 한 대가 차량을 운반하기 위해 대전으로 들어오는 도중 총격을 당했다. 차량을 달지 못하고 되돌아가다가 같은 지점에서 다시 총격을 당해 기관사가 사망했고, 화부는 부상을 당했으며, 미군 병사들은 안전하다는 것이다.

두 번째 자료는 7월 20일 21시 40분에 보고된, 작전에 참여한 미군 책임자 스몰우드 하사의 인터뷰 기록이다. 이 기록에 따르면 대전에 있는 화차를 가져오기 위해 출발한 시간은 7월 20일 16시 30분경이었으며, 대전 진입 직전 마지막 터널을 지났을 때 자동화기 총격을 받았다. 탄수차에 구멍이 났고 몇몇 기기가 손상을 입었다. 기관사는 기관차의 손상이 심각해 화차를 끌 수 없다고 했다. 돌아오는 길에 같은 터널 근처에서 심한 총격을 다시 받았다. 강력한 폭발 소리도 들렸다. 기관차가 손상을 입었고 주위를 보니 옥천에 도착해 있었는데, 기관사는 사망하고 화부는 부상을 당했다는 것이다. 세 번째 자료에는 당시 작전에 참여한 미군 여섯 명의 이름과 계급이 기록돼 있었다. 하사 스몰우드, 상병 르모앙, 상병 맥컬럼, 상병 슈와르

츠, 일병 시콜라, 이병 마호니, 이렇게 여섯 명이다.

군 자료 외에 신문보도도 하나 있는데, 1950년 7월 21일 자 <THE ATLANTA CONSTITUTION>이라는 신문이다. 이 신문에는 피터 칼리셔라는 종군기자가 작전이 펼쳐졌던 7월 20일 스몰우드 하사를 인터뷰한 내용이 실려 있다. 기사를 보면 화부가 사망하고 기관사가 중상을 당한 것으로 되어 있는데, 이 부분은 착오에 의한 것으로 보인다. 어쨌든 그날 16시 30분 작전에 투입된 여섯 명의 미군 중 희생자는 아무도 없었다. 그것은 24사단의 의무일지를 통해서도 확인된다. 또한 기관차 번호도 219호로 명기돼 있다.

임재근 박사의 새로운 자료 발굴과 관련하여 관련 유족이나 한국철도공사 쪽의 공식적인 움직임은 아직 없다. 김재현 기관사의 경우 전사일이 달라지고 작전 목적과 경위가 재조명돼야 하는 중요한 안건임에도 불구하고 모든 논란은 수면 아래 잠겨 있는 상황이다. 보도 내용이 모두 사실로 확인될 경우 마음에 큰 상처를 입을 사람들이 많이 생길 것이다. 하지만 과장과 조작, 착오를 모두 걸어낸다고 해도, 김재현 기관사와 두 사람의 보조기관사가 목숨을 걸고 작전에 참여했다는 사실 자체는 변함이 없다. 그것은 국방부나 미군의 자료가 다 입증하고 있다. 그런 희생 위에 이 나라의 자유 민주주의가 지켜진 것이다.

김재현 기관사 순직비

우리나라의 대표역, 서울역

최초의 경성역

서울역은 대한민국의 수도인 서울의 관문으로서 대한민국을 대표할 뿐만 아니라 조만간 현실로 다가올 대륙철도 시대에는 동북아 철도물류 소통의 허브가 될 역이다. 1899년 9월 18일, 기차가 한반도에서 첫 기적을 울릴 때엔 서울역이 없었다. 아직 한강철교가 완성되지 않았기 때문에 서울역은 설계도에만 존재할 뿐이었다. 그 이듬해인 1900년 7월 8일 경인철도가 완전히 개통될 때, 서울역은 '경성역'이란 이름으로 영업을 시작했다. '경성(京城)'이라는 명칭이 일제강점기에 주로 사용된 명칭이라는 것 때문에 거부감을 갖고 있는 이들이 많이 있으나, 실제 이 역명은 미국인 모스(James R. Morse)가 경인철도를 설계할 당시에도 사용된 명칭이다. '경성'이라는 역명에 부기되었던 영문명은 'Seoul'이었다. 경성역의 역사(歷史)는 조선 말기부터 대한제국기를 거쳐 일제강점기를 겪은 우리 민족의 고난 못지않게 무척 파란만장하다.

경인철도는 1896년 3월 29일 조선 정부가 미국인 모스에게 부설을 허가하여 1897년 3월 22일 착공되었으며, 1899년 9월 18일 일본의 경인철도합자회사에 의해 그 일부 구간인 인천-노량진 간 부분개통을 하게 된다. 그 이듬해인 1900년 한강철교가 완공되자 7월 8일 경인철도가 온전히 개통되어

1900년경 경성역

경성역에서 인천역까지 10개 역이 영업을 시작하였다. 그 10개 역은 경성, 남대문, 용산, 노량진, 오류동, 소사, 부평, 우각동, 축현, 인천이었으며, 9월엔 영등포가 추가되어 경성역에서 성대한 개통식을 하던 1900년 11월 12일에는 모두 11개역이 존재했다.

당시만 해도 우리나라의 양반계층은 한문을 썼고, 초창기의 철도는 외국인이 많이 이용했기 때문에 역명은 한자(漢字)로 표기하고 로마자를 병기하였다. 당연히 경성역에는 'Seoul'이라는 표기가 붙었고, 남대문역에는 'South Gate'라는 부기역명이 표기되었다. 그런데 경인철도가 개통된 지 얼마 되지 않아 1901년 경부철도 부설공사가 시작되었다. 경부철도는 부산으로부터 서울로 연결되고, 다시 경의선을 통해 중국 대륙으로 이어지는 철도이다. 노선상으로는 영등포역에서 부산의 초량역까지였지만, 경의선을 이용하기 위해서는 영등포역에서 남대문, 적어도 용산까지는 경인철도 노선을 공유해야 했다.

결국 이런 문제를 해결하기 위해 경부철도주식회사는 경인철도 인수를 추진한다. 1903년 인수합병이 마무리되고, 1905년 1월 1일 경부철도가 완전개통되어 영업을 하게 되었다. 나중에는 아예 경성·남대문·용산·노량진·영등포 역을 경부선에 포함시키고, 경인선은 영등포에서 인천까지로 축소하여 경부선의 지선(支線)으로 불렀다.

경성역에서 서대문역으로

경부선이 개통되자 남대문역은 서울의 관문으로 그 입지가 크게 강화되었으나 기존 경인철도의 종착역으로 만들어진 경성역은 그 역할이 많이 위축되었다. 이렇게 대표역으로서의 기능이 줄어들자 경부철도주식회사에서는 1905년 3월 24일부터 '경성'이라는 역명을 '서대문(West Gate)'으로 고쳐 부르게 되었다. 이에 따라 우리나라에는 이날부터 1923년 1월 1일 남대문역이 경성역이란 이름을 얻게 될 때까지 만 18년 가까이 '서울'이란 역이 존재하지 않게 된다.

그러면 경인철도를 설계한 모스는 왜 남대문이 아닌 서대문에 경성역을 설치한 것일까? 이것이 모스 개인의 의견이 아닌 조선 정부의 입장이었다는 것은 말할 필요도 없다. 부지를 내줘 가며 국내 최초의 철도를 부설하도록 허가해주는 상황에서 공사를 맡은 외국자본에 노선을 마음대로 설정하도록 놔둘 리가 없기 때문이다.

초창기 언론자료를 보면 경성역은 '신문외정거장(新門外停車場)' 또는 '서문외정거장(西門外停車場)'으로도 불린 것을 알 수 있다. 이것은 당시 경성역 위치가 새 서대문 바로 옆 순화동 1번지에 자리 잡고 있었기 때문이다. 서대문이 '신문' 또는 '새 문'이 된 이유는, 조선 개국 당시에 세운 한양의 성곽 동서남북 4개 문 중에서 유독 서쪽 문에 해당하는 돈의문이 세종 4년(1422년)에 새로 지어졌기 때문이다.

이 서대문은 왕궁과 접근성이 가장 좋고, 한양을 동서로 잇는 종로의 서쪽 끝에 해당하여 도심으로의 진입 및 진출이 가장 용이하다는 장점이 있었다. 또한 정동(貞洞) 일대에는 주요 외국 공관이 위치하고 있어 조선 정치의 중심축에서 가까웠다. 1899년 5월 20일 개통된 전차가 그 시발점을 서대문에 두고 있다는 것을 보아도 서대문이 차지하고 있는 정치적 위상을 알 수 있다. 이 전차를 부설하게 된 가장 큰 이유가 고종 황제의 홍릉 행차를 돕기 위함이었다는 것은 많이 알려진 사실이다. 결론적으로 신문 밖에 경성역이 들어선 것은 도심에서의 접근 편의성 외에 정치적인 이유, 그중에서도 고종의 뜻이 반영된 결과라고 추측된다.

경부철도 개통 이후 우리나라에 더 이상 서울역(경성역)이 존재하지 않는 상황에서 1906년, 군용철도 경의선이 개통된다. 말 그대로 전쟁을 위해 급히 부설한 노선이다. 일제는 을사늑약 이후 한국통감부를 설치하고 실질적인 한반도 지배에 착수하게 되는데, 철도와 관련된 첫 사업은 경영 일원화였다. 곧 사설철도인 경부철도주식회사와 군용철도 경의선·마산선, 군용철도로 건설 중인 경원선 등을 통감부 산하에 두는 것이다. 이 사업이 마무리되자 통감부는 군용철도 경의선을 일반인도 이용할 수 있도록 전환하였다. 이렇게 경부선과 경의선을 통한 한반도 종관철도가 완성되었던 것이다.

1907년 당시 남대문역

그런데 실질적인 열차 운영에 문제가 있었다. 경부선의 시종착역은 대부분 남대문역[56]인데 경의선은 용산에서 시작되는 것이었다. 이 때문에 부산에서 출발한 열차가 곧바로 대륙으로 연결되지 못하고 남대문역에 들어왔다가 다시 방향을 돌려 용산으로 가서 경의선 철길로 들어서야 하는 문제가 생겼다. 이런 문제를 해결하기 위해 1918년부터 남대문역에서 신촌을 거쳐 수색으로 이어지는 새로운 경의선 노선 신설공사가 시작되었다. 이 공사가 힘들었던 이유는 지금도 남아 있는 두 개의 터널(아현터널과 의령터널) 공사 때문이었다.

서대문역 폐역

그런데 1919년 3월 31일, 당시 조선철도를 위탁운영하던 만철은 서대문역을 폐쇄하게 된다. 새로운 경의선 철길도 채 완성되지 않은 시점에 갑자기 서대문역을 폐쇄하게 된 원인에 대하여 3·1만세운동과의 연관성이 의심되고 있다. 고종황제의 인산일을 이틀 앞둔 3월 1일을 의거일로 잡은 집결장소가 파고다공원이었고, 3월 5일의 2차 집결이 인근의 남대문역에서 이뤄지자 아예 역 폐쇄라는 강경책을 쓴 것이라는 것이다.

이 건에 대하여 『조선교통사』에서는 경성부 상황으로 폐쇄했다고 간략하게 기술하고 있다. 서대문역 폐쇄에 대한 기사는 <매일신보> 1919년 3월 18일자에 처음 나온다. '서대문역 폐지'라는 제목으로 "경성 서대문정거장은 남대문 수색 간 직통공사 기타 관계상 오는 3월 31일 한 이를 폐쇄한다더라"라는 기사가 실린 것이다.

西大門驛廢止

京城西大門停車場은南大門水色間直通工事其他關係上來三月三十一日限此를閉鎖한다더라

急行列車券 注意

滿鐵京城管理局에서來四月一日브터京城釜山間에新히急行列車를發하는事는既報와如하거니와同急行列車에乘車하는旅客은普通乘車券外에急行列車券을購入함이可하니即一等二圓五十錢二等一圓五十錢三等七十五錢이오四年未滿의小兒는無料滿四年以上十二年未滿의小兒는前記料金의半額이며急行券은發行日共四日間內에其使用을開始하고途中停車場에下車할時는前途無效함으로一般注意함이可하다더라

電興鮮滿應募

非常한好況

十五日締切한資本金一萬圓의朝鮮電氣興業會社申請數는左와如하[illegible]

서대문역 폐지 예고 기사

그 후 3월 22일자에는 폐지될 서대문역에 대한 기사가 다시 실렸다. 곧 처음 개업 당시에는 1, 2등 승객이 남대문역보다 더 많고 많은 발전이 예상됐으나 세상의 변화에 따라 승객도 많이 줄고 예전 발전하던 자취는 찾아볼 수 없게 되었다는, 폐쇄는 어쩔 수 없는 운명이라는 것을 암시하는 기사이다. <매일신보>가 서대문역 기사를 다시 올린 것은 서대문역이 폐쇄된 이후인 4월 5일자이다. '서대문역의 폐지된 영향은 어떤 사람이 봤는가'라는 제목으로, 마지막 영업일이던 3월 31일 인천에서 출발하여 서대문역

에 21시 59분에 도착하는 상행 막차에는 승객 11명이 내렸고, 22시 10분에 서대문역을 출발하는 인천행 막차에는 32명의 승객이 탔다는 취재 내용을 올린 것이다.

여기서 '매일신보'에 대하여 알아볼 필요가 있다. <매일신보>는 1910년부터 일제강점기에 발행된 조선총독부 기관지이다. 일제의 한국통치를 합리화하고 내선일체(內鮮一體)를 주장하기 위해 만들어진 매체인 것이다. 그들은 서대문역이 왜 남대문역에 밀리게 되었나에 대해서는 언급하지 않고, 서대문역 폐지는 시대적 변화에 따른 순리인 것처럼 썼다. 서대문역을 이용하던 해외 영사관 관계자들은 다 어디 갔을까? 그들은 을사늑약 이후 일제가 주한 외국 공관을 다 내보내는 바람에 한반도를 떠난 것이었다.

서대문 정거장 터

남대문역의 번성 또한 일본과 관련이 깊다. 제물포 개항을 통해 인천에 조계지를 확보한 일제는 그 규모를 계속 확장시켰으며, 1905년 이후에는 철도부설과 외교 등의 이유로 서울에도 그 발판을 마련하기 시작했다. 일본인 거주지역은 청계천 이남에 집중되었는데, 지금의 충무로와 남산 주변지역에 해당된다. 바로 남대문역 주변 상권을 일본이 장악했던 것이다. 경부선과 경의선 직통 연결을 위한 공사 핑계를 대기는 했지만, 서대문역 폐쇄라는 극약처방에는 뭔가 공개하기 껄끄러운 배경이 있었던 것이 분명하다.

남대문역, 대표역 자리를 꿰차다

1920년 남대문역과 수색역을 이어주는 터널공사가 완료되면서 경부선과 경의선은 용산을 통하지 않고 직통으로 연결되었다. 명실 공히 남대문역이 대륙철도 연결의 허브 역할을 하게 된 것이다. 조선철도 운영을 맡고 있던 만철은 남대문역을 한반도 대표역으로 만들기 위해 대대적인 신축공사에 착수(1922년 10월)하고 역명도 그에 걸맞게 '경성(Seoul)'으로 바꾸었다. 이날이 바로 1923년 1월 1일이며, 한반도에서 서울역이 사라진 지 18년 만에 부활한 것이다.

그러면 이제 남대문역의 역사(驛舍)에 대해 간략히 알아보자.

첫 번째 역사는 1900년 경인철도 개통과 함께 지금의 구 서울역 자리에 남대문정거장(南大門停車場)으로 건립되었으며, 건물의 규모는 46평 정도의 작은 목조형 건물이었다. 두 번째 역사는 1915년 도시 확장에 따라 기존 역사를 헐고 남대문역(南大門驛)이라는 명칭으로 건립되었다. 이 건물의 규모는 92평 정도였고, 좌우대칭형 목조건물이었다. 세 번째 역사는 만철이 두 번째 역사를 헐고, 그 자리에 1922년 6월 1일 착공하여 1925년 9월에 준공한 경성역(京城驛)이다. 이 건물의 주소지는 서울시 중구 봉래동 2가 122번지이다(KTX 신 역사는 용산구에 속해 있다).

지금도 남아 있는 이 건물은 지하 1층, 지상 2층으로 된 본체와 3개의 타는곳, 2개의 노선교(과선교), 부속동 등으로 구성되었으며, 건축 연면적은 5,221평(1만 7,269제곱미터)이었다. 역사의 건축양식은 철근콘크리트조에 일부 철골과 조적조를 첨가한 근대적 요소와 돔, 첨탑과 같은 고전적 요소가 상호 결합된 르네상스풍의 절충주의 양식으로 볼 수 있다. 당초 이 건물은 도쿄역을 본따서 쓰카모토 야스시[塚本靖]라는 당시 도쿄대학교 교수가 설

L1 서울역(1957년)
R 서울역 구 역사
L2 서울역 신 역사

계한 것으로 알려져 왔으나, 스위스의 루체른 역사를 모델로 건설됐음이 밝혀졌다.[57] 일제강점기를 대표하는 건축물로 지금도 남아 있는 경성역이 '서울역(Seoul)'이라는 명칭으로 불리기 시작한 것은 광복 후인 1947년 11월 1일이다.

옛 서울역사가 철도역으로서의 사명을 다한 것은 2003년 11월이다. 역무시설을 새로 지은 고속철도역사로 이전해서 11월 28일 영업을 시작한 것이다. 그리고 이듬해인 2004년 1월 1일 새 서울역사는 준공행사를 하고, 4월 1일 고속철도시대를 맞이했다.

고속철도 개통 이후 철도청은 구 서울역사 활용을 위해 재단을 설립하여 원형보존 작업에 들어갔다. 철도청의 입장에서는 문화사업 등을 통한 수익창출에도 관심이 있었으나 구 서울역사가 사적 284호로 지정돼 있어

1925년 건립 당시 경성역사 신축개요

구분	내용				비고
개요	지하 1층, 지상 2층으로 구성, 주 재료는 철근콘크리트, 철골 및 벽돌을 사용				
위치	경성부 고시정(京城府 古市町)				
건립주체	남만주철도주식회사(南滿洲鐵道株式會社), 준공: 조선총독부 철도국(朝鮮總督府 鐵道局)				
설계자	쓰카모토 야스시[塚本靖], 당시 도쿄대학교 교수				
건설업자	시미즈 구미[淸水組], 전기공사는 일본전식회사(日本電飾會社)				
공사감독	요시오카 신이치[吉岡孫一, 主任]				
공사기간	기공	1922년 6월 1일	준공	1925년 9월 30일	
	정초	1923년 5월 20일	영업개시	1925년 10월 12일	
건축양식	르네상스풍의 절충주의 양식-일제강점기 당시 부흥식(復興式)이라 칭함				
건축면적	건축연면적	17,269m² (약 5,221.98평)			
	본건물		승 강 장		-노선교
	지하층	2,747m² (약 829.54평)	제1승강장	6,302m² (약 1,905.92평)	-수소화물용
	1 층	2,637m² (약 797.57평)	제2승강장	2,512m² (약 759.90평)	승강기 10대
	2 층	1,453m² (약 439.46평)	제3승강장	1,058m² (약 320.14평)	
	부속동	560m² (약 169.46평)			
	소 계	7,397m² (약 2,236.02평)	소 계	9,872m² (약 2,985.96평)	
총 공사비	1,945,946원(円)				

출처: 『京城停車場新築記念寫眞帖』(1925)의 경성역 신축관련 내용을 발췌하여 재정리

서 모든 사업에 대해 문화재청 쪽의 협조가 없으면 어려운 상황이었다.

그러던 중에 정부방침에 따라 철도청은 공기업인 한국철도공사로 전환되었다. 기존 철도청의 자산은 시설자산과 운영자산으로 나뉘어 시설자산은 국가가 소유하고 운영자산은 한국철도공사에 출자되었다. 대표적인 시설자산으로는 선로와 전차선, 터널 등이 있고, 운영자산으로는 역 건물, 차량, 차량기지 등이 있다. 구 서울역사는 운영자산으로 분류되어 한국철도

공사에 출자되었다. 그러나 문화재청에서는 실제 철도운영에 사용하지 않는 문화재를 운영자산으로 분류해 한국철도공사가 소유하고 있는 것은 문화재보호법에 어긋나니 국가에 반납할 것을 지속적으로 요구하였다.

당시 코레일은 자체 회의를 거쳐 반납 여부를 결정하였는데, 반납을 반대하는 일부 의견도 있었으나 끝까지 거부할 경우 법적 분쟁이 불가피하고 구 서울역 관리에 따른 비용부담 등의 압박 때문에 결국 구 서울역을 문화재청에 넘기게 되었다. 당시 홍보실에 근무하던 필자는 구 서울역 건물은 우리 철도인의 정체성의 근간이므로 끝까지 지켜내야 한다고 주장했지만 받아들여지지 않았다. 소유권을 넘기더라도 관리권은 지켰어야 했는데, 단순 경제논리로 포기한 것 같아 두고두고 안타깝다.

2006년 7월 문화재청으로 소유권이 넘어간 이후 이 건물은 복원작업을 거친 후 문화체육관광부 산하의 한국공예디자인문화진흥원이 위탁운영을 맡아왔다.[58] 2011년에는 이름을 문화역서울284로 짓고 각종 문화 전시 및 공연을 유치하고 있다. 이곳에서는 2012년 제1회 철도문화체험전이 열렸고, 2017년에는 제2회 행사가 열렸다. 철도문화체험전이 열리는 3일 동안 철도인과 철도를 사랑하는 이들이 몰려오고, 꼬마기차가 씽씽 달렸다. 기차 모형도 만들어보고, 기차 우표와 엽서, 기차표, 기차 사진도 전시됐다. 마치 옛 서울역이 다시 철도인의 품으로 돌아온 것 같았다.[59]

"싸리재는 웁니다" - 축현역과 유현역

싸리나무는 예로부터 우리 서민들과는 아주 친밀한 나무인 것 같다. 나무가 크게 자라서 땔감으로 쓰거나 건물을 지을 때 쓸 재목이 되는 것도 아닌데 싸리나무와 관련된 지명이 많은 것을 보면 더욱 그런 생각이 든다. 싸리나무가 가장 유용하게 사용되는 것은 바로 싸리비를 만들 때인 것 같다. 싸리나무는 주변 야산에서 쉽게 구할 수 있는 데다 가지가 길게 뻗고 단단해서 빗자루로 만들기에 적당했다. 지금은 플라스틱으로 만든 비가 아주 흔하지만, 필자가 철도에 입문하던 1980년대 초반만 해도 싸리비가 더 많이 쓰였다. 싸리나무는 또한 민가의 담장을 만드는 데도 쓰였다. 돌담이나 흙담도 있지만, 시골에는 싸리나무를 엮어 만든 담장이나 대문(사립문)이 많았다.

지금 싸리나무 이야기를 꺼내는 것은 그저 첫 근무지였던 강원도 영월 땅 태백선 연하역(蓮下驛)이 그리워서만은 아니다. 우리나라 철도의 효시인 경인철도, 그중에서도 맨 처음 영업을 시작한 일곱 개 역 중에서 축현역에 대한 논란이 시들지 않고 있기 때문이다. 당시의 일곱 개 역은 인천, 축현, 우각동, 부평, 소사, 오류동, 노량진이었는데, 축현역은 지금의 동인천역에 해당된다. 우각동역은 1906년에 폐지되었으며, 소사역은 1972년 부천역으로 이름이 바뀌었다. 지금의 소사역은 비교적 최근에 생긴 역이다.

사실 경인철도의 역명에 관한 논란은 '제물포'에서 시작되었다. 『한국철도사』를 비롯하여 『한국철도100년사』, 『철도주요연표』 등 철도청이 발간한 공식 철도사 관련 자료들이 경인철도에 대해 "1899년 9월 18일 노량진-제물포 간 33.2킬로미터가 개통"되었다고 쓴 것이 문제였다. 이에 근거해서 교과서나 백과사전, 일반 서적, 학술논문, 포털사이트 등에서 모두 그렇게 베껴 쓰게 된 것이다.

필자는 2013년, 한국철도 초창기의 여러 가지 논란거리에 대해 글을 발표한 적이 있다. 그중 제물포와 관련된 부분을 정리하면 이렇다.

"철도에서 말하는 지명(地名)은 당연히 지역 명칭이 아닌 역명(驛名)이다. 9·18 당시 경인철도의 정거장, 곧 철도역의 수는 모두 일곱 개였는데, 어디에도 제물포란 역은 없다. 그런데 왜 자꾸 제물포란 지명이 등장할까? 가장 큰 원인은 로마자 표기 때문으로 보인다. 당시의 승차권을 보면 한자로 쓴 역명 옆에 로마자(영문)를 부기(附記)했는데, 인천에 해당하는 로마자 표기가 바로 'Chemulpo(제물포)'였던 것이다. 이러한 예로 축현은 'Saalijy(싸리재)', 우각동은 'Sopple(소뿔)'[60], 부평은 'Poopyong', 소사는 'Sosha', 오류동은 'Oricle', 노량진은 'Nodul(노들)'로 표기돼 있다. 인천역이 인천이라는 정식 역명보다 부기명인 제물포로 더 많이 불리게 된 것은, 제물포항을 통해 제물포라는 단어에 익숙해진 외국인들 때문인 것으로 보인다.

경인철도 초창기인 1899년 12월에 촬영된 사진을 보면 당시의 모가형 증기기관차 측면에 영문으로 "S.&C.R.R. SEOUL-CHEMULPO"라고 크게 써 붙인 것을 알 수 있다. 여기서 'S'란 'Seoul'의 약자이며, 'C'는 'Chemulpo'의 약자이다. 'R.R.'은 'Rail Road'의 약자인 것으로 보인다. 회사의 공식명칭인 경인철도합자회사(京仁鐵道合資會社)를 간단히 'S.&C. R.R.'로 표기한 것이다. 또한 운행구간을 '경성-인천'이 아닌 '서울-제물포'

로 표기했다. 비록 역명은 경성과 인천이었지만 외국인들은 공식적인 역명과 관계없이 서울과 제물포로 인식했고, 이것이 굳어져서 광복 이후의 철도인들도 별 생각 없이 제물포를 역명처럼 받아들인 것으로 보인다.[61] 조선총독부의『조선철도사』기록도 전부 인천역으로 표기하고 있는데 정작 우리가 제물포로 잘못 쓰고 있다는 것은 부끄러운 일이다."

이렇게 제물포에 대한 논란은 정리되었다. 그런데 전혀 뜻밖에도 이번에는 축현역에 대한 논란이 불거져 나온 것이다. 오랫동안 철도사를 연구해온 사람들이 2010년 이후 신문이나 학술지, 저서 등을 통해 축현역을 '유현역'이라고 표기하기 시작했고, 경인철도 120주년을 앞둔 인천지역 박물관의 기획전시물에도 '유현역'이 등장하는 사태에 이르게 된 것이다.

축현역에 대한 논란의 가장 큰 쟁점은, 당시 한자로 쓰인 역명의 '杻峴'을 과연 유현으로 읽을 것인지 축현으로 읽을 것인지 하는 것이다. 일단 이 역명이 '싸리재'라고 하는 지역 명칭에서 유래되었다는 것에 대해서는 이견이 없다. 부기역명이 'Saalijy'로 되어 있고 주변에 실제로 싸리재가 있기 때문이다. 그런데 이 '杻'이라는 한자를 옥편에서 찾아보면, '감탕나무 뉴, 또는 유', '수갑 추'로 나와 있다. 감탕나무란 제주도와 울릉도, 남부지방 해안가에서 자라는 한국 원산의 상록활엽수이다. 우리가 잘 알고 있는 동백나무와 비슷하게 생겼다. 수고(樹高)는 10미터에 이르고 가을이면 빨간 열매도 달린다고 한다.

필자는 몇 해 전 제주도 국토교통인재개발원에서 이 나무를 보고 얼마나 반가웠는지 모른다. 말로만 듣던 감탕나무를 처음 본 것이다. 그때가 바로 '유현역' 논쟁이 한참 불거질 즈음이었다. 이렇게 감탕나무와 싸리나무는 소나무와 느티나무가 다른 것만큼이나 전혀 다른 수종이다. 그래서 감탕나무를 뜻하는 의미에서 '杻' 자를 썼다는 것은 일단 받아들이기 어렵다. 누구든 싸리나무를 표기하기 위해서 쓴 한자라는 것을 짐작할 수 있을 것이다.

그런데 현대의 우리나라 국민 대중이 사전과 옥편을 대신하여 사용하고 있는 네이버의 한자사전에서 '杻' 자를 검색해보면, 일반 옥편에 나오는 풀이 외에 '싸리나무 축'이라는 단국대학교 동양학연구원을 제공처로 한 설명이 나온다. 그러니까 중국이나 일본 등과는 달리 우리나라에서만 싸리나무를 뜻하는 '축'으로도 읽는다는 것이다. 이러한 예로는 경기도 고양시 덕양구 지축동(紙杻洞), 경상남도 사천시 축동면(杻東面), 경상남도 진주시 정촌면 대축리(大杻里) 등이 있다고 예시되어 있다.

현재 우리나라 역명 중에서 '杻'이라는 한자를 사용하고 있는 정거장은 서울교통공사의 3호선 지축역(紙杻驛)과 코레일의 태백선 추전역(杻田驛)이 있다. 지축동은 닥나무로 종이를 만들던 지정동(紙亭洞)과 싸리나무골(축리, 杻里)이 합쳐진 지명이다. 추전역의 경우 현재의 도로명주소가 강원도 태백시 싸리밭길 47-63이라는 사실을 보아서도 알 수 있듯이 '추전'이라는 역명은 싸리나무에서 비롯된 것이다. 재미있는 것은 똑같은 한자를 사용하는 역이 북한의 평라선(평양과 나진을 잇는 철도)에도 있는데, 북한에서는 추전역이 아닌 '축전역'(杻田驛, 함경남도 수동구 축전리 소재)이라고 부르고 있다는 것이다. 물론 주변에 싸리나무가 많이 자라서 붙은 역명이다.

그렇다면 '杻峴'을 '유현'으로 읽어야 한다는 주장의 근거는 무엇일까? 첫째, '杻'자는 본래 '뉴' 또는 '유'라고 읽는다는 사전적 해석, 둘째로는 <독립신문>이라는 부정하거나 무시하기 어려운 근거가 있다. 우리나라에 철도가 처음 달린다는 소식은 그야말로 빅뉴스여서 당시에 존재했던 두 개의 일간지인 〈독립신문〉과 〈황성신문(皇城新聞)〉에는 철도에 대한 이야기가 꽤 많이 실려 있다. 때로는 기사, 때로는 광고, 때로는 논설 형태이다. 그런데 순 한글 신문인 〈독립신문〉이 1899년 9월 16일과 같은 해 9월 18일자 기사에 경인철도의 역과 역간 거리, 운임, 기차시간 등을 소개하면서 '杻峴'을 분명히 '유현'이라고 표기한 것이다. 그것도 한 번이 아니고 여러 차례에 걸쳐서 말이다.

이에 대한 필자의 견해는 이렇다. 필자는 2003년 고속철도 개통홍보업무를 시작으로 2016년 초까지 만 12년 넘게 홍보업무를 담당했다. 그래서 언론의 속성이나 보도의 프로세스에 대해서는 잘 이해하고 있는 편이다. 언론사에서 기사를 쓸 때에는 직접 취재를 해서 결과물을 만드는 경우도 있고, 보도자료에 의해 기사를 낼 경우도 있다. 〈독립신문〉과 〈황성신문〉의 1899년 9월 19일자 기사를 보면, 이것은 확실히 취재에 의한 기사라는 것을 알 수 있다. 바로 그 전날 행해진, 역사적인 경인철도 개업예식에 다녀와서 기차의 이동상황, 행사진행, 참석자 명단 등을 시시콜콜하게 적었기 때문이다.

그런데 〈독립신문〉의 9월 16일자와 18일자 기사는 근본적으로 성격이 다르다. 영업개시 구간, 역명, 운행시간, 운임 등 정보를 제공하기 위한 기사인 것이다. 이것은 언론의 속성을 알고 있는 사람이라면 금방 알 수 있는, 경인철도합자회사가 홍보를 겸해 제공한 보도자료에 의한 기사임이 분명하다. 발로 쓴 기사가 아니라 요즘 말로 하면 '컨트롤+C'와 '컨트롤+V'로 마무리한 기사인 것이다. 그러다 보니 보도자료에 나오는 '杻峴'을 인천에서는 '축현'이라고 부른다는 것을 미처 모르는 상태에서, 그냥 평소 알고 있는 상식대로 '유현'이라고 옮긴 것이라고 생각한다. 물론 이는 필자의 추측이다. 필자의 주장이 맞다고 하더라도 꼭 〈독립신문〉의 권위가 실추되거나 보도의 신빙성이 떨어지는 것은 아니다. 하나의 실수일 뿐이라고 생각한다.

이러한 주장을 뒷받침할 수 있는 작은 근거는 기사의 끝부분에 나오는 이른바 '카더라'이다. '유현'이 제일 처음 등장하는 1899년 9월 16일자 〈독립신문〉 3면의 해당기사를 옮겨보면 아래와 같다.

이 긴 문장을 보면 맨 앞부분과 맨 뒤에 이 기사가 인용된 자료에 근거한 것임을 명시하고 있다. 곧 '좌와 같다'가 아니라 '좌와 같다는데', '당도한

◎ ◎

독립신문 1899년 9월 16일자 3면

화륜거 왕래시간

경인철도에 화륜거 운전하는 시간은 좌와 갈다는데 인천서 동으로 향하여 매일 오전 7시에 떠나서 유현 7시 6분, 우각동 7시 11분, 부평 7시 36분, 소사 7시 50분, 오류동 8시 15분, 노량진 8시 40분에 당도하고,
또 인천서 매일 오후 1시에 떠나서 유현 1시 6분, 우각동 1시 11분, 부평 1시 36분, 소사 1시 50분, 오류동 2시 15분, 노량진 2시 40분에 당도하고,
노량진서 서로 향하여 매일 오전 9시에 떠나서 오류동 9시 33분, 소사 9시 51분, 부평 10시 5분, 우각동 10시 30분, 유현 10시 35분, 인천 10시 40분에 당도하고
또 노량진서 매일 오후 3시에 떠나서 오류동 3시 33분, 소사 3시 51분, 부평 4시 5분, 우각동 4시 30분, 유현 4시 35분, 인천 4시 40분에 당도한다더라.

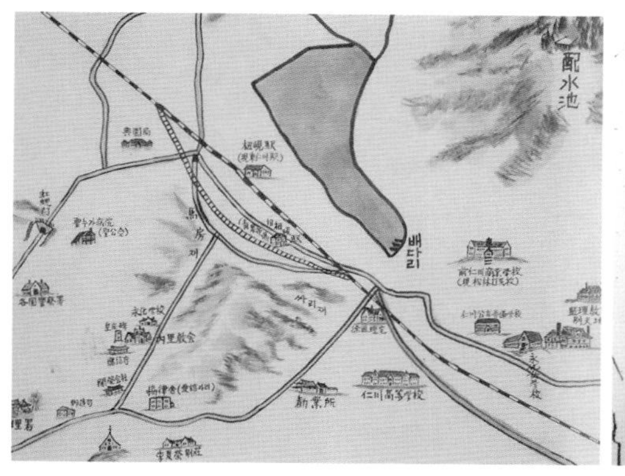

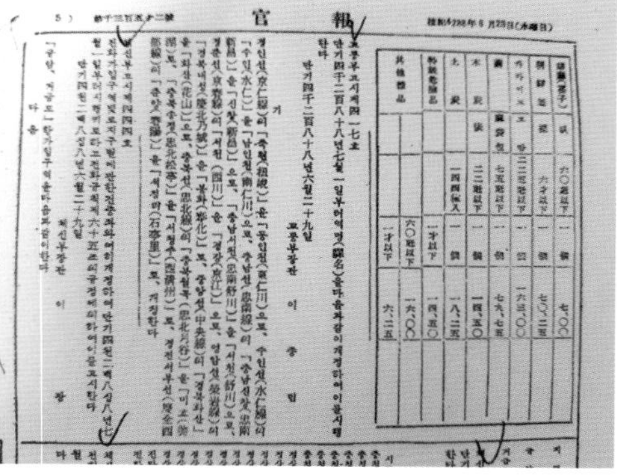

官報

교통부고시제四一七호

단기四千二百八十八년七월一일부터역명(驛名)을다음과같이개정하여이를시행한다

단기四千二百八十八년六월二十九일

교통부장관 이 종 림

기

경인선(京仁線)의「축현(杻峴)」을「동인천(東仁川)」으로, ...

L 1910년 전후의 인천 시가 약도
R 대한민국 <관보>에 실린 교통부고시 제417호 내용

다'가 아닌 '당도한다더라'라고 함으로써 전언(傳言)임을 분명히 하고 있는 것이다. 물론 경인철도는 아직 운행되기 전이기 때문에 이렇게 말할 수밖에 없었다고 할 수도 있다. 하지만 이 문구를 보면 적어도 이 글이 현장 취재에 의한 것은 아니라는 사실이 분명히 드러난다.

필자가 '杻峴'은 '유현'이 아닌 '축현'이라고 주장하는 보다 확실한 근거는 이것이다. 축현역은 1899년 9월 18일 영업을 개시한 이후 1926년 4월 25일 상인천역(上仁川驛)으로 역명을 변경[62]했다. 그렇다고 해서 인천역까지 하인천역(下仁川驛)으로 바꿨던 것은 아니다. 그렇게 부르는 사람들은 많았지만 역명을 바꾸지는 않았다. 그런데 광복 이후인 1948년 6월 1일 상인천역은 축현역(杻峴驛)이라는 옛 역명을 되찾는다. 그러다가 1955년 7월 1일 축현역은 동인천역(東仁川驛)으로 역명이 변경[63]되어 지금에 이르고 있다.

1948년의 역명 변경에 대한 자료는 미군정기여서 그런지 찾기가 쉽지

않다. 그런데 다행스럽게도 1955년 축현역에서 동인천역으로 역명을 변경할 당시의 근거는 대한민국 <관보>에 잘 남아 있다. 이 <관보>에는 교통부고시 제417호로 "경인선의 축현(杻峴)을 동인천(東仁川)으로 개칭한다"라고 한자가 병기되어 실려 있다.

만약 대한민국 <관보>의 기록을 가지고도 <독립신문>의 실수를 인정할 수 없다면, 광복 전후의 신문보도를 검색해보라고 권하고 싶다. 한글 신문에서 이 역을 '축현'으로 불렀음을 여러 차례 확인할 수 있을 것이다. 그리고 지금도 인천에는 1946년에 설립된 축현초등학교가 있다. 다만 이 역사 깊은 학교는 옛 축현역 인근에 있다가 최근 도심 공동화(空洞化) 현상으로 학생 모집이 되지 않아 신도시인 연수구(인천광역시립박물관 입구)로 학교를 옮겼다.

축현이라는 역명도 잃고 아이들의 재잘거림도 들리지 않고 싸리나무도 사라져버린 지금, 싸리재는 이래저래 울고만 싶을 것 같다.

'철도의 날'을 돌려다오

2018년부터 '철도의 날'이 기존 9월 18일에서 6월 28일로 바뀌었다. 1937년부터 2017년까지 80년 동안 기념해온 철도의 날을 하루아침에 바꾸게 된 명분은 '일제 잔재 청산'이었다. 그러면 철도의 날은 과연 어떻게 시작되어 어떤 변천과정을 거쳤는지, 왜 바꾸었으며 그것은 과연 올바른 판단이었는지에 대해 생각해보려고 한다.

기원

철도의 날의 기원은 1937년 조선총독부가 1937년에 제정한 '철도국기념일(鐵道局紀念日)'이다. 당시 철도국기념일을 만든 이유는 "조선철도 창설의 의의(意義)를 밝히고 사명(使命) 달성에 이바지하기 위해서"[64]라고 되어 있다. 현대를 살아가는 우리가 이 '의의'며 '사명'이 무엇인지 알기 위해서는 당시의 시대상황에 대한 이해가 필요하다.

1930년대는 제국주의 일본의 황금기라고 볼 수 있다. 대만과 조선을 식민지로 삼고 만주국을 세웠으며, 이에 대한 자신감을 극대화시켜 중국 본토에 대한 침략에 나선 시기가 1930년대이다. 제국주의의 첨병으로서 대륙 중심을 향해 뻗어나가는 철도망은 일본제국의 영토 확장을 상징하였다. 철도는 마치 핏줄처럼 군대와 무기, 군수물자를 실어 나르고, 빨대처럼 현지의 농산물이나 광산물, 노동인력을 빨아들였다. 당시 군대가 일본제국을 존재하게 하는 힘의 원천이었다면, 철도는 그 힘이 작동하도록 해주는 핵심 도구였다. 일본제국을 먹여 살릴 뿐만 아니라 장기적인 이익을 담보해주는 철도, 이것이 당시 철도의 존재 '의의'이며 '사명'이었다.

그렇다면 하필 9월 18일을 철도국기념일로 삼은 이유는 무엇일까? 1899년 9월 18일은 경인철도회사에 의해 인천-노량진 구간에서 조선 최초로 철도운영이 시작한 날이기 때문이다. 우리는 오랜 세월 이날을 경인철도(혹은 경인선) 개통일로 잘못 알고 있었다. 하지만 9월 18일은 경인철도 개통일이 아닌 '국내 최초의 철도 운행일'이다. 왜냐하면 경인철도는 1900년 7월 8일 개통됐기 때문이다. 전선개통에 앞서 최대의 난공사구간인 한강철교를 남겨두고, 일단 인천과 노량진 간 철도를 달리도록 한 것이 바로 9·18의 탄생 배경이다.

조선총독부 철도국은 철도국기념일을 철도종사원의 정신무장 기회로 삼았다. "본국 및 철도·건설·개량 각 사무소의 전원(全員), 공장, 역, 구, 호텔, 식당 등의 대표가 대오를 정돈하고 조선신궁에 참배하였으며, 지방에서도 철도·건설·개량 각 사무소, 공장, 역, 구 모두 일제히 각 소재지의 신사에 참배하고 각종 행사를 개최하여 철도정신 고양을 위해 노력했다"[65]고 한다. 여기에서 그치지 않고 철도국 국기(局旗)와 국가(局歌)를 만들어 철도종사원들의 일치단결을 도모했다.

철도국기념일에서 6·28까지

철도국기념일은 광복 이후에도 철도인들에게 기념일로 유지된다. 특히 철도창설 50주년을 맞은 1949년과 60주년을 맞은 1959년에는 언론에서도 그 의미를 되새기며 철도인들의 노고를 위로했다. 1954년의 55주년 기념식은 교통부 광장에서 거행됐는데, 부통령, 대법원장, 국무총리, 민의원 부의장까지 참석하였으며, 35년 근속자와 25년 이상 근속자에게 감사

장·표창장을 수여했다고 한다.[66]

철도기념일 또는 철도창설기념일로 불리던 이 국가지정기념일이 '철도의 날'이 된 것은 1964년 11월 20일 국무회의 의결에 따른 것이다.

2005년 1월 1일, 국가기관인 철도청이 국가정책에 따라 공기업인 한국철도공사로 전환되었다. 2009년, 정부는 한국철도공사와 한국철도시설공단, 한국철도기술연구원을 중심으로 각 철도 관련 운영기관과 단체, 대학교, 기업체를 회원으로 하는 한국철도협회를 발족시켰다. 이것은 일제강점기에 존재했던 철도협회나 광복 이후 존재했던 대한운수협회와 비슷한 성격의 조직이다. 협회 회장은 당초의 계획과는 달리 주로 공단 이사장이 맡았는데, 협회의 가장 대표적인 업무가 철도의 날 행사 주관이었다. 철도운영기관이 아닌 협회가 철도의 날 행사를 주관하면서 행사의 성격이나 분위기는 기존 철도의 날 기념식과는 많이 달라지게 되었다.

그러면 1937년 이후 이렇게 기념해오던 9·18이 이름뿐만 아니라 날짜까지 바뀌게 된 과정에 대해 생각해보자. 9·18의 문제점을 처음 제기한 사람은 코레일의 철도박물관이 민간에 위탁운영 되던 시절인 2004년부터 11년간 철도박물관장을 역임한 손길신 씨다. 오랜 기간 철도청 간부로 봉직하면서 쌓은 경력과 박물관의 각종 자료를 바탕으로 활발한 저술활동을 했으며, 방송과 언론을 통해서도 많이 소개되었다. 철도자료에 대한 접근경로가 매우 제한적이고 관심을 갖는 이가 드문 상황에서 민간 철도사 연구자로서는 독보적인 존재라고 할 수 있다.

철도의 날에 문제가 있다는 손길신 전 철도박물관장의 글은 어떤 지역언론 기자의 기사를 통해 조금 더 확산되었고, 이 소식은 당시의 국회 국토교통위원회 위원장에게 전해지게 되었다. 철도사 연구자의 주장에 친일잔재 청산이라는 명분이 더해져 국회가 지원에 나서자 철도의 날 변경안은 일사천리로 추진되었다. 그리고 이것이 마치 기정사실인 것처럼 언론에 노출된 것은 2017년 철도창설 118주년 행사에서였다. "2018년부터는 철도의 날이 6월 28일로 바뀐다"라고 공식적으로 선언한 것이다. 제대로 된 공청회나 토론의 장 마련도 없이…….

이렇게 해서 2018년 철도의 날 행사는 6월 28일 세종문화회관에서 거행되었다. 어떤 언론은 이 행사에 대해 "대한제국 철도국 창설 기념 첫 '철도의 날' 행사"라고 보도했다[67]. '일제의 경인선 철도 개통일'을 '우리나라의 첫 철도 관련 국가기관인 철도국 창설일'로 바꾼 것에 대해 문제점을 제기하는 언론은 없었다. 한국철도공사사장을 지낸 최연혜 의원의 반론 제기가 있었지만 언론의 주목을 받지는 못했다.

6·28은 무엇이며 무슨 문제가 있나?

그렇다고 하면 이제 6·28의 실체에 대해 생각해보자. 6월 28일을 새롭게 철도의 날로 정한 이유는, 1894년 갑오개혁 때 군국기무처가 의정부 산하 공무아문(工務衙門)에 '철도국'이라는 직제를 만들었다는 기록에 근거한다. 그날이 음력 6월 28일이다. 참의(參議) 1원(員), 주사(主事) 2원으로 구성되며, 철도 건설을 위한 도로측량 등의 업무를 담당하도록 되어 있었다.

필자가 제기하는 첫 번째 문제는 갑오개혁의 '자주성(自主性)'에 관한 것이다. 갑오개혁은 1894년 동학농민혁명 평정을 빌미로 우리나라에 들어온 일본의 군대가 청일전쟁을 일으키고, 승기를 잡자 친일파를 앞세워 시도한 조선의 내정개혁을 말한다. 일본군은 궁궐을 에워싸고 있었고, 그들의 압박에 의해 고종은 각종 개혁을 받아들일 수밖에 없었다. 설사 개혁파가 지

향했던 세상이 평등하고 그 내용이 보편타당하다고 해도 그 절차는 정의롭지 못했다.

두 번째 문제는 철도국에 과연 조선의 관리가 있었느냐 하는 것이다. 필자가 조사한 바에 따르면, 철도 관련 관리 임명은 고종 33년 6월 7일(양력 1896년 7월 17일) 농상공부 협판 이채연을 감독경인철도사무에 임명하였다는 『승정원일기』의 기록이 최초이다. 『조선왕조실록』에는 1898년 7월 7일 전환국장 이용익을 철도사 감독에 임용하고 칙임관 3등에 서임하였다는 기록이 나온다. 그러니까 백번 양보하여 총칼을 동원한 개혁과정에서의 문제점을 무시한다고 해도, 관리가 없는 껍데기 조직을 조직으로 볼 수 있느냐 하는 문제가 나오는 것이다. 기록대로 철도국에 관리를 임명하지 않았다면, 그것은 군국기무처의 일방적 내정개혁에 대한 고종의 불만이 반영되었거나 실제 관리를 임명해야 할 철도 건설 현안이 없었기 때문일지도 모른다.

세 번째 문제는 날짜에 관한 것이다. 위의 두 가지 문제를 뺀다고 해도 날짜에 대한 부분은 아쉬움이 남는다. 6월 28일은 양력이 아닌 음력이다. 정말로 철도국 직제 신설일을 기념일로 하고 싶으면, 그날을 기념할 수 있는 조건을 고려했어야 한다. 1894년 음력 6월 28일은 양력으로 환산하면 7월 30일이므로 7월 30일을 기념일로 정하면 문제가 없다. 6월 28일이라는 날짜 자체를 꼭 강조하고 싶었으면, 번거롭더라도 매년 해가 바뀔 때마다 양력으로 환산하여 기념일을 달리해야 하는 게 맞을 것이다. 그런데 이것도 저것도 아닌 그냥 6·28을 철도의 날이라고 하니 양력도 안 맞고 음력도 맞지 않는 어정쩡한 기념일이 되고 말았다.

9·18을 돌려다오!

경인철도가 일본에 의해 건설되었다는 것은 부정할 수 없다. 하지만 그 것은 조선이, 대한제국이 스스로 건설하고자 했던 철도의 하나라는 것도 부정할 수 없는 사실이다. 자력으로 건설하고자 했으나 그럴 힘이 부족해서 외세의 도움을 받아 건설한 철도이다. 처음엔 미국의 사업가에게 부설을 허가했으나 그가 사명을 완수하지 못하고 일본의 경인철도인수조합에 팔아넘기면서 부설권이 일본 차지가 되었다. 허가 주체인 조선 정부는 철도부설과 관련된 모든 부지(敷地)를 제공[68]하고, 부설권자는 건설에 필요한 비용을 부담하여 철도를 건설하는 조건이었다. 부설권자는 완공 후 15년간의 철도운영권리를 누리게 되고, 이러한 특혜의 대가로 조선 정부는 모든 우편물, 군인, 군수품 수송을 무료로 제공받게 되어 있었다. 철도부설 편의를 위해 건설자재 수입에 대해서는 관세를 물지 않고, 철도 재산 및 수입에 대해서도 과세하지 않는다는 혜택도 주어졌다. 아울러 15년의 운영기간이 끝나면 조선 정부가 철도를 사들이며, 그렇지 못할 경우 운영기간을 10년 더 유지할 수 있다는 단서가 있었다.

절통하게도 15년 이후 매수하겠다는 이 희망사항은 개통 10년 만에 대한제국이 일제의 식민지로 전락하면서 무산되고 말았다. 하지만 적어도 1896년 부설을 허가할 당시에는 힘을 키워 이 철도를 인수하겠다는 분명한 의지를 갖고 있었다. 그해 7월 17일 이채연을 감독경인철도사무에 임명하였다는 것은 실질적인 관리감독이 이뤄졌다는 것을 보여준다.

1899년 9월 19일자 <독립신문>과 <황성신문>은 그 전날 인천에서 거행된 경인철도 개업예식을 상세히 보도하고 있다. 그날 인천역에는 소나무 기둥을 높게 세워 태극기와 일장기, 경인철도회사기를 엇갈려 걸었다고 한다. 또한 대한제국 외부대신 박제순이 참석하여 축사와 만세삼창을 한 것으로 되어 있다. 이것은 이 행사가 단순히 경인철도회사만의 것이 아닌 대한제국의 행사이기도 했다는 점을 나타낸다. 대한제국[69]은 이 사업을 특허했을 뿐만 아니라 건설 부지를 제공해준 발주 주체였던 것이다.

이렇게 경인철도 부설 경위와 9·18 당일의 정황을 볼 때 이 모두를 일제의 한반도 침략행위로 판단하는 것은 무리가 있다고 본다. 힘이 없는 상태에서 해외자본을 유치하다 보니 계약 조건이 우리에게 유리하지는 않지만, 국가기관이 사업자에게 조건을 붙여 공사를 허가하는 형식이었다는 점은 분명하다. 따라서 1937년 제정되어 1944년까지 거행된 일제의 9·18 철도국기념일 행사가 비록 그들의 식민통치에 악용되었다고 해도, 필자는 그것이 우리나라 철도의 효시를 부정하는 이유는 되지 못한다고 생각한다. 당시 신사참배는 철도국기념일에만 있었던 것이 아니라 모든 공공기관과 학교, 교회, 사찰, 성당에도 강요되었으며, 이를 거부하는 것은 곧 '황국신민(皇國臣民)'임을 부정하는 것이어서 목숨을 걸 각오를 해야 하는 일이었다.

결론적으로, 갑오개혁은 자주적인 개혁이 아닌 일본 군대의 강압에 의해 이루어진 것이므로, 9·18을 6·28로 바꾼 것은 친일잔재 청산이라는 명분에 오히려 역행한다는 것이 필자의 판단이다. 또한 관리도 임명된 바 없는 껍데기 직제 신설일을 철도 창설일로 인정한다는 것은 격에 맞지 않는 일이다. 게다가 음력도 양력도 아닌 6·28은 기념일로서의 기본을 갖추고 있지 못하다. 철도의 날은 응당 철도인의 날이어야 한다. 한반도에 기차가 처음 달린 날, 9·18은 철도의 날로 삼기에 부족함이 없다. 철도인에게 철도의 날을 돌려다오.[70]

3부

기차와 여행

기차가 머무는 곳, 정거장

여행을 떠날 수 있는 것은 돌아올 곳이 있기 때문이라고 한다. 우리가 기차를 탈 수 있는 것은 출발하는 역이 있고 도착하는 역이 있기 때문이다. 물론 그 중간에 스치게 되는 많은 역이 있을 것이다. 기차가 서는 곳, 그 기차가 일반승객을 태우는 기차든지 짐을 싣고 달리는 기차든지 상관없이 기차가 서는 곳을 정거장(停車場)이라고 한다. 한때 '정차장'이라고 불린 적도 있지만 지금은 '정거장'으로 통일돼 있다.

정거장은 기차가 서는 이유나 목적에 따라 몇 가지 종류로 나뉜다. 우리에게 가장 익숙한 '역'을 비롯해 조차장, 신호장이 있다.

- 역: 열차를 정차하고 여객 또는 화물 취급을 위하여 설치한 장소
- 조차장: 열차 조성 또는 차량 입환(入換)을 하기 위하여 설치한 장소
- 신호장: 열차 교행 또는 대피를 하기 위하여 설치한 장소

쉽게 풀어서 쓰면, '역(驛)'이란 정거장 중에서 운수영업(運輸營業)을 하는 곳이다. 그 대상이 사람이 될 수도 있고 짐이 될 수도 있다. 또 그 짐이 일반화물이 될 수도 있고 군수물자가 될 수도 있으며 철도용품이 될 수도 있다. 어쨌든 사람이나 짐의 이동을 목적으로 설치한 정거장을 '역'이라고 부른다.

'조차장(操車場, yard)'은 화차나 객차를 연결 또는 해방하여 열차를 조성하거나 도착열차 해체, 불량차 해방 등의 작업을 하기 위해 설치한 곳이다.

1 인천역(초창기)
2 양평역(1980년대)
3 광명역

이러한 작업을 하는 정거장은 우리나라에 여러 군데 있지만, 일반영업을 하지 않고 순수하게 이러한 작업만을 위해 설치한 곳은 제천조차장과 대전조차장 두 군데뿐이다. 이러한 조차장은 일반 역에 비해 규모가 훨씬 큰 것이 특징이다.

'신호장(信號場, signal box)'은 정거장 중에서 규모가 가장 작으며, 열차 교행이나 대피를 위해 설치한 정거장을 말한다. 최근에는 전자통신기술의 발달로 신호기나 선로전환기를 원격제어할 수 있기 때문에 무인(無人) 신호장이 대부분이지만, 그렇다고 신호장에는 직원을 배치하지 않는다는 원칙 같은 것은 없다.

정거장은 이렇게 역, 조차장, 신호장으로 구분되는데, 이중에서 역은 또다시 보통역(普通驛)과 간이역(簡易驛), 임시승강장으로 구분할 수 있다. 요즘 철도여행이 여행의 큰 축을 형성하면서 간이역을 찾아다니는 '내일러'가 많이 생겼다. 그런데 정작 간이역의 개념에 대해서는 잘 정립되어 있지 않은 상태이다. 그저 도심을 벗어나 시골에 있거나 규모가 작다고 생각되면 '간이역'이라고 부르는 경향이 있다. 철도에서 간이역

국가등록문화재로 지정된 간이역
(군산 임피역)

이라고 하면, 첫째 역장이 배치되지 않은 역으로 운전취급을 하지 않고 여객취급만 하는 곳을 말한다. 아무리 역의 규모가 작고 초라해 보여도 역장이 배치된 역은 간이역이 아니다. 이 간이역은 다시 역원배치간이역과 역원무배치간이역으로 나뉘는데, 역원무배치간이역의 영업(승차권 발매, 승하차 안내)은 차내 승무원이 담당한다. 민간에 위탁운영을 하는 경우도 있다.

그런데 예외적으로 역장이 배치되어 있는데도 간이역이라고 부르는 경우가 있다. 전철이 운행되고 있는 대방역이나 신길역, 신도림역처럼 역장이 배치되어 있으나 열차 교행이나 대피 등 운전취급을 전혀 하지 않는 역을 '운전간이역'이라고 한다.

임시승강장은 여름철의 바닷가 해수욕장이나 특정 행사장처럼 일정 기간만 임시영업을 하기 위해 설치한 곳이다. 마지막으로 보통역이란, 역장이 배치되어 일반적인 여객이나 화물 수송업무를 담당하고 운전취급을 하는 역을 말한다. '보통'이라는 수식어가 붙어 있지만, 민주국가의 주인은 '보통사람'이듯이 철도에서 가장 서열이 높은 역도 '보통역'이다.

우리나라의 정거장 현황

(2021년 12월 31일 기준, 단위: 개소)

구 분	보통역	간이역		조차장	신호장	신호소	계
		배치	무배치				
합계	337	3	306	2	32	7	687
여객 및 화물	35	-	1	-	-	-	36
여객	269	2	174	-	-	-	445
화물	27	1	12	1	-	-	41
기타(비영업)	6	-	119	1	32	7	165

plus! 승강장안전문 이야기

승강장안전문(PSD, Platform Screen Doors)은 줄임말로 '안전문'이라고도 부른다. 일반적으로 이용자가 타고 내리는 부분인 출입문과 비상시 탈출할 수 있는 비상문으로 구성돼 있다. 세계 최초의 승강장안전문은 1961년 러시아의 상트페테르부르크 지하철에 설치되었다. 우리나라에 승강장안전문이 처음 등장한 것은 2004년 광주도시철도 1호선 도청역에 설치된 것이며, 국철 운영기관인 철도청에 처음 설치된 것은 2004년 12월 29일로 신길역에 설치되었다.

승강장안전문을 설치하는 이유는 첫째, 인명보호이다. 수시로 운행하는 열차로부터 철도 이용객의 생명을 보호하는 기능이 있으며, 부수적으로는 자살예방 기능도 있다. 두 번째로는 기관사 보호기능이 있다. 모든 기관사들은 열차운행 중 고도의 집중력을 동원하여 업무에 임한다. 전동열차의 경우 통상적으로 일반열차에 비해 역간 거리가 짧고 이용객이 많기 때문에 열차가 역에 진입할 때 기관사는 초긴장 상태에 돌입한다. 또한 사고 경험이 있는 기관사의 경우 오랜 동안 후유증에 시달리게 된다. 열차가 타는곳 정차위치에 도착했을 때 열리고, 승차한 이후에는 문이 닫히는 승강장안전문은 이러한 문제들을 해결해주고 있다.

그런데 이러한 승강장안전문에서 사고가 발생하여 많은 사람을 안타깝게 하는 일이 있었다. 일반열차가 운행하지 않는 심야 유지보수 과정에서 발생한 일로, 이것은 타는곳 끝과 승강장안전문 사이의 간격이 좁아서(20센티미터 내외) 생긴 일이다. 지하철 구간이 아닌 코레일의 일반열차 운행구간에 설치된 승강장안전문의 경우엔 이 간격이 30~60센티미터나 된다. 단순히 이용자 편의 측면에서는 이렇게 간격이 넓은 것은 좋지 않다고 할 수 있다. 간격이 커지면 안전문과 전동차 출입문 사이에 갇힐 가능성이 있기 때문이다. 물론 이런 상황은 센서가 정상적으로 작동할 때에는 발생하지 않는다.

그럼에도 금방 눈에 띌 정도로 코레일 구간(경부선, 경인선, 경원선, 경의중앙선 등)의 간격이 큰 것은 왜일까? 바로 화물열차 운행 때문이다. 일반적으로 화물열차는 전동차 운행선과 같은 선로를 이용한다. 철도로 수송되는 화물 중에는 일반 전동차보다 폭이 큰 대형화물(전차, 탱크 등)이 있다. 이런 화물로 인한 파손위험으로부터 승강장안전문을 보호하기 위해 타는곳 끝에서 안전문까지의 여유 간격을 더 확보하는 것이다.

승강장안전문은 코레일 운영구간보다 서울교통공사 운영구간에, 한산한 역보다 복잡한 역에 먼저 설치되었다. 그 이유는 이용객이 많은 역에 더 많이 필요하기 때문이기도 하지만, 사

승강장안전문

실은 광고수입으로 설치를 시작했기 때문이다. 지금도 많은 승객들로 북적이는 지하철 2호선 구간에 가보면 안전문에 다양한 첨단 광고물이 설치돼 있다. 코레일 운영구간의 경우에는 타는곳이 국가 소유인 까닭에 국토부에서 예산을 확보하여 설치하느라 상대적으로 설치가 늦어졌다.

하지만 최근에 설치되는 안전문에서는 광고물을 볼 수 없다. 이러한 광고물이 비상문 위치에 많이 설치돼 있어서 비상시 대피와 탈출을 지연시키거나 불가능하게 하는 원인이 된다는 지적 때문이다. 그래서 비상문에 설치된 광고물을 점차 철거하거나 본연의 기능에 지장을 주지 않도록 바꿔 나가고 있다.

2022년 1월 1일 기준 한국철도공사가 운영하는 역 중에서 승강장안전문 설치대상역은 수도권광역철도 구간과 동해선, 중부내륙선 등 모두 281개이다. 이 중 262개 역에 설치가 완료되었고 19개 역은 아직 미설치 상태이다. 미설치역 중 동해선의 15개 역은 공사가 진행 중이며, 천안역과 소요산역은 설치 예정, 광명역(임시승강장)과 인천역은 설치가 보류된 상태이다.

기차를 탄다는 것, 기차표 한 장의 의미

승차권과 승차증, 그 효력

기차에 타려면 기차표(승차권)가 필요하다. 이것은 장소이동, 곧 수송서비스에 대한 반대급부라고 할 수 있다. 기차를 타고자 하는 사람은 승차권을 사는 순간 철도운행서비스 제공자와 계약을 체결하는 것이 된다. 승차권은 곧 계약에 대한 증표, 계약증권 또는 계약서의 성격을 갖고 있는 것이다. 계약서의 내용은 약관(約款)으로 정해져 있으며, 새로 만들거나 변경할 때에는 사전에 널리 알리도록 되어 있다. 계약의 핵심사항은 기차표 뒷면 등에 인쇄해 두기도 한다.

정리하자면, 어떤 승객이 승차권을 구입하는 행위는 그것이 스마트폰의 코레일톡 앱을 통해서든 역을 통해서든 혹은 여행사를 통해서든 철도운영자와 계약을 체결하는 행위가 된다. 그것을 통해 승차권 구매자와 철도운영자 사이에는 지켜야 할 의무와 권한이 성립[71]된다.

그런데 승차권이 없어도 기차에 탈 수 있는 사람이 있다. 그것은 바로 승차증을 갖고 있는 사람이다. 승차증이란 승차권과 달리 일정한 자격을 갖춘 사람에게 무상으로 기차에 탈 수 있도록 해주는 증빙서이다. 과거 철도청 시절에는 국회의원이나 철도청 직원들에게 무임승차증이 발급되었다. 국회의원은 최고급열차인 새마을호를 무임으로 이용할 수 있었고, 직원들은 직급에 따라 통일호, 무궁화호, 새마을호를 무임으로 이용할 수 있었다. 승차증을 소지한 사람은 직원이 요구할 때, 신분을 증명할 수 있는 공무원증이나 주민등록증을 제시해야 했다. 승차증에는 그 승차증을 사용

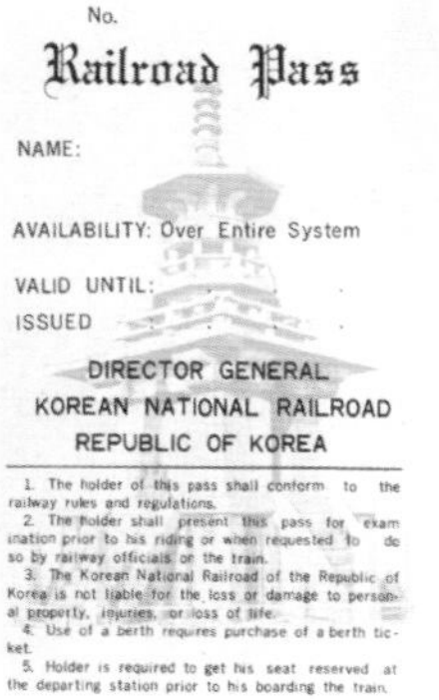

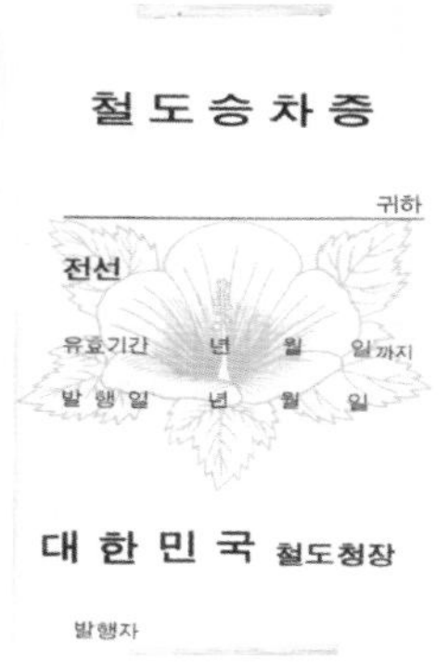

승차증
L 커버 R 내지

할 수 있는 사람의 사진을 붙이고 이름, 연령, 무임으로 탈 수 있는 열차의 등급이 쓰여 있었다. 당시 직원들은 정해진 등급 이하의 열차에 무임으로 승차할 수 있었고, 승차증 번호를 입력하여 좌석지정도 받을 수 있었다.

현재 직원에 대한 무임승차증 발행제도는 폐지되었지만 무임승차 제도는 살아 있다. 곧 별도의 무임승차증은 발행되지 않지만 직원들은 사원증을 제시함으로써 출퇴근 시 무임승차가 가능하다. 또한 공무출장의 경우 출장증번호에 의해 좌석도 지정받을 수 있다. 직원 자녀의 통학을 위한 무임승차증 제도도 아직 살아 있다. 일반열차의 경우 무궁화호, 전동차의 경우 거주지와 학교 소재지 인근의 코레일 관할 역까지 왕복이 가능한 승차증이 발행되는 것이다. 이러한 제도에 대해 특혜라는 이유로 그동안 비판이 많았던 것이 사실이다. 하지만 아직도 그 제도가 유지되고 있는 것은 안타깝게도 직원의 보수나 복지수준이 너무 열악하기 때문이다.

승차권은 불특정 다수인을 대상으로 하기 때문에 특수한 경우(범법자, 전염병환자 등)가 아니라면 누구라도 유상으로 구입할 수 있다. 또한 승차권은 대부분 무기명(無記名)[72]으로 발행된다. 따라서 다른 사람에게 주거나 팔더라도 승차권 표시액보다 더 받지 않으면 문제가 되지 않는다. 소유한 사람에게 권리가 부여되는 유가증권적 성격을 갖고 있는 것이다.

반면, 승차증은 불특정다수가 아닌 특정인에게 무상으로 발급된다는 점이 다르다. 또한 모두 기명식(記名式)이어서 승차증에 적힌 사람이 아니면 사용할 수 없다. 단순한 자격증명서이기 때문에 유가증권적 지위도 누리지 못한다.

여행 개시와 종료, A씨의 사례

우리가 여행을 하게 되면 어느 시점을 여행의 출발점으로 삼아야 할까? 그것은 사람마다 그 기준이 다를 것이다. 어떤 사람은 구체적으로 여행계획을 세운 날부터 여행이 시작되었다고 말할 것이고, 어떤 사람은 모든 준비를 갖춰 집을 나선 시점이 여행의 시작이라고 말할 것이다. 혹은 목적지에 도착했을 때 비로소 진정한 여행이 시작된 것 아니냐고 강변하는 이도 있을 것이다.

철도에서 말하는 철도여행의 개시는 출발역에서의 표확인으로부터 시작된다. 이것을 광복 이전에는 개찰(改札)이라고 했고, 전쟁 이후 개표(改標)라는 용어로 바뀌었다. 그러다가 1999년 한국철도창설 100주년을 맞아 철도용어를 순화하면서 '표확인'으로 다시 바꾸었다. 표확인을 하는 방법은 개표가위(punch)로 승차권 오른쪽 아랫부분을 잘라냄으로써 재활용이 원천적으로 불가능하도록 하는 것이었다. 그런데 이 방법은 에드몬슨식 승차권의 경우 문제가 없었으나 1980년대 중반부터 점차 승차권이 전산용지로 바뀌면서 얇아지자 효용성을 잃기 시작했다. 더구나 모든 열차의 좌석이 전산관리하에 들어가면서 승차권 위조나 변조를 막는다는 의미 자체가 무색하게 되었다.

현재 우리나라는 모든 일반열차에 대한 출발역에서의 표확인과 도착역에서의 집표과정을 생략하고 있다.[73] 1993년 5월 20일 새마을호로부터 시작된 표확인 생략과정이 지금은 모든 일반열차까지 확대된 것이다. 처음 시작된 그 당시는 말할 것도 없고, 현재의 세계적인 추세를 보더라도 파격에 가깝다.

표확인을 생략하게 된 표면적 계기는 고객신뢰를 바탕으로 한 서비스 향상이다. 이것은 표확인 과정을 '부정승차 사전방지'라는 행위로 바라볼 때에는 설득력이 있는 말이다. 하지만 실제로 표확인 과정은 여객안내의 핵심 중 하나다. 특히 현대의 철도처럼 열차계급이 다양하고 열차운행이 빈번한 상황에서는 안내의 역할이 더더욱 중요해지는 것이다. 그래서 철도선진국인 일본에서는 아직도 표확인 업무를 철저히 하고 있다.

KTX까지도 표확인 업무를 생략하게 된 근본적인 원인은 무엇보다도 인건비 문제가 걸려 있다. 직원의 보수 측면에서 볼 때 우리나라 공기업 중에서 최하위 그룹에 속해 있는 코레일은 정부로부터 끊임없는 인건비 감축 압박을 받고 있다. 이런 상황에서 살아남는 방법은 가급적 단순업무는 기계화하거나 생략하고, 혹은 외주화할 수밖에 없는 것이다.

자, 이제 A씨가 정당한 승차권을 소지하고 표확인을 받게 되면, 비로소 전통적인 의미에서의 철도여행이 시작된다. 그런데 표확인 절차를 생략하고 있는 우리나라에서는 그럼 어떤 시점을 여행 개시로 봐야 할까? 바로 '운임경계선[74]'을 지나는 시점이라고 볼 수 있다. 역에 가보면 예전 개집표기가 설치되어 있던 곳 바닥에 '운임구역(Paid Area)'을 표시하는 노란색 띠가 붙어 있는 것을 볼 수 있다. 이 띠는 정당한 승차권(또는 입장권)을 소지한 사람에게만 입장을 허가하는 운임구역과 누구나 출입이 가능한 비운임구역(Free Area)의 경계를 나타낸다. 비록 열차에 오르기 전이지만 이 경계선을 지남으로써 A씨는 법률적으로 철도여행을 시작한 것이 된다.

열차에 오른 A씨는 호차와 좌석번호를 확인하고 자리를 찾아 앉는다. 과거에는 차내 승무원이 검표(檢票)를 했다. 검표란 말 그대로 정당한 기차표를 소지했는지 검사하는 일이다. 일제강점기를 배경으로 한 영화를 보면, 만주와 국내를 오가는 우리나라 독립투사들이 열차 내에서 변장을 하고 일본군과 승무원의 날카로운 눈빛을 피하는 장면이 종종 등장한다. 또한 어느 나라 어느 시대를 막론하고 무임승차를 시도하는 이들에게 제일 곤혹스러운 순간이 차내에서 검표를 하는 승무원에게 들키는 것이리라. 검표하는 방법은 개표가위와 비슷하게 생긴 검표가위로 승차권에 작은 구멍을 뚫는 것이었다. 1980년대부터 등장한 지정공통승차권에는 구멍을 뚫지 않고 승무원이 펜으로 사선을 그었다.

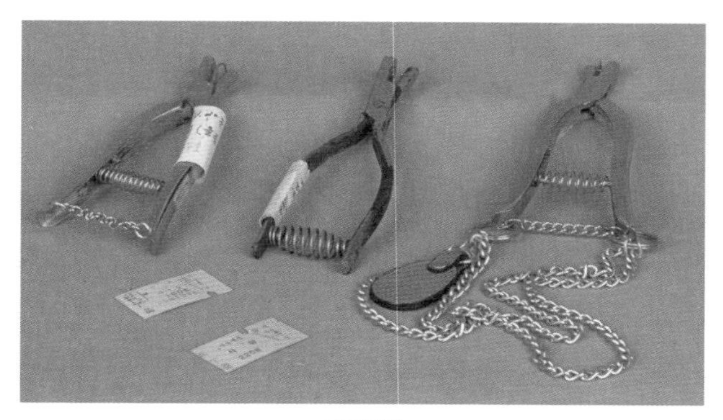

검표가위

그 시절 철도여행
L1 매표(계약의 성립) R1 개표(여행 개시)
L2 검표 R2 집표(여행 종료)

우리나라가 모든 일반열차에 대한 표확인 생략제도를 유지하고 있는 배경에는 정보통신 기술의 발달에 대한 신뢰가 깔려 있다. 우리나라의 모든 일반열차는 좌석지정을 기반으로 일부 입석과 자유석을 운영하고 있는데, 열차승무원이 휴대하고 있는 PDA(Personal Digital Assistant, 개인용정보단말기)에는 해당 열차의 모든 좌석에 대한 정보가 입력돼 있다. 곧 출발역에서의 표확인 절차가 생략된다고 하더라도 차내에서의 표검사를 통해 부정승차 단속 및 승차권 재발행 등의 안내가 가능하다는 것이다. 그래서 열차승무원은 PDA와 실제 차내현황을 비교하여 이상이 있을 경우에만 승객에게 표확인을 요청하게 된다. 물론 입석과 자유석 승객은 모두 검표 대상이다.

철도여행 경험이 많은 A씨는 자신의 자리에 앉아 있었기 때문에 목적지에 도착할 때까지 승무원의 표확인 요청을 받지 않았다. 책을 읽으며 문자도 확인하고, 차창 밖 멋진 풍경을 내다보다가 깜빡 졸고 있는데 핸드폰 알람이 울렸다. 목적지에 도착한 것이다.

과거에는 목적지 역에 내리면 철도여행을 종료하는 집표과정이 있었다. 사용한 승차권을 회수하는 것이다. 역시 이 과정에서 연계교통수단이나 주변 관광지, 맛집 등에 대한 안내가 이루어진다. 그리고 회수된 승차권 뒷면에는 집표인(集票印)을 찍어 모아두었다가 폐기처분했다. 폐기절차 또한 단순하지 않아서 서울로 보내 파쇄 후 녹임으로써 부정 재활용을 원천봉쇄했다. 바로 이러한 철저한 폐기절차가 과거의 사용 후 승차권을 찾아보기 어려운 근본적인 원인이다. 출발역에서의 표확인뿐만 아니라 도착역에서의 집표과정도 생략되면서 사용 후 승차권은 영수증으로 활용하거나 버릴 수 있게 되었다. 게다가 온라인 승차권이 활성화하면서 집표라는 과정 자체가 의미를 잃게 된 것이다.

이렇게 A씨가 도착역에 내려 운임구역을 빠져나오면서 법률적 의미에서의 철도여행은 마무리되었다. 이제 역 맞이방(대합실)을 나서면 또 다른 여행이 시작되는 것이다.

plus! “지공거사(地空居士) 나가신다 길을 비켜라!”

철도에 근무한다고 하면 다들 기차 공짜로 탄다고 무척 부러워한다. 그런데 철도를 공짜로 타는 것은 출장이나 출퇴근에 한정되기 때문에 정작 철도인들은 이것을 특권이라고 생각하지 않는 경향이 있다. 철도에 근무하지 않아도 철도를 공짜로 이용하는 사람들이 있다. 바로 '지공거사'이다. 지공거사란 지하철을 공짜로 이용하는 사람들이 스스로를 멋들어지게 부르는 명칭이다. 지하철의 경우 만 65세 이상의 노인, 국가유공자, 장애인, 유아 등에게 무임승차서비스를 제공하고 있다. 최근에는 평균수명이 늘어나면서 노인의 기준을 70세 또는 그 이상으로 올려야 한다는 논의도 활발하게 진행되고 있다.

이러한 제도 덕분에 단돈 5,000원만 있으면 서울에서 천안에 가서 국밥을 먹고 시내 구경을 한 다음에 저녁에 귀가하거나, 용산에서 춘천에 가서 막국수 한 그릇 먹고 바람을 쐬고 올 수도 있게 되었다. 이것이 하나의 풍속도로 소개될 정도로 용산역이나 영등포역에서는 급행전동열차를 기다리는 많은 '지공거사'를 볼 수 있다.

전체 수도권전철 이용객의 40퍼센트에 육박하는 무임수송은 운영자 입장에서는 무척 부담이 되고 있다. 직원의 경우 코레일은 국가에서 100퍼센트 출자한 공기업 직원이고, 서울교통공사의 경우 지자체인 서울시의 산하기관이기 때문에 운영 성적과 관계없이 근로자에게 보수가 주어진다고 할 수도 있지만, 법으로 강제된 무임수송 때문에 발생하는 강요된 적자이기에 그럴 수밖에 없다. 그나마 코레일의 경우에는 PSO(Public Service Obligation)라고 해서 공익서비스의무에 대해 국가에서 일부를 보전해주는 제도가 있지만, 각 광역시에서 운영하는 도시철도에는 이런 혜택이 거의 주어지지 않고 있다.

일부에서는 천편일률적인 무임승차제도보다 교통비 지급이 낫지 않느냐는 주장도 하고 있다. 그 교통비로 버스나 지하철을 이용하도록 하면 운영기관의 적자문제도 해결되지 않느냐는 것이다. 하지만 그렇게 되면 대부분의 노인들은 교통비를 아껴서 손주들 용돈으로 주든지 생활비에 보탤 것이기에 노인들의 활동이 크게 위축될 것이고, 활동이 위축되면 전반적인 건강 악화로 의료비 등이 급증하여 국가적으로 볼 때 무임승차제도가 더 이익이라는 의견이 지배적이다.

아무리 사회적으로 합의된 좋은 제도라고 해도 철도운영자 입장에서는 강요된 적자가 반가울 리 없다. PSO 보상이 제대로 이뤄져서 지공거사께서도 떳떳하게 전철을 이용하고, 직원들도 마음으로부터 우러나오는 친절을 베풀 수 있는 날이 빨리 오기를 기다린다.

철도승차권 이야기

에드몬슨식 승차권 전성시대

직사각형의 마분지(馬糞紙)에 출발하는 역과 도착하는 역, 운임 등이 표시되어 있는 기차표는 고속철도 이전 시대를 경험한 중·장년 세대에겐 아주 익숙한 것이다. 이렇게 규격화하기 전에는 다양한 크기와 모양을 가진 기차표가 다양한 재질로 만들어져 회사마다 달리 사용되었다. 이 네모난 형태의 기차표는 1839년경 영국의 철도인 토머스 에드몬슨(Thomas Edmondson, 1792 ~1851년)이라는 사람이 고안한 것으로, 그의 이름을 따서 에드몬슨식 승차권이라고 부른다.

에드몬슨은 뉴캐슬&칼라일철도(Newcastle and Carlisle Railway) 회사의 밀튼역 역장으로 재직할 때 기존 수기식(手記式) 승차권이 위조 등으로 문제가 많은 것을 느끼고 새로운 형태의 승차권과 그 인쇄기계를 발명했다. 세월의 흐름에 따라 혹은 운영기관에 따라 조금씩 달라졌지만, 대체적으로 두꺼운 직사각형 종이 앞면에 출발역과 도착역·열차등급·운임 등을 인쇄하고 뒷면에는 승차권 일련번호가 찍혔다. 승차권 발매 시 일부기를 통해 승차연월일을 날인했으며, 열차번호와 호차, 좌석번호는 손으로 적어주는 형식이었다.

1899년 9월 18일 우리나라의 철도승차권은 이러한 에드몬슨식 승차권으로 시작됐다. 에드몬슨식 승차권도 여러 종류로 나뉘는데 발역과 착역, 운임 등이 미리 인쇄돼 있어서 필요할 경우 열차번호와 좌석번호 등만 적어서 사용할 수 있는 '상비권(常備券, 상비승차권)'이 있다. 승객들이 많이 이

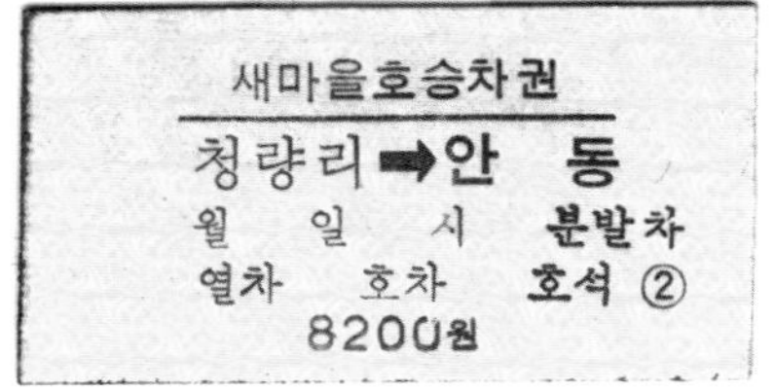

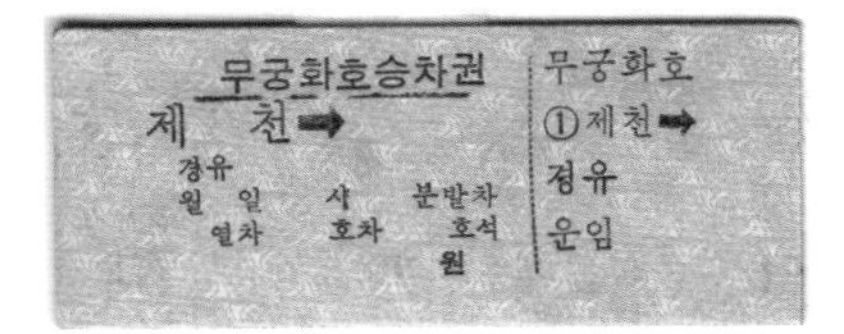

에드몬슨식 승차권
L1 새마을호 승차권(상비권)
R1 비둘기호 승차권(상비권)
L2 무궁화호 승차권(보충권)
R2 통일호 승차권(보충권)

용하는 구간의 경우엔 이렇게 미리 인쇄되어 있는 상비권을 사용했다. 그런데 평상시 이용객이 거의 없는 구간 같은 경우에는 상비권이 아닌 '보충권(補充券)'을 사용했다. 보충권이란 도착역이 인쇄돼 있지 않은 승차권이며, 도착역이 없으니 당연히 운임도 인쇄돼 있지 않았다. 승객이 가고자 하는 역을 적고 그에 맞는 운임을 적어서 판매한 것이다. 물론 좌석지정열차일 경우에는 매표직원이 승차일시와 열차번호, 호차와 좌석번호로 적어서 판매해야 했다.

어린이를 예전엔 '소아(小兒)'라고 했는데, 소아용 상비권이 없는 경우에는 어른 승차권의 오른쪽 빗금 부분을 잘라내고 왼쪽 부분을 팔았다. 물론 잘라낸 오른쪽 부분[75]은 마감할 때 첨부하여 소아용 판매근거로 보고해야 했다. 절편을 잘라내도록 되어 있는 것은 보충권도 마찬가지였다. 절편을 잃어버리면 돈을 물어내거나 무척 곤란한 상황에 처하기 때문에 매표담당

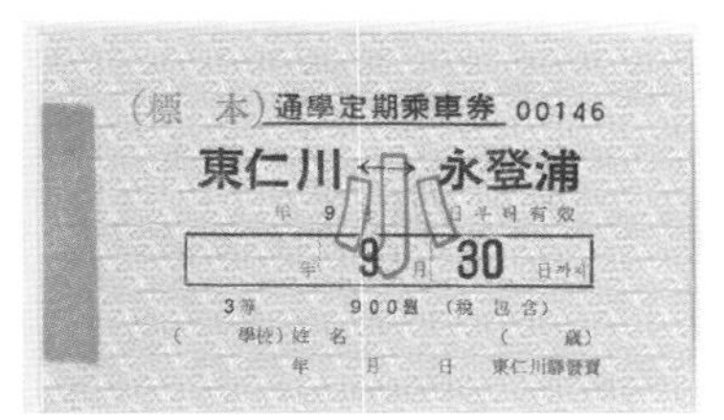

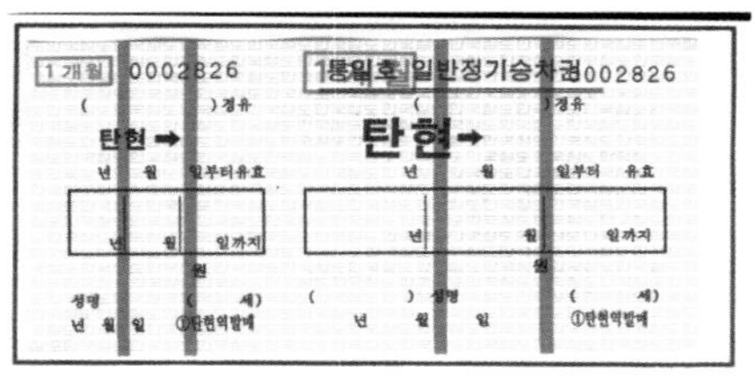

책자식 승차권

L1 차내승차권(대용승차권)
R1 통학정기승차권(상비권)
R2 일반정기승차권(보충권)
R3 단체승차권(갑편)

자는 절편에 송곳으로 구멍을 뚫은 다음 노끈으로 꿰어서 보관하곤 했다.

승차권의 종류에는 에드몬슨식 외에 책자식 승차권이 있다. 책자식(冊子式) 승차권이란 에드몬슨식 승차권처럼 한 장씩 낱개로 인쇄돼 있는 것이 아니라 여러 장이 마치 책처럼 묶여 있는 승차권을 말한다. 대표적인 경우가 지금처럼 PDA가 발달되지 않았을 때 열차승무원이 가지고 다니던 '대용(代用)승차권'[76]이 있다. 역 직원이 근무하지 않는 간이역에서 승차했거나 승차구간을 연장하거나 무임승차자에게 승차권을 발행할 때 사용하였다. 대용승차권은 말하자면 백지수표나 마찬가지여서 승차구간, 열차종별, 승차인원, 운임요금 등이 모두 선택형 내지는 빈칸으로 되어 있었다.

백 원짜리 승차권이 될 수도 있고 경우에 따라 백만 원짜리 승차권이 될 수도 있는 것이다. 그렇기 때문에 한 번 발행 시 갑, 을, 병 3편을 같이 발행하여 두꺼운 종이로 되어 있는 갑편은 승객용, 을편은 보존용, 병편은 보고용으로 사용했다. 따라서 1980년대까지만 해도 승무원은 시커먼 먹지 휴대가 필수였고, 훗날 먹지가 필요 없는 특수용지가 나오면서 책받침만 가지고 다니게 되었다.

역에서 사용하는 대표적인 책자식 승차권으로는 정기승차권과 단체승차권이 있었다. 정기승차권도 상비권과 보충권이 있어서 보충권은 착역과 운임을 적어 판매했다. 정기승차권은 통근용과 통학용으로 구분되고, 기간에 따라 1개월용과 3개월용으로 나뉘었다. 단체승차권은 정기승차권과 달리 대용승차권처럼 갑, 을, 병 3편으로 나뉘어 있었다. 먹지를 넣고 발행하여 승객에게 승차권(갑편)을 교부한 후에도 역에 존본(을편)이 남고, 마감 시 보고편(병편)을 첨부해 관계처에 보고했다.

회수승차권

책자식과 에드몬슨식 중간쯤에 있는 승차권으로 회수승차권(回數乘車券)이 있었다. 이 승차권은 철도보다 버스에서 많이 이용되었는데, 철도에서는 11장의 연이은 승차권을 10장 값으로 판매했다. 정기승차권을 살 정도는 아니지만 일정구간을 자주 오가는 승객을 위해서 만든 제도이며, 좌석을 지정하지 않는 열차를 대상으로 하거나 좌석을 지정하지 않는 것을 조건으로 발행했다. 통용기간은 1개월 또는 2개월이었다. 역시 보충권 제도가 있었고, 보충권의 경우엔 보존편과 보고편이 있어야 하므로 3편제로 되어 있었다.

모든 에드몬슨식 승차권과 책자식 승차권의 갑편에는 위조와 변조를 막기 위한 지문(指紋)이 인쇄돼 있었다. 연속무늬로 되어 있는 이 지문에는 철도운영기관 명칭이 원형으로 들어가 있었고 열차종별(등급)에 따라 색상이 달라서 매우 다양했다. 게다가 할인여부와 후급, 특실 등의 표기가 있어서 승차권을 전문적으로 수집하는 이들은 이것을 종류별로 모으는 것을 큰 낙으로 삼고 있다.

승차권에 인쇄되는 역명과 열차종별 등은 경인철도시대부터 1960년대까지 모두 한자와 아라비아숫자가 사용되었다. 한글이 승차권에 인쇄되기 시작한 것은 1970년대에 들어서면서부터였다.

전산승차권의 등장

에드몬슨식 승차권이 우리나라 철도에서 완전히 사라진 것은 2004년 4월 1일 고속철도 개통이 계기가 되었다. 그러나 그 전부터 에드몬슨식 승차권은 서서히 전산승차권에 자리를 내주고 있었다. 필자가 우리나라 철

L 철도승차권 전산발매 개시 R 전철승차권 자동발매기

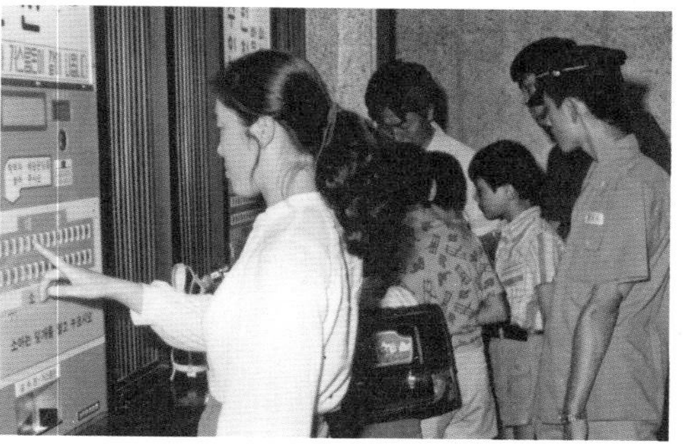

도 역사에서 가장 역사적인 사건 열다섯 가지를 뽑을 때 1980년대를 대표하는 사건으로 뽑는 것이 바로 철도승차권 전산발매 개시이다. 1981년 10월 1일, 이날 전산발매기가 설치된 서울역을 비롯한 시범역에서 새마을호 열차 승차권을 전산발매하기 시작한 것이다. 1984년 10월 1일에는 전국 주요 역과 여행사에 전산발매기가 확대 설치되면서 전산발매 대상열차가 새마을호에서 경부·호남·전라·경전선의 무궁화호와 통일호에 이르기까지 모든 좌석지정열차로 확대되었다. 1986년 12월 1일에는 충북선과 장항선, 1987년 10월 15일에는 중앙선과 경춘선, 1988년 9월 1일에는 태백선과 영동선 각 역에도 전산발매기가 설치되면서 전국 각 역에서 전산승차권 발매가 가능하게 되었다.

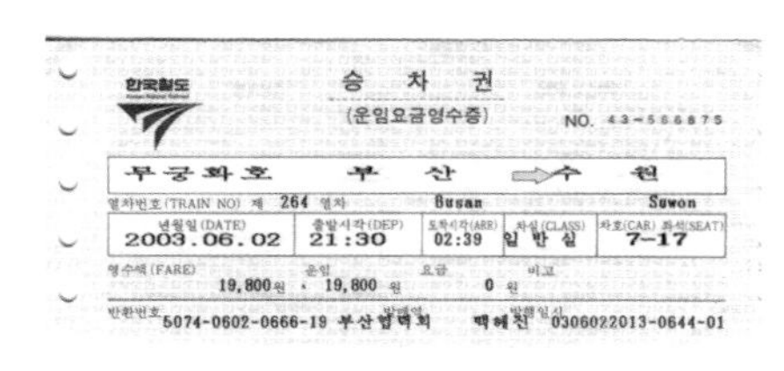
한국철도
승 차 권
(운임요금영수증)
NO. 43-566875
무궁화호 부 산 ⇒ 수 원
열차번호(TRAIN NO) 제 264 열차 Busan Suwon

년월일(DATE)	출발시각(DEP)	도착시각(ARR)	차실(CLASS)	차호(CAR) 좌석(SEAT)
2003.06.02	21:30	02:39	일 반 실	7-17

영수액(FARE) 19,800원 운임 19,800원 요금 0원 비고
반환번호 5074-0602-0666-19 발매역 부산협력회 백혜진 발행일시 0306022013-0644-01

지정공통승차권(전산단말기용)

전산발매기에서는 승객의 요구에 따라 승차일시와 열차종별 등을 입력하면 발행 가능한 열차와 차실, 좌석 현황 등이 모니터에 보이고, 특실이나 일반실, 매수 등을 선택하면 모니터에 운임요금이 나타나도록 되어 있었다. 발권키를 누르면 지정공통승차권(指定共通乘車券)이라는 전산용지에 도트프린터가 특유의 소리를 내면서 승차권을 토해냈다. 지금 생각하면 아무것도 아닐지 몰라도, 기존의 에드몬슨식 승차권을 발매하던 역 직원들에게 이것은 완전히 신세계였다. 그 충격은 평생 라디오만 듣다가 텔레비전을 처음 보았을 때와 비교할 수 있을까?

기존의 매표창구는 각 창구별로 승차권이 빼곡하게 꽂혀 있는 승차권함이 비치돼 있었다. 승차권함은 승차권의 폭과 100장이 조금 넘는 승차권을 넣을 수 있는 높이를 기준으로 수십 개의 칸이 나뉘어 있었다. 각 칸에는 열차종별과 도착역 순서대로 승차권이 꽂혀 있었고, 상비권뿐만 아니라 보충권도 꽂혀 있었다. 함 아래쪽에는 작은 서랍이 있어서 할인이나 후급 취급, 정기권 발행 시 필요한 각종 고무도장이 들어 있었다.

함 밑에는 현금함이 있어서 수입금과 거스름돈이 보관되고, 당연히 잠금장치가 마련돼 있었다. 창구를 기준으로 승차권함 반대쪽에는 각종 책자며 장부가 꽂혀 있었다. 여기에는 역간 거리와 거리별 운임 조견표, 단체운임 계산법 등 업무상 꼭 필요한 정보가 담겨 있었고, 각종 규정과 열차시간표[77]도 있었다.

그중 가장 중요한 것이 좌석리스트였는데, 이것은 각 역에 배정된 열차별 좌석배정표였다. 예를 들어 서울에서 부산까지 가는 새마을호 제1열차가 수원, 천안, 대전, 동대구역에 정차한다고 하면, 각 정차역별로 자기 역에서 팔 수 있는 호차와 좌석번호가 지정돼 있었다. 따라서 매표담당자는 표를 한 장씩 팔 때마다 좌석대장을 확인하여 승차권에 호차와 좌석번호를 기입하고, 발매한 좌석은 반드시 표시하여 좌석이 중복되지 않도록 해야 했다. 만약 자기 역에 지정된 좌석이 남거나 부족할 경우에는 다른 역에 연락하여 유용(流用)을 주거나 받도록 했다.

필자가 처음 발령받은 태백선의 연하역은 특급열차가 정차하지 않는 작은 역이었다. 당시 영월읍 쪽으로 커다란 규모의 기도원이 있었는데, 이 기도원에서 가끔 특급열차를 타고 청량리로 가는 승객이 있었다. 물론 영월역에서 타는 승객이었다. 기도원에서 전화가 오면 매표담당자였던 필자는 영월역에 얼른 전화해서 해당 특급열차의 좌석을 유용받았다. 그리고는 특종보충권을 타역발(他驛發) 승차권 용도로 써서 승차권을 발행한 후 배달을 해주었다. 도로가 포장돼 있었지만 자전거를 타고 30분 정도 걸렸던 것 같다. 기도원 입장에서는 영월역까지 나가지 않고 간편하게 승차권을 구입할 수 있다는 장점이 있고, 연하역 입장에서는 보통승차권만 팔다가 특급승차권을 팔면 큰 수입을 올릴 수 있다는 장점이 있었다. 맑디맑은 동강(東江) 지류를 따라 자전거를 달리던, 지금 생각하면 호랑이 담배 피우던 시절의 이야기이다.

에드몬슨식 승차권의 경우엔 아무리 능숙한 직원이라고 해도 철야근무를 마치고 아침에 교대를 위해 마감을 할 때면 신경을 바짝 써야 했다. 승차권함의 수십 개 승차권마다 발매내역을 확인하고, 현금합계를 맞추고, 소아용 절편과 보충권 절편은 맞는지도 확인해야 했다. 집표인의 날짜와 일부기 날짜도 바꿔야 하고, 써야 하는 장부는 얼마나 많은지……. 매일 이런 업무가 반복되다가 키보드만 조작하면 출발역과 도착역에 따른 열차번호와 좌석번호, 운임요금이 모두 표시될 뿐만 아니라 마감도 전산으로 이뤄지니 이것은 천지개벽과 같은 획기적인 사건이었다. 승객의 입장에서도 마찬가지였다. 원하는 구간과 시간대만 말하면 모니터에 구입 가능한 열차와 좌석유무, 운임요금이 다 보여서 부정(不淨)이 개입할 여지도 없고 좌석중복 염려도 없었다. 게다가 시간까지 절약되니 일석삼조(一石三鳥)였다.

고속철도 개통과 자성승차권

이렇게 좋은 전산발매에 의한 지정공통승차권도 한계가 있었다. 그것은 발매 이후 표확인이나 검표, 집표 과정에서는 에드몬슨식 승차권과 큰 차이가 없다는 것이었다. 이 시스템은 2004년 4월 고속철도 개통을 앞두고 다시 한 번 대변신을 맞게 되는데 바로 자성(磁性)승차권의 등장이었다. 자성승차권은 승차권 용지 뒷면에 자성띠(Magnetic Stripe)를 입히고, 발행시 각종 정보를 입력하는 방식의 승차권이다. 수도권전철 구간에서는 이미 1986년 9월 1일부터 역무자동화가 실시되어 자성승차권이 사용되고 있었으나 일반철도에서는 2004년 3월에야 처음 사용되었다.

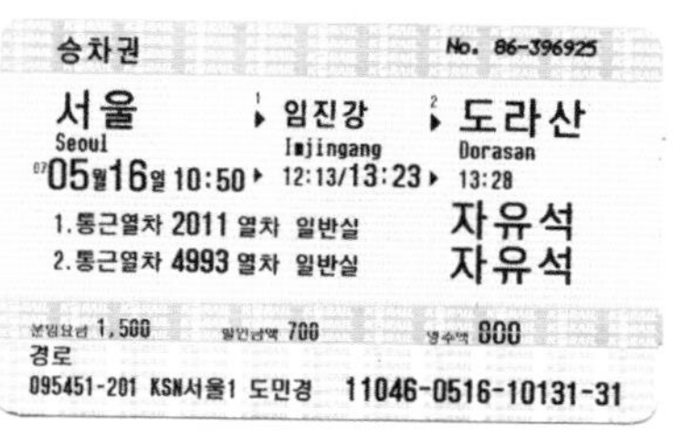

자성승차권

자성승차권의 장점은 전산발매 기능뿐만 아니라 개집표 시스템과 연결되어 부정승차 단속, 통계자료 집계 등이 가능하다는 것이다. 전국의 고속철도 정차역에는 자성승차권을 발권할 수 있는 장비와 전용 개집표기가 설치되었으며, 고속철도 개통일인 2004년 4월 1일을 기해 모든 에드몬슨식 승차권과 일반 책자식 승차권의 사용이 중지되었다. 그런데 자성승차권 발매시스템은 고가였기 때문에 모든 지정공통승차권 발매시스템을 대체하는 데에는 시간이 많이 걸렸다. 그런데 정작 자성승차권을 인식할 수 있는 자동개집표 시스템은 내구연한을 앞두고 2009년 8월 3일 서울역을 시작으로 전국의 모든 개집표기가 철거되었다. 새로운 시스템을 도입하는 것보다 KTX 개집표 생략이 이익이라는 결단을 내린 결과라고는 하지만, 정책적 판단과는 별개로 그 비싼 시스템의 내구연한이 고작 5년 남짓이었다는 것은 쉽게 이해가 가지 않는다.

e-티켓의 등장

자동개집표 시스템이 철거되면서 자성승차권 발매시스템에 의해 발행된 승차권은 본질적으로 지정공통승차권과 별 차이가 없게 되었다. 다만 승차권 용지규격과 디자인, 인쇄방식이 바뀐 것뿐이다. 그런데 다행스럽

홈티켓

게도 승차권의 진화는 여기서 그치지 않았다. e-티켓이라고 부르는, 역이나 여행사에서 발행하는 승차권이 아니라 예약된 승차권을 온라인을 통해 집에서 발권하는 '홈티켓(Home-Ticket)', 예약정보가 입력된 휴대전화를 이용하는 'SMS(Short Message Service)승차권' 등이 속속 개발되어 고객들의 사랑을 받게 된 것이다.[78]

철도에서의 홈티켓이란 집에서 발권이 가능한 승차권(自家發券乘車券), 또는 그것이 가능한 시스템을 말한다. 원시단계의 홈티켓은 역이 아닌 곳에서도 승차권을 구입할 수 있도록 해주는 시스템이었다. 철도역이 아닌 집 근처의 여행사나 은행, 우체국 등에서 승차권을 구매할 수 있도록 하는 철도승차권 판매대리점 시스템이 홈티켓의 원조였다고 할 수 있다. 여기서 한 단계 발전한 것이 전화나 인터넷을 통한 승차권 예약제도이다. 역이나 판매대리점에 가지 않아도 집에서 편히 철도승차권 예약이 가능하게 되었고, 나중에는 결제까지 가능한 시스템으로 발전했다.

2005년 4월 1일, 코레일은 고속철도 개통 1주년을 맞아 진정한 홈티켓 시스템을 가동하게 된다. 이것은 예약과 결제단계를 뛰어넘어 발권까지도 가능하도록 한 시스템이다. 이전까지는 예약과 결제를 했다고 하더라도 승차권을 직접 발권하기 위해서는 역이나 판매대리점, 혹은 자동발매기를 이용해야만 했다. 그런데 홈티켓 시스템 덕분에 철도 이용자들은 기차표를 예약·결제한 후 컴퓨터의 프린터를 이용해 발권까지 가능하게 되었다.

자가발권승차권에 이어서 e-티켓의 하나로 2006년 9월 1일 등장한 것이 바로 'SMS티켓'서비스이다. 'SMS티켓'이란 휴대전화 문자서비스 기능을 활용한 것인데, 온 국민이 휴대폰을 사용하는 시대가 옴으로써 가능해진 것이다. 사용방법은, 코레일 누리집(홈페이지)에서 승차권을 예약 결제 후 'SMS티켓'을 선택하면 지정한 휴대전화에 인증번호가 전송되고, 인증을 통해 본인이 확인되면 'SMS티켓'이 문자메시지로 전송되는 것이다. 물론 결제자와 승차자가 동일하지 않아도 상관이 없다.

e-티켓이 구현하고자 하는 궁극의 서비스는 기차표를 편하게 구하는 차원을 넘어서 기차표 없이 기차를 타는 '티켓리스(Ticketless)'이다. SMS티켓서비스가 시작됨으로써 집에서 승차권을 발권하는 단계를 넘어 아예 발권이 필요 없는 승차권 시대가 도래한 것이다. 항상 몸에 지니고 다니는 휴대전화에 승차권이 저장되어 있으니 잃어버릴 염려도 없고, 체험할인 2퍼센트까지 제공되어 SMS티켓서비스는 선풍적인 인기를 끌었다.

모바일 시대로

그런데 세상은 몇 년 사이에 참 빨리도 바뀌어 온 국민이 인터넷 단말기를 들고 다니는 시대, 곧 스마트폰 대중화 시대가 왔다. 이와 함께 등장한 것이 바로 어플리케이션(앱)을 활용한 승차권 예약발권서비스이다. 이 서비스는 처음엔 '글로리코레일'이라는 이름으로 2010년 12월 8일부터 시행돼 온 국민의 사랑을 받다가, 2012년 11월 '코레일 톡(KORAIL Talk)'으로 이름이 바뀌었다. 기존 e-티켓과 다른 점이 있다면, 집이나 사무실, PC방 등 고정된 장소가 아닌 모바일 환경에서 손쉽게 승차권을 예약·결제하고,

바코드형 승차권

승차 변경이나 반환도 가능하다는 것이다. 그야말로 홈티켓의 지존 내지는 종결자라고 할 수 있을 것이다. 2009년부터 시작된 자동개집표기 철거 결정에는 이러한 e-티켓 대중화에 대한 확신도 작용했다고 할 수 있다.

한편, 자동개집표기가 모두 철거되자 운영비가 많이 드는 자성승차권 발권기를 계속 사용할 필요가 없게 되었다. 이에 따라 코레일은 2009년 12월 1일 바코드가 입력된 롤 형태의 감열지를 이용한 발매시스템을 새로 개발하여 기존 자성식 발매기와 교체해 나갔다. 롤지를 이용할 경우 원가를 절감할 수 있을 뿐만 아니라 이벤트나 기업광고 등 다양한 용도로 활용할 수 있기 때문이다. 지금도 전국 주요 역에는 신용카드나 현금으로 승차권을 구입할 수 있는 승차권 자동발매기가 설치돼 있다. 뒷면의 자성띠도 그대로이며 전산정보도 동일하게 입력되어 반환 등의 경우에 활용되고 있다. 자동발매기에서는 입장권도 발권할 수 있는데, 기념입장권이 아닌 일반입장권은 무료이다.

철도승차권의 1980년대 이후 변천과정을 보면, 우리나라 정보통신기술이 얼마나 급속하게 발전되었는지를 엿볼 수 있다. 승차권의 진화는 지금도 진행형이다. 당장 5년 후엔 어떤 모습일지 아무도 예측하지 못한다. 지금으로부터 불과 10년 전만 해도 지금과 같은 모바일환경의 대중화는 예상하지 못했던 것이다. 다만 한 가지 분명한 것은 이용자 편의를 지향한다는 것이다. 그 원칙 안에서 모든 가능성은 열려 있다.

기차와 군것질

빨간 모자와 하얀 모자를 찾아서

기차여행에서 빼놓을 수 없는 것이 군것질이다. 예전 세대에는 삶은 계란이나 사이다, 오징어, 김밥, 귤을 빼놓을 수 없었고, 세월이 흐르면서 카스텔라, 바나나우유, 양갱, 호두과자, 훈제오징어, 소시지가 주력상품의 자리를 주고받았다.

철도에서는 역 맞이방이나 타는곳, 열차 내에서 이뤄지는 판매행위를 구내영업(構內營業)이라고 부른다. 지금은 엄격한 절차와 계약에 의해 사업자가 선정되고 판매물품 역시 철저하게 관리되지만 과거에는 그렇지 않았다. 피서 철이 되면 밀짚모자를 쓴 아저씨가 몰래 기차에 올라와 쭈쭈바나 사이다를 팔기도 했다. 어떤 때에는 단속하는 승무원들과 쫓고 쫓기는 숨바꼭질도 하고 멱살잡이도 하곤 했다.

이런 구내영업은 언제부터 시작되었을까? 놀랍게도 우리나라 최초의 구내영업에 대한 첫 기록은 1899년 9월 27일, 그러니까 경인철도가 첫 가영업을 시작한 지 불과 9일 만에 시작된 것으로 나온다. 역구내에 홍모(紅帽)와 백모(白帽)의 영업을 허가했다는 것이다. 홍모라는 것은 빨간 모자를 뜻하며, 백모는 하얀 모자를 말한다. 홍모를 일본에서는 '아카보(あかぼう, 赤帽)'라고 하는데, 역구내에서 승객의 수하물 등을 운반해주는 일을 직업으로 하는 사람을 말한다. 백모는 '시로보(しろぼう)'라고 해서 원래 일본에서는 수하물 운반 등을 하는 여성을 뜻했지만, 우리나라에서는 도시락 등 식음료 판매허가를 받은 사람을 뜻했다고 한다. 그러니까 역 직원이 제복을

입듯이 영업허가를 받은 사람이 그 표시로 특정한 색상의 모자를 쓰고 업무를 수행했던 것이다.

이렇게 철도 창설기에는 별도의 조직이나 관리자 없이 일정 자격을 갖춘 이에게 영업을 허가해서 구내영업을 할 수 있도록 했다. 판매자들은 일정한 조합을 구성해서 철도국을 상대로 협상과 계약을 추진했으며, 그들은 대개 일본인 철도 퇴직자들이었다. 그러다가 1936년 7월 1일, 철도국에서는 재단법인 철도강생회(鐵道康生會)를 발족시킨다. 강생회의 회장은 철도국장이 당연직으로 맡고, 이사는 철도국 간부 중에서 회장이 5명을 임명했다. 강생회의 설립목적은 철도순직자 및 공상자, 퇴직자에 대한 생업보도사업으로서의 철도 구내 및 열차 내 영업이었다. 이것이 바로 우리가 알고 있는 홍익회의 전신인 것이다.

강생회가 발족한 보다 구체적인 이유는 철도 이용자가 늘어나면서 서비스 요구 수준 또한 높아졌기 때문이다. 주먹구구식 관리가 더 이상 통하지 않게 된 것이다. 예를 들어 철도 이용자들은 조선인이 대다수인데 허가받은 영업자는 일본인뿐이어서 조선인의 입맛에 맞지 않는 일본식 음식만 파는 것에 대해 불만이 제기되고, 위생관리가 제대로 되지 않아 대규모 식중독 사고가 터지기도 했다.

또 하나의 중요한 이유는 직업보도(職業輔導)였다. 1938년 10월 5일자 〈동아일보〉 1면에 실린 '철도국 조혼식 집행'이란 제목의 기사에 따르면, 철도창설 이래 순직자는 3,840명이 넘고, 그중 1938년에 합사한 순직자만 160명이었다. 전체 2만 명을 조금 넘는 조직에서 연간 순직자가 160명이라면 중경상자는 얼마나 많을 것인가? 당시 제국주의 확장을 위한 전쟁의 최전선에 서 있던 철도 종사자들의 희생이 얼마나 컸는지 알 수 있는 대목이다. 이들과 그 가족에 대한 생계지원을, 전쟁에 모든 것을 쏟아 붓고 있는 국가에만 맡길 수 없었던 것이다.

이렇게 해서 출범한 (재)철도강생회는 1943년 12월 조선총독부 철도국이 교통국으로 조직을 개편하면서 (재)교통강생회로 명칭을 바꾸었다. 4·19 이후 1961년부터는 (재)강생회, 1967년부터는 (재)홍익회란 이름으로 그 사업을 이어갔다. (재)홍익회는 국가기관인 철도청이 2005년 공기업으로 전환되면서 구내영업 부문을 떼어 코레일 계열사인 (주)한국철도유통으로 분리시키고, (재)홍익회는 순직자 및 그 가족에 대한 원호사업만을 유지하고 있다. 또한 (주)한국철도유통은 모회사인 코레일의 방침에 따라 2007년 3월 30일 코레일유통(주)로 사명을 변경하여 현재에 이르고 있다.

벤토? 역반? 도시락!!

열차에서 팔리는 상품 중에서는 바나나우유가 가장 인기라고 하지만 이것은 2010년 이후의 이야기이고, 철도 역사 전체를 놓고 보면 가장 인기 있는 품목은 역시 도시락이다. 앞에서 살펴본 바와 같이 도시락은 광복 이전에는 주로 '벤또(べんとう, 弁当)'라고 불렸고, 1938년까지는 허가를 받은 구내영업 조합소속 업자들이 역구내나 열차에서 정해진 가격에 판매했다.

철도국에서 가장 신경을 썼던 부분은 정해진 가격대로 판매되는지, 위생상의 문제는 없는지 하는 것이었다. 당시 도시락 가격의 책정이나 판매량이 신문에 보도될 수밖에 없었던 것은, 기차 도시락이 서민의 생활과 직결된 먹고 사는 문제였기 때문이다. 지금이야 무궁화호를 타고 아무리 먼 구간을 간다고 해도 6시간 미만이지만, 당시에는 10시간 이상 차를 타는 것이 보통이고 며칠씩 기차를 타기도 했다. 기차 속도도 속도려니와 대륙

열차 내 도시락의 변천

연도별	종류	가격	비고
1921. 8. 24	상등벤토	40전	
	보통벤토	20전	
1923. 5. 15	상등벤토	40전	
	보통벤토	35전	
1929. 12. 20	벤토	35전	
	약밥	30전	
1930. 1. 1	벤토	35전	
	차	8전	
1938. 11. 1	벤토	30전	5전 인하
1939. 9. 14	벤토	25전	
1939. 11. 25	상등벤토	40전	주요 12개 역에서 시범 판매
	보통벤토	25전	
1955. 8. 31까지	특제역반(驛飯)	200환	
	보통역반	150환	
	닭밥	100환	
	초밥	150환	
1955. 9. 1 이후	특제역반	300환	
	보통역반	200환	
	닭밥	120환	
	초밥	200환	
1964. 10. 30	특제도시락	80원	종이상자, 밥 418g, 14찬 300g
	보통도시락	30원	나무상자, 밥 338g, 5찬 184g
	초밥·닭밥	20원	나무상자, 338g(반찬 포함)
1970. 2. 25	특제도시락	200원	
	일반도시락	100원	
1975. 8. 28	도시락	300원	식중독 사고로 이후 4년간 도시락 판매 중지
	김밥	170원	
1976. 6. 1	비프 스테이크	1,800원	열차식당 판매
	함박 스테이크	1,000원	
	도시락/샌드위치	600원	
1980. 1. 6	김밥	500원	일반도시락 판매중지
1983. 1. 1	비프 스테이크	5,000원	역 그릴, 열차식당 가격
	햄버거 스테이크	3,000원	
	도시락	2,500원	
1983. 7. 1 서울플라자호텔 직영	비프 스테이크	7,500원	새마을호, 그릴 8,000원
	햄버거 스테이크	4,500원	새마을호, 그릴 5,000원
	도시락	3,000원	
1989. 5. 29	도시락	3,500원	
	식당차 도시락	5,000원	

연도별	종류	가격	비고
1995. 8. 8	식당차 도시락	7,000원	
1997. 12. 24	도시락	4,000원	스낵카 판매
2002. 1	객실용	6,000원	한화개발 식당차 연결열차
	모듬	8,800원	
	갈비살찜	10,000원	
	객실용	4,000원 5,000원	식당차가 연결되지 않은 열차
	김밥	3,000원	
2002. 8. 21	우엉김밥	3,000원	
	고추오뎅김밥	3,000원	
	세트김밥	4,000원	
2002. 10. 5	미니김밥/충무김밥	꼬마김밥	1,500원
	김밥	3,000원	
	도시락	5,000원	
	식당차 도시락	7,500원	
2003. 3. 26	삼각김밥	700원	
2004. 9. 1	불고기정식	7,000원	KTX 내 판매(런치 벨)
	참치김밥	3,000원	
2010. 8. 1	한식도시락	7,500원	
2012. 5. 10	커틀릿/주먹밥	5,000원	레일 락
	제육볶음/데리야키	7,500원	
	오삼불고기/떡갈비	10,000원	
2014. 3	제육불고기	7,500원	KTX-산천 열차카페 전용도시락 치킨치즈덮밥 5,000원 불고기치즈덮밥 5,000원
	떡갈비/함박스테이크	10,000원	
	단호박 두부 스테이크	7,500원	

출처: 『코레일유통 80년사』(2016). <동아일보> 연도별 기사 참고

까지 연결돼 있었기 때문이다. 따라서 차내에서 끼니를 해결하는 것이 선택이 아닌 필수요건이었다.

1923년의 통계를 보면, 1922년 4월부터 1923년 3월까지 1년 동안 40전짜리 상등벤토는 52만 4,439개가 팔렸으며 35전짜리 보통벤토는 8만 3,529개가 팔린 것으로 나와 있다. 하루 평균 1,666개가 팔렸다는 얘기다. 1921년 이후 시대별 도시락의 판매가격은 위의 표와 같다.

끽다점을 아십니까?

지금의 우리나라를 '커피왕국'이라고 부르는 이들도 있다. 어떤 것을 기준으로 삼느냐에 따라 다양한 통계가 있지만, 관세청의 통계에 따르면 2017년 한 해 동안 한국인이 마신 커피는 모두 265억 잔에 이른다고 한다. 전 국민이 1인당 512잔의 커피를 마신 셈이라고 한다. 국내 커피시장 규모는 11조 7,000억여 원이라고 하니 경부고속철도 1단계구간 공사비보다는 적고, 2단계 공사비보다는 많은 돈이다. 1인당 소비량은 최근 5년 평균 매년 7퍼센트씩 증가하고 있고, 커피시장 규모는 2014년부터 2016년까지 연평균 9.3퍼센트씩 증가하고 있다고 한다. 이제 우리나라는 커피를 소비만 하는 것이 아니라 고흥이나 담양 등 남쪽지방에서는 커피나무를 재배하여 생산하는 단계에까지 돌입했다.[79]

그렇다면 우리나라 최초의 커피점은 언제 어디에 만들어졌을까? 많은 이들이 1920년 서울 본정 2번지에 만들어진 다리야 깃사텐[ダリヤ喫茶店]으로 알고 있었다. 하지만 그보다 11년 전인 1909년 11월 1일 남대문역에 '깃사텐'이 영업을 개시했다는 사실이 밝혀졌다. 우리나라 커피점의 역사가 11년 앞당겨진 것이다. 남대문역이란 지금의 서울역이다. 끽다점이란 지금으로 치면 다방으로, 당시 운영자는 물론 일본인이었다. 강생회가 직접 다방을 운영하기 시작한 것은 1943년 6월 15일 강생호텔을 매입한 이후부터였다. 또한 다방을 구내영업의 한 형태로 시작한 것은 1961년 3월 14일 부산역이 최초였다. 전국 주요 역에 다방이 들어선 것은 1970년대부터였고, 1980년대에 들어서면서 '홍익휴게실'이란 이름으로 커피뿐만 아니라 음료 판매도 병행했다.[80]

1969년 9월 9일부터는 식당차가 연결되지 않은 일반열차에 여성 커피

전담판매원이 승차하여 커피를 판매하기 시작했다. 이 열차 내 커피 판매 업무는 홍익회에서 직영하기도 하고 외부에 위탁운영하기도 했다. 1984년 4월 30일부터는 인삼차 판매를 시작했고, 같은 해 6월 14일부터는 냉커피 판매를 시작했다. 냉커피는 6월에서 8월까지 하절기에만 판매했으며, 냉온커피 모두 한 잔당 250원이었다.

기호식품으로서 커피의 인기는 식을 줄 몰랐지만, 1991년 당시 여성 커피영업원의 평균 근속기간은 3개월에도 미치지 못할 정도로 근무조건은 열악했다. 결국 1993년 1월 1일자로 열차커피 전담판매제도가 전국 일원에서 폐지되었다. 커피는 기존 서비스카를 개조하여 병행판매할 수 있도록 하였고 남성 영업원들이 잡화와 함께 판매하게 되었다.

2000년대에 들어서면서 건강음료에 대한 관심이 높아졌다. 열차 내 믹스커피의 인기는 시들해지고 그 자리를 자판기의 캔커피가 차지하기 시작했다. 2004년 4월 1일 고속철도가 개통되면서 고속철도에서의 커피 판매는 동원F&B에 위탁운영하고 새마을호와 무궁화호의 열차 내 판매만 직영하게 되었다.

KTX 내부 자동판매기

1분 30초에 한 번?

1963년 8월 29일자 <동아일보>에는 열차 내 영업과 관련된 '재미있는' 기사가 하나 실렸다. 당사자 입장에서는 괴로움을 호소한 것인데 이것

◎ ◎

동아일보 1969년 8월 29일자 3면

객차 장사치 사태
손님들 불편 많다

지난 19일 무의촌 진료를 마치고 4시 50분 목포발 서울행 열차를 타고 오는 중에 재미있는 '데이터'를 얻었다.
즉 내가 타고 있는 3등열차에 한 시간 동안 지나가는 강생회 판매원을 계산해본 결과 우유판매원 10회, 빵 8회, 책 4회, 도시락 4회, 달걀 6회, 사과 3회, 껌 3회, 물 1회, 기타 3회, 도합 42회, 즉 1분 30초 만에 1회 정도라. 열차 내를 주름잡으며 판매에만 열중하고 있었다.
잡상인은 둘째 치고라도 교통부에서 경영하는 강생회에서 여객의 편의를 봐줘야 할 입장에서 오히려 그 비좁은 열차 안을 1분 30초 만에 1명꼴로 판매에만 급급하여 여객에게 불편과 고통을 주는 데 대하여 재고해봄이 어떨지.

을 재미있다고 하기가 미안하기는 하지만, 글쓴이 스스로 이 자료를 재미있다고 표현했으니 용서해주리라고 믿는다. 제보 내용은 무의촌(無醫村) 진료를 마치고 목포에서 서울로 올라오는 열차 안에서 1시간 동안 어떤 열차 판매원이 몇 차례나 지나다니는지 세어서 이것을 신문에 제보한 것이다.

1분 30초, 90초에 한 번씩 물건 사라고 소리를 지르며 승객들 사이를 휘젓고 다녔다니 좀 극단적인 경우에 해당될 수도 있겠으나, 열차 판매원들이 얼마나 판매에 열성적으로 매달렸는지, 당시엔 어떤 품목이 주로 팔렸는지 알 수 있는 기사이다.

철도 초창기에는 역 맞이방이나 타는곳에서 입매(立賣) 방식에 의해 판매가 이뤄졌으며, 1960년대까지만 해도 대바구니 같은 것에 상품을 넣고 다니며 팔았다. 열차 내 판매에 대한 기록은 1911년 경의선 직통급행열차인 융희호에서 처음 시행된 것으로 나온다. 이후 그 범위나 구간이 점차 확대되었을 것이다. 그런데 이렇게 차내 판매원들이 극성스럽게 열차 내를 오갈 수밖에 없었던 근본 원인은 따로 있었다. 물건을 요구하는 승객은 많은데 한 번에 가지고 다닐 수 있는 상품에 한계가 있기 때문이었다. 그러니 열차 내 상품보관창고와 객실을 자주 오가며 물건을 팔 수밖에 없었다.

필자 역시 열차승무 경험이 있다. 차내 순회를 하기 위해 객차 문을 열고 들어서면 꼬마 손님들과 눈이 마주치게 되는 경우가 많았다. 아이들은 이내 실망한 표정으로 고개를 돌린다. 객차 출입문이 열릴 때마다 차내 판매원이 오기를, 말 그대로 학수고대하고 있었던 것이다.

아이들이 좋아하는 온갖 맛있는 것이 가득한 서비스 카트가 처음 만들어진 것은 1969년 1월 24일이었다. 당시 철도청은 초특급열차인 관광호 운행을 앞두고 차내 판매를 위한 왕래 빈도를 대폭 줄일 것을 권고했다. 빈도를 줄이기 위해서는 한 번에 다양한 상품을 많이 적재할 수 있는 장비가 있어야 했고, 이러한 고민의 결과로 탄생한 것이 서비스 카트였다. 재질은 스테인리스 파이프와 판으로 하고 규격은 폭 38센티미터, 길이 61센티미터, 높이 75센티미터에 고무패킹을 씌운 네 개의 회전바퀴를 달았다. 앞뒤에 손잡이를 만들어 양쪽에서 끌 수 있도록 하고, 승객들과의 접촉 시 다치지 않도록 모든 모서리를 둥글게 처리했다. 이렇게 해서 제작된 39대의 서비스 카트는 1969년 2월 10일 운행을 개시한 관광호 전용으로 처음 사용되었다.

이 카트는 시간이 지나면서 진화에 진화를 거듭했다. 손잡이에 고무를 씌우고 브레이크도 달았다. 동전통도 부착하고 광고물을 게시하기도 했

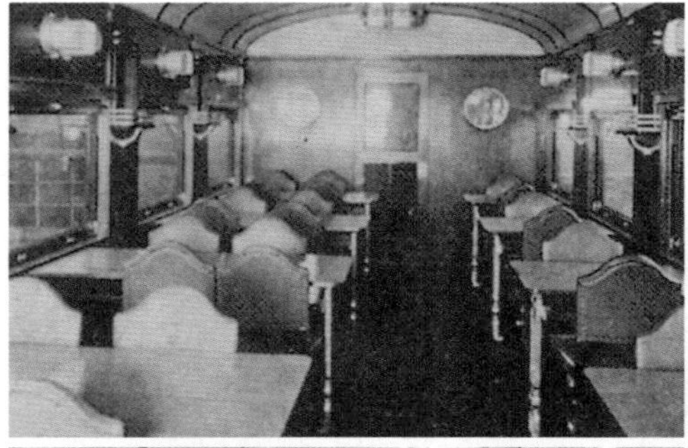

식당차 내부
L1 일제강점기 아카쓰키 식당차
R1 1950년대 식당차
L2 1970년대 식당차
R2 1990년대 식당차

다. 남녀용을 따로 만들어 체격이 다름에 따른 부담도 줄여주었다. 이렇게 서비스 카트 사용이 일반화하면서 잦은 왕래에 따른 불편 호소 민원도 대폭 감소하게 되었다.

코레일유통㈜의 열차 내 판매사업 중단은 단계적으로 이뤄졌는데, KTX 식음료판매사업은 2007년 6월 1일 코레일투어서비스㈜[81]로 이관되었으며, 이듬해인 2008년 9월 30일엔 일반열차에서의 식음료판매사업도 모두 이관되었다.

이동판매가 주를 이루던 열차 내 영업은 서비스 향상 차원에서 카페객차를 운영하는 방향으로 전환되기 시작했다. 새마을호의 경우 직영 또는 위탁(한화개발의 프라자호텔)운영 방식으로 식당차가 운영되었고, 무궁화호의 경우에는 열차편성 중간 부분에 카페객차가 연결되었다. 그러나 비둘기호와 통일호가 폐지된 시대의 무궁화호 카페객차는 입석과 정기승차권 이용고객, 내일러[82]의 전용공간이 되어 영업을 할 수 있는 상황이 아니었고 실적도 나오지 않았다.

코레일관광개발은 열차 내 이동판매사업을 인계받아 고속열차를 중심으로 이동판매의 맥을 이어왔으나 인건비 상승과 수익 저조로 2017년 이후 지금은 중단된 상태이다. 무궁화호에 많이 연결되었던 카페객차는 전면적인 개조를 통해 전동차와 비슷한 장의자를 설치하고, 자전거 거치대와 자판기, 충전 콘센트 등을 설치해 내일러나 입석승차권 소지자, 정기승차권 이용자의 편의를 증진시켰다. 객차에는 음료나 과자류 자판기를 설치해 이동판매를 대신하고 있다.

과거 홍익회에서는 역이나 열차 내 영업 이외에도 다양한 사업을 했다. 그중에는 지금은 잊힌 스포츠단 운영이 있다. 프로야구가 탄생하기 전, 곧 1970년대에는 실업야구가 있었다. 홍익회는 홍익회야구단을 운영했는데, 그 뿌리는 1913년에 창단된 철도야구단에 있었다. 철도야구단은 우리나라에서 가장 오랜 역사를 가진 실업야구단이었다.[83] 야구단을 지원하던 홍익회는 1977년 야구단을 인수하고, 1978년 2월 홍익회야구단으로 재창단하게 된다. 하지만 이듬해인 1979년 막대한 운영비를 감당하지 못하고 팀을 해체해야 했다. 순직자와 퇴직자 가족의 원호사업을 해야 할 홍익회로서는 연간 1억 원 이상의 예산이 소요되는 야구부 운영이 벅찼던 것이다. 이 비용도 한국전력이나 한국화장품의 예산에 비하면 턱없이 적은 것이었지만 홍익회 입장에서는 거액이었다.

홍익회는 수도권 수출입 컨테이너 기지인 부곡컨테이너하역사업소(지금의 의왕ICD)의 하역업무도 담당했고, 1987년에는 의왕에 있는 철도박물관의 전시시설 설치도 담당했다. 전국 각지의 철도아파트를 건설한 것도 홍익회였고, 철도직원 자녀를 위해 오류동에 자녀기숙사를 만든 것도 홍익회였다. 철도청이 국가기관으로서 직접 시행하기 어려운 사업들, 궂은일들을 도맡아 처리해준 조직이 홍익회였다.

4부

기차와 사람들

철도를 움직이는 현장 사람들

철도는 전통적인 노동집약산업에 속한다. 많은 인력이 필요하고, 품이 많이 드는 일이라는 뜻이다. 고속철도가 달리고 기차표를 사는 것도 스마트폰으로 끝내는 세상이 되었지만, 그래도 기차는 사람의 손길을 그리워한다. 그것은 기차를 좋아하는 사람도 마찬가지다. 아직도 많은 이들이 자동발매기보다는 창구 앞에 줄서서 기다리는 것을 택하고, 손에 쥔 핸드폰 검색보다 먼저 입을 열어 직원을 찾는다.

철도는 오케스트라나 오페라처럼 개성이 다양한 사람들이 제자리에서 각자의 역할을 다할 때 비로소 작동하는 시스템이다. 곧 종합예술인 것이다. 그러면 철도에서 일하는 사람들은 누가 있는지, 누가 기차를 움직이게 하고 있는지 알아보자.

운수(運輸) 분야

'운수'라는 말은 화물이나 여객을 실어 나르는 일을 말한다. 이삿짐센터도 운수 분야이고, 버스나 택시회사도 운수 분야이다. 육상운송을 떠나 해상운송이나 항공운송 분야도 운수의 범주 안에 있다. 그런데 철도에서는 운수 분야라고 하면 순수 영업직을 말한다. 운수 분야의 대표 직종이라면 누가 뭐래도 역무원이다. 역무원은 역무(驛務)를 하는 사람인데, 이 역무의 범위가 참으로 다양하다. 과거에는 표를 파는 업무의 비중이 가장 높았는데, 지금은 표를 파는 역무원은 전체의 10퍼센트도 채 되지 않을 것이다. 역무원의 주 업무는 여객안내이다. 전화안내, 승하차 안내, 유실물 처리,

시각장애인 도우미, 승강기 관리, 잡상인 단속 등 고객과 관련된 다양한 일거리 외에 수입금 관리나 전산장비 관리, 서무 등 내부 업무도 처리해야 한다. 수송업무를 담당하는 역무원은 열차조성이나 입환작업 등 위험이 수반되는 업무도 맡고 있다. 역무원은 대부분 교대근무를 하며, 큰 역의 서무를 담당하는 역무원은 일근을 하는 경우가 많다.

운수 분야에는 승무원이 있다. 이들은 열차승무사업소에 소속되어 있으며, 전동열차차장, 일반열차에 승무하는 여객전무, 고속열차에 승무하는 열차팀장이 있다. 이들은 근무시간이 일정하지 않고, 교번(交番)근무를 한다. 정해진 승무일정에 따라 밤에 출근하기도 하고 낮에 퇴근하기도 한다. 열차가 이른 새벽이나 늦은 밤에도 운행하기 때문에 생기는 불가피한 일이다. 그러다 보면 종착역의 합숙소(合宿所)에서 잠을 자는 일도 많다. 열차승무사업소에는 승무원에 대한 교육과 훈련, 기술지원을 담당하는 운용팀장이 있다. 운용팀장은 교대근무를 하며, 서무를 담당하는 사무원과 부소장, 사업소장은 일근을 하게 된다.

역에는 역장이 있고 부역장이 있다. 물론 직원이 배치되지 않은 간이역도 있고, 민간에 운영을 위탁한 역도 있기에 그런 역엔 역장이 있을 리 없다. 역에서는 여객과 화물만 취급하는 것이 아니라 기본적으로 기차가 다니는 업무 자체를 처리해야 하기 때문에 로컬 관제원이 있다. 로컬 관제원은 이웃 역과 협의하여 열차가 잘 운행될 수 있도록 신호를 내고 각종 운전정보를 교환하거나 철도교통관제센터의 관제사와 현장 간의 소통을 담당하기도 한다. 이런 업무를 운전취급이라고 한다.

역무원, 로컬 관제원, 전철차장이 일정한 자격을 갖춰 팀장 등용시험에 합격하면 중간간부가 된다. 작은 역의 부역장을 거쳐 규모가 큰 관리역의 역무팀장이 되기도 하고, 승무 분야로 나가 여객전무와 열차팀장이 되기도 한다. 이런 팀장요원을 거쳐 역장에 임용되는데, 한국철도공사에는 팀장요원과 역장 간 별도의 등용시험이 없다. 철도청 시절엔 경력과 서열에 의해 발령이 났고, 공사전환 이후에는 공모에 의해 면접시험을 거쳐 발령을 낸다. 간부의 역할은 안전관리와 조직운영이 우선이다. 직원에 대한 교육과 훈련도 빼놓을 수 없다. 소속을 대표하는 대외적인 업무도 없지 않다.

운수 분야에는 전통적으로 여객업무와 쌍벽을 이루는 화물(물류)업무가 있다. 현장의 물류 취급역과 본사 물류사업본부를 이어주는 조직으로 지역본부의 영업처에 물류센터가 설치됐다. 물류센터가 설치된 곳은 수도권광역본부, 대전충청본부, 광주전남본부, 대구경북본부, 부산경남본부까지 모두 다섯 군데이다.

운전(運轉) 분야

운전 분야는 말 그대로 동력차를 조종하는 업무이다. 이들 대부분은 기관차승무사업소에 소속돼 있으며, 기관사와 부기관사, 지도운용팀장, 승무원의 근무를 짜고 지원하는 승무운용원 등으로 이뤄져 있다. 운전 분야는 예로부터 단합이 잘 되는 조직으로 알려져 있다. 가장 큰 이유는 한번 발령을 받은 다음에는 특별한 일이 아니면 다른 사업소로 발령이 나지 않기 때문이다. 부기관사로 철도에 처음 들어와 기관사가 되고, 퇴직할 때까지 그 사업소에 근무하는 경우가 많다. 물론 KTX를 조종하는 기장의 경우는 다르다. 일반 운전 분야에서 부기관사, 기관사로서의 경력을 쌓은 후 엄격한 기준에 의한 다양한 평가를 통과해야 비로소 KTX 기장이 된다.

일반인이 기관사가 되려면 일정한 교육을 받고 면허를 따야 한다. 면허는 3가지로 나뉘는데, 일반 전동차를 운전할 수 있는 면허와 디젤전기기관차를 운전할 수 있는 면허와 전기기관차를 운전할 수 있는 면허이다.[84] 이렇게 기관사 면허가 나뉘어 있는 것은 기관사는 '운전사(driver)'가 아니기 때문이다. 기관사는 영어로 'locomotive engineer' 라고 한다. 얼핏 생각하면 기차는 핸들이 없이 궤도만 따라 다니기 때문에 신호를 익히고 가감속과 제동 기능만 익히면 조종이 가능할 것 같다. 하지만 수많은 고객의 생명과 재산을 책임지는 자리이기에 기관사는 운행 도중 발생하는 각종 장애와 고장에 대처할 능력을 갖춰야 한다. 그래서 동력차의 구동원리에서 시작하여 동력전달장치, 상황발생 시 응급조치 등을 익혀야 하고, 눈을 감고도 각 장치들을 떠올릴 수 있어야 한다. 고도의 능력을 갖춘 기술자여야 한다는 뜻이다.

그런데 면허를 땄다고 해서 동력차를 조종할 수 있는 것은 아니다. 본인이 운전하고자 하는 구간에 대한 별도의 인증을 받아야 한다. 이런 인증이 필요한 것은, 각 노선마다 다양한 특성이 있고 그 구간에 있는 여러 정거장들 배선을 모두 익혀야 하기 때문이다.

지금은 전기기관차와 전기동차가 대세이지만, 1980년대에는 다양한 종류의 디젤전기기관차가 운영되고 있었다. 고참 기관사는 눈을 감고도 엔진소리만 들으면 이 기관차가 어떤 차종인지(2100호대인지 3000호대인지, 혹은 5000호대나 6000호대인지) 알아맞히고, 차에 무슨 문제가 있는지도 감을 잡았다고 한다. 또한 8000호대 전기기관차 회로도를 모두 외우고 있는 기관사도 있었다.

운전 분야 승무원들은 업무 특성상 모두 교번근무를 한다. 본선 운전을 담당하지 않고 기지 내에서 동력차 출입고를 담당하는 승무원을 준비기관사라고 하는데, 퇴직을 앞둔 기관사나 이런저런 이유로 교번근무가 어려운 기관사가 그 업무를 담당[85]한다. 운전 분야에도 간부임용을 위한 등용팀장 시험제도가 있다. 지도운용팀장은 대부분 승무를 하지 않고 지상근무를 하는데 교번운영, 교육훈련, 기술지원, 관리업무를 맡는다. 근무형태는 교대근무가 대부분이고 일부 일근형태도 있다. KTX 기장은 등용시험에 의한 간부는 아니지만 간부대우를 받는다.

차량 분야

전통적으로 차량 분야 조직은 동력차를 유지보수하는 분야와 객화차를 유지보수하는 분야로 나뉘어 있었다. 발령도 따로 받아 근무를 했는데, 지금은 두 분야가 합쳐져 차량사업소에 근무하고 있다. 일상적인 유지보수를 시행하는 차량사업소보다 더 큰 차량기지는 차량정비단이라고 부른다. 과거에는 정비창이라고 불렀고, 그 전에는 공작창이라고 불렀다. 일제강점기에 '공장'이라고 부르던 것이 바로 이것이다.

차량사업소는 차량관리원, 선임차량관리장, 기술원, 차량관리팀장으로 이뤄져 있다. 정비단은 산하에 경영인사처, 기술계획처, 품질안전처 등

차량 분야 업무

을 두고 있으며 실제 정비인력은 각각의 정비센터에 속해 있다. 코레일에는 네 개의 정비단이 있는데, 수도권철도차량정비단(고양기지), 대전철도차량정비단, 부산철도차량정비단, 호남철도차량정비단이 그것이다.

수도권정비단에서는 고속차량 정비를 전담하고, 부산정비단은 일반차량과 고속차량 두 부분으로 나뉘어 있다. 부산정비단은 일반차량 중에서도 디젤전기기관차 정비 전문이며, 우리나라 최초의 디젤전기기관차인 2001호[86]도 보유하고 있다. 대전정비단의 전문 분야는 원래 디젤동차와 일반 객화차이다. 전기기관차는 제천에 있는 대전정비단 전기차량정비센터에서 담당하고 있으며, 호남철도차량정비단은 SR의 KTX-산천 정비 위탁업무를 담당하고 있다.

일제강점기에는 자체적으로 증기기관차를 생산할 정도로 철도의 기술력은 대단했다. 광복 이후 1970년대까지도 공작창에서 일반객차나 화차를 자체 생산했다. 하지만 정부 정책에 의해 차량생산이 모두 외주화로 바뀌면서, 차량 분야의 기술수준은 정체될 수밖에 없었다. 1990년대 중반, 설계사무소를 폐지하고 철도기술연구소[87]를 독립시켰다.

철도선진국인 일본을 보면 차량에 대한 핵심기술은 모두 운영회사에서 보유하고 있다. 이들은 철도기술총합연구소(鉄道技術総合研究所)를 운영하면서 최첨단 기술을 끊임없이 연마하고 축적한다. 운영사의 제안과 요구에 따라 차량이 제작되고 시운전을 거쳐 고객서비스에 제공되는 것이다. 우리 입장에서 보면 정말 부럽기도 하고 부끄럽기도 한 상황이다. 운영기관이 차량제작사 이상의 기술을 보유하지 못하면, 당연히 제대로 된 방향을 제시할 수도 없고 납품에 대한 온전한 관리감독도 기대하기 힘들다. 게다가 정치적 이유 등으로 조속한 인수가 종용되면, 운행 중 발생하는 여러 가지 장애와 고장 부담은 온전히 운영자의 몫이 될 수밖에 없는 것이다.

시설(施設) 분야

과거에 시설 분야는 보선(保線) 분야라고 불렸다. 선로를 유지보수하는 업무라는 뜻이다. 1990년대까지만 해도 각 역마다 선로반이 있어서 담당 구역의 선로 유지보수업무를 담당했다. 하지만 열차운행 횟수가 증가하고 보수작업이 기계화하면서 보수인력이 집단화하고 인력 자체가 많이 감소됐다.

일반철도의 시설 분야 업무는 크게 토목과 시설로 나뉘는데, 노반·궤도 등의 유지보수는 토목 분야에서 담당하고 승강장이나 교량·터널 등은 시설 쪽 업무에 속한다. 또한 현대의 기본적인 선로 유지보수는 인력이 아닌 기계장비가 담당하고 있으므로 주요 시설사업소는 모두 장비팀을 운영하고 있다. 시설사업소의 인력은 시설관리원, 시설관리장, 선임시설관리장, 기술원, 팀장, 부소장, 소장으로 이뤄져 있다. 시설사업소는 업무 특성상 근무형태가 일근을 하는 경우가 대부분이며, 중요 사업소 단위로 비상대기를 위한 집단반을 운영하고 있다. 이들은 교대근무를 하게 된다.

장비팀의 근무형태는 매우 특이하다. 보선장비를 이용한 궤도보수 작업은 통상적으로 며칠에 걸쳐 이뤄지는데, 그때에는 멀티플타이탬퍼와 레귤레이터, 콤팩터 등 기계장비와 함께 침식차도 이동하여 특정 역에 머물게 된다. 작업은 모두 심야에 시행되기 때문에 일근은 불가능하고 변형 교대근무를 시행한다. 주간에는 장비 점검을 시행하고 야간에 작업 후 퇴근하는 형태이다.

지역본부 소속의 시설사업소에서 운영하는 장비팀과 별개로 본사 직속의 현장조직인 시설장비사무소가 있다. 이 사무소에서는 각종 보선장비의 중정비를 비롯해 서울·대전·부산경남·전남·경북 장비사업소를 산하에 두고 대규모 기계작업을 시행하고 있다. 사무소의 구성원은 기계관리원, 차량관리사, 선임기계관리장, 각 팀장, 소장 등으로 구성되며, 사업소 구성원으로는 시설관리원, 장비관리원, 시설관리장, 선임시설관리장, 기술원, 장비팀장, 검수팀장, 사업소장 등이 있다.

시설업무 중에서 고속철도 관련 업무는 본사 직속 현장기관인 오송·경주·정읍 고속철도시설사무소에서 담당하고 있다. 이중 규모가 가장 큰 오송고속철도시설사무소의 경우 기술부와 여섯 개의 시설사업소, 두 개의 장비운영사업소를 두고 있다. 일반철도의 경우 시설과 건축이 분리돼 있는데, 고속철도는 시설과 건축이 통합돼 운영된다.

시설사업소 시설관리원의 기본 임무는 선로순회이다.[88] 선로순회는 도보순회가 기본이며, 열차에 승차하여 점검하는 경우도 있다. 물론 철도에는 궤도시험차라는 전용장비가 있다. 이 차량은 빠른 속도로 달리면서도 궤도의 이상유무를 감지해내는 특수차량이다. 궤간, 진동, 캔트, 균열 등이 모두 체크되고 이 결과에 따라 해당 시설사업소의 작업계획이 수립된다. 하지만 열차는 끊임없이 운행되기 때문에 비상상황은 언제든지 발생할 수 있는 것이다. 이런 이례(異例)상황이 순회를 통해 검출되고 또한 조치되는 것이다.

순회를 통해 확인되는 것은 궤조와 침목을 서로 고정시켜주는 클립이 탈락했거나 침목이 파손되었거나 궤조 이음매 부분의 유간에 이상이 생긴 경우이다. 혹은 제 위치에 있어야 할 거리표, 곡선표, 구배표 등이 훼손되거나 파손된 경우도 있다. 갑작스런 장애물이 선로에 떨어져 있는 경우를 발견하기도 하고, 장마철이나 혹한기, 혹서기에는 선로의 이상이 순회를 통해 발견되는 경우가 많다. 열차가 운행 중인 선로를 돌아보는 것은 매우 위험한 일이지만, 이러한 과정을 거쳐서 철도의 안전이 지켜져온 것이다.

건축(建築) 분야

건축 분야는 일반의 건축과 가장 유사한 분야이다. 철도의 건축 분야는 시설 분야와 중첩되는 부분이 많아서 전통적으로 시설 분야의 한 영역으로 인식돼왔다. 현재도 고속철도 건축물 유지보수업무는 시설사무소에 통합돼 있다. 일반철도에서 건축 분야 업무와 시설 분야 업무의 구분은, 건축 분야에서는 건물 자체와 건물 내부의 각종 시설물에 대한 유지보수와 수목관리(樹木管理)를 담당하며, 시설 분야에서는 승강장과 담장(안전 펜스 등)·터널·교량·궤도 등의 유지보수를 담당한다.

공사전환 이후 현장 건축 분야는 별도의 처 없이 규모가 큰 사업소로 조직돼 있었으나, 건축사업소가 지역본부의 처로 편입되면서 기존 사업소의 각 팀은 소규모 사업소로 나누어졌다. 건축사업소의 구성원은 건축원, 설비원, 선임설비장, 선임건축장, 기술원, 부소장, 소장 등으로 이뤄져 있다. 승강장안전문 유지보수업무가 직영으로 바뀌면서 광역철도 구간의 건축 분야 업무가 크게 늘었고, 교대근무자도 많이 생겼다. 승강기 유지보수를 포함한 현장 실무는 대부분 외부 위탁업체나 용역업체에서 수행하고 있다.

역 근무자들의 어려움 중에는 건축물 노후로 인한 것이 상당히 많다. 천장 누수, 배수관 파열, 화장실 변기 파손, 수도 고장 등이 모두 고객의 불

L R 건축 분야 업무

편과 직결되고 민원발생의 원인이 되는 것이다. 건축 분야에서는 조경업무도 담당한다. 정기적으로 전지작업도 해줘야 하고 고사목 처리도 제때에 해줘야 한다.

한번 만들어진 건축물과 시설물은 시간의 흐름에 따라 노화될 수밖에 없는데 내부고객(직원)과 외부고객의 눈높이는 하늘 높은 줄 모르고 높아지기만 한다. 전기와 시설 분야는 안전과 직결되기 때문에 이상이 생겼을 때 대부분 긴급보수가 이뤄진다. 하지만 건축 분야의 경우 안전보다는 편의에 관한 것이 많아서 즉각적인 조치가 이뤄지지 않는 경우가 더 많다. 불편하더라도 참아달라는 것이다. 이렇게 인력과 예산 부족으로 고생은 고생대로 하면서 다른 분야 직원들로부터 제대로 된 대접을 받지 못하는 대표적인 직종이 건축 분야가 아닌가 한다.

전기 분야

철도의 업무 중에서 전기 분야만큼 다양한 직종으로 나뉘어 있는 분야가 없는 것 같다. 먼저 철도차량의 중요한 동력원으로 사용되는 전차선과 각 시설물에 대한 전기공급 등을 담당하는 전력 분야, 각 시설물의 전화·방송설비·CCTV 등을 담당하는 통신 분야가 있다. 또한 열차의 신호보안장치(선로전환기, 분기기, 조작반 등)를 담당하는 신호제어 분야가 있다. 또 하나의 중요한 분야는 무선통신과 역무자동화를 담당하는 정보통신 분야이다. 이렇게 네 가지 분야 중에서 전력, 통신은 전기사업소에 속하여 각자의 업무를 수행하며, 신호제어 쪽은 별도의 사업소로 나뉘어 있는 경우가 많다. 정보통신 분야는 별도의 서울통신사무소라는 조직에 속해 있다.

전기 분야 업무

전기업무 중에서 고속철도 관련 업무는 본사 직속 현장기관인 오송, 경주, 정읍의 고속철도전기사무소에서 담당하고 있다. 이 사무소는 산하에 전력과 통신, 신호제어를 담당하는 각각의 사업소를 두고 있다.

전기사업소는 전기원, 전기장, 선임전기장, 기술원, 팀장, 부소장, 소장으로 이뤄져 있으며, 기술원과 팀장·부소장·소장을 제외한 현장인력은 모두 교대근무를 한다. 과거에는 전기 분야에 발령을 받으면 전력과 통신, 신호제어 분야를 오가면서 근무를 하기도 했으나, 요즘엔 각 분야별 기술이 특화되면서 이동이 쉽지 않은 상황이다. 기술원은 전기 분야뿐만 아니라 시설이나 건축 분야에도 있으며, 고장이나 장애발생 시 기술지원, 개량, 교육, 서무 업무를 맡고 있다. 기술축적과 신기술 개발, 안전 확보 등을 위해서는 가장 강화해야 할 보직인데 현재는 인력 부족으로 각종 서무와 문서처리 등에 매달려 있는 것이 안타깝다.

지원업무

1998년 3월 9일부터 2001년 4월 1일까지 철도청 수장을 맡았던 정종환 청장은 철도청에 고객중심경영혁신운동을 확산시킨 사람이다. 정 청장은 철도청 조직도를 거꾸로 만들어 맨 위에 고객을 배치하고 청장인 자신을 맨 밑에 내려놓은 것으로 유명했다. 이 조직도 형태는 공사전환 이후에도 유지되다가 최근 원상복귀 되었다.

각 분야별 현장조직을 지원하는 조직은 8개의 지역본부이다. 서울본부, 수도권광역본부를 비롯해 강원본부, 대전충청본부, 전북본부, 광주전남본부, 대구경북본부, 부산경남본부가 그것이다. 지역본부에는 경영인사처, 안전보건처, 영업처, 승무처, 시설처, 건축처, 전기처 등이 설치돼 있다. 지역본부를 8개로 압축하는 과정에서 본부 밑에 4개의 지역관리단을 신설했다. 서울본부에는 동부지역관리단, 대전충청본부에는 충북지역관리단, 광주전남본부에는 광주지역관리단, 대구경북본부에는 대구지역관리단을 두어 본부의 기술 분야 업무를 분담 지원하고 있다.

본사는 많은 이들이 알고 있는 것처럼 대전역 동광장에 자리 잡고 있다. 과거 철도의 메카는 용산이어서 조선총독부 철도국을 비롯한 철도의 핵심조직이 모두 용산에 있었다. 1975년 1월 5일 서울역 서부에 서부역을 짓고 철도청이 용산을 떠났으며, 1998년 8월에는 정부 방침에 따라 대전 둔산동 정부대전청사로 내려갔다. 2005년 공사전환으로 공무원이 아닌 회사원 신분이 되자 정부청사를 계속 사용하는 것이 어렵게 되었다. 결국 대전역 동부에 28층 쌍둥이 빌딩을 지어 공단과 공사가 각각 입주한 것이 2009년 9월의 일이다. 본사 조직 중에서 광역철도 운영업무를 총괄하는 광역철도본부 전체와 비서실, 감사실, 홍보문화실은 그 업무 특성상 일

철도교통관제센터의 지원업무

부 직원을 서울에 배치하고 있다.

본사에 소속된 부속기관은 모두 14개인데, 인재개발원, 철도안전연구원, 수도권철도차량정비단을 포함한 4개의 정비단, 고속시설사업단, 고속전기사업단, 철도교통관제센터, IT운영센터, 회계통합센터, 특별동차운영단, 시설장비사무소, 서울정보통신사무소가 그것이다. 철도박물관은 인재개발원 산하기관이다.

지역본부와 본사 등에 근무하면서 현장 지원을 맡고 있는 인력을 코레일에서는 스태프(staff)라고 부르고 있다. 물론 공식 직책은 아니지만, 이것은 승객을 가장 상석에 모시고 고객 접점에 있는 현장인력을 본사나 지역본부 위에 두는 고객중심경영의 단면을 보여주고 있다고 할 수 있다.

철도인을 길러내는 교육기관 변천사

우리나라 최초의 철도 교육기관은 1900년도에 설립된 '사립(私立) 철도학교'이다. 박기종을 비롯한 관리들의 참여로 만들어진 대한국내철도용달회사에서 세웠으며, 철도 부설공사 용역에 참여할 건축과 측량 등 기술인력 양성이 설립 목적이었다. 일본인 교사를 초빙하고 주간반과 야간반으로 나누어 수업을 진행하는 등 의욕적으로 출발하였으나, 민족자본에 의한 철도부설과 사업 참여가 끝내 무산되면서 이 학교는 존립 기반을 잃을 수밖에 없었다.

철도운영기관에 의해 1905년 설립된 국내 최초의 철도종사원 양성기관인 철도이원양성소가 인천의 전환국 자리에서 1907년 용산으로 옮겨지면서 그 후 80년 가까이 용산은 철도종사원 양성교육의 요람으로 자리를 잡았다. 이 양성소는 1917년 만철이 조선철도를 위탁경영하기 전까지 전신수기생양성소, 철도종사원교습소 등으로 이름을 바꿔가면서 수업연한 3개월에서 8개월까지의 단기 수료생을 배출하였다.

이러한 형태의 철도종사원 양성교육은 1917년 7월 31일 만철이 조선총독부로부터 조선철도를 위탁받아 경영하게 되면서 커다란 변화를 맞게 된다. 만철의 경성관리국장 구보 요조[久保要藏]가 1917년도 위탁운영 이익금의 절반을 투자하여 경성철도학교와 도서관을 세운 것이다. 조선총독부로부터 5년제 정규실업학교 인가를 받은 이 학교의 본과는 3년제로 운영되었는데, 동아시아 최초의 정규 철도학교였다. 기존 종사원 양성기관과의 차이점은 신입생을 철도국원이 아닌 일반인으로부터 모집했다는 점을

L 준공 당시의 경성철도학교
R 경성철도학교 전경

들 수 있는데, 입학자격은 고등소학교 2년 수료생으로 했다. 또한 1921년 전문학교 입학자격과 당시 일본의 5년제 중학교 졸업자와 동등한 자격을 인정받았다. 외관상으로도 경성철도학교는 특수했다. 당시 조선의 학교나 공공기관은 목조건물이 대부분이었던 데 반해, 경성철도학교는 2층 적벽돌로 신축하여 스팀난방을 하였으며, 야구장·정구장·배구장·수영장·실내 무도관(武道館)까지 갖추고 있어 경성 시내의 구경거리 중 하나였다.

경성철도학교가 보여준 근본적 한계는 철도이원양성소 시대로부터 이어진 극심한 민족차별에 있었다. 이 당시 입학자격인 '고등소학교'란 일본인을 위한 학제여서 특수계층이거나 일본에 유학을 가지 않는 한 일반 조선인들은 다닐 수 없는 학교였다. 설사 지원을 한다고 해도 대부분 탈락시켰기에 1925년 위탁경영 해제 시까지 전체 본과 졸업생 334명 중에서 조선인은 0.9퍼센트인 3명에 불과하였다. 조선총독부는 경성철도학교의 명칭을 철도종사원양성소로 바꿨다. 명칭은 바뀌었어도 수업연한과 교육과정은 대체로 변함없이 유지되었다.

일본의 침략으로 시작된 1937년의 중일전쟁은 일본의 점령지 확대와

국내 철도관련학과 개설대학 현황

(2022년 3월 현재)

번호	학교명칭	소재지	개설학과
1	가톨릭상지대학교(사립 전문대학)	경북 안동	철도운전시스템과, 철도전기과(3년제)
2	경북보건대학교(사립 전문대학)	경북 김천	철도경영과
3	경북전문대학교(사립 전문대학)	경북 영주	철도경영과, 철도건설과, 철도전기기관사과
4	경일대학교(사립 대학교)	경북 경산	철도학부
5	김포대학교(사립 전문대학)	경기	철도경영과
6	대원대학교(사립 전문대학)	충북 제천	철도운전경영과, 철도건설과
7	동양대학교(사립 대학교)	경북 영주	철도경영학과, 철도운전제어학과, 철도전기융합학과, 철도기계시스템학과, 철도건설안전공학과, 철도관제정보학과
8	배재대학교(사립 대학교)	대전	철도건설시스템트랙
9	송원대학교(사립 대학교)	광주	철도경영학과, 철도운전시스템학과, 철도건설환경시스템학과
10	우송대학교(사립 대학교)	대전	철도교통학부(기관사전공), 철도교통학부(철도기계전공), 철도교통학부(철도운수경영전공), 철도토목과
11	우송정보대학교(사립 전문대학)	대전	철도교통학부(기관사전공), 철도교통학부(철도기계전공), 철도교통학부(철도운수경영전공), 철도토목과, 철도전기·전자학부
12	한국교통대학교(국립 대학교)	경기 의왕	철도경영·물류·데이터사이언스학부, 철도공학부(철도운전시스템전공), 철도공학부(철도인프라시스템공학전공), 철도공학부(철도전기전자전공), 철도공학부(철도차량시스템전공), 철도시스템공학과

출처: 국토교통부 철도산업정보센터(http://www.kric.or.kr)

함께 수송량의 급증, 심각한 철도종사원 부족 현상의 원인이 되었다. 1941년 양성소 규정을 개정하여 교명을 중앙철도종사원양성소로 고치고, 3년제 본과를 부활시켰다. 아울러 지방철도국이 소재한 부산과 함흥에 지방철도종사원양성소를 확대 설치하여 종사원의 재교육을 담당하게 하였다. 태평양전쟁이 종전을 향해 치달으면서 인력과 자원의 고갈은 더욱 심화되었으며, 철도종사원 양성교육은 시국의 상황에 따라 6개월 미만의 단기 속성과정이 주를 이룰 수밖에 없었다.

광복 이후, 고등학교 과정으로서의 철도학교는 철도경영 주체의 변천에 따라 운수학교, 교통학교, 교통고등학교로 그 명칭을 달리하며 운영돼 오다가 1986년 2월 28일 철도고등학교 제17회 졸업생 배출을 끝으로 폐교되었다.[89] 이와는 별도로 고졸 군필자를 대상으로 단기교육을 시행하는 전수부(1967년 5월 26일~1974년 4월 30일, 1년 과정. 일부 6개월 과정)[90]를 철도고등학교에 부설하여 운영하기도 했다. 전수부는 재직자를 대상으로 한 2년 과정의 전문부[91]로 대체(1975년)되었으나, 전문부는 2회 졸업생 배출 후 학력인정 과정인 철도전문학교(1977년 3월 30일)[92], 철도전문대학(1979년 1월 1일)[93]으로 개편되었고, 1999년 3월 1일을 기해 다시 한국철도대학[94]으로 교명이 바뀌었다. 그러다가 2005년 1월 1일, 철도청이 한국철도공사로 전환되면서 철도대학은 운영주체가 건설교통부로 바뀌었는데, 이는 더 이상 채용을 전제로 한 국비교육이 적용되지 않는다는 뜻이었다. 이후 대학의 운영방식과 관련된 많은 논란 끝에 철도대학은 최종적으로 국립충주대학과 합병하여 2012년 국립한국교통대학교로 새 출발을 하였다.

1905년 시작된 국내 국유철도 운영기관에 의한 철도종사원 양성교육은 2005년 국가기관인 철도청이 공기업인 한국철도공사로 전환되면서 100년 만에 공식적으로 중단되었다. 철도운영기관이 그 종사원 양성교육을 중단한 이유는 사회발전에 따른 교육환경 변화를 먼저 꼽을 수 있을 것이다. 일제강점기 우리나라에는 철도종사원 양성교육을 대체할 민간 교육기관이나 교육과정이 없었다. 그러나 1970년대 이후 평균 학력이 높아지면서, 굳이 국비를 들여 사람을 키우지 않아도 자비(自費)로 교육과 병역을 마친 일반인 지원자를 얼마든지 골라서 쓸 수 있는 여건이 형성되었다. 이에 따라 인재양성을 미래에 대한 투자가 아닌 비용으로 인식하게 되고, 결국 철도종사원 양성교육 중단이라는 결과로 이어졌던 것이다. 최근 서울의 용산공업고등학교가 교명을 용산철도고등학교로 고치고 철도 관련 학과 학생들을 선발해 교육을 하고 있다. 철도 특성화고등학교로서 이 학교가 철도인 양성을 목표로 삼은 것은 맞지만, 철도운영기관이 그 종사원 양성을 위해 설립 운영했던 철도학교와는 근본적으로 성격이 다르다.

오늘날 철도산업이 어려운 상황에 놓여 있는 것은 인재양성의 중단과 관련이 있을 수 있다. 종사원 양성교육이 중단되었을 때 철도운영이 난맥상(亂脈相)에 봉착하고 각종 대형사고가 빈발(頻發)하였다는 것은 국내철도에 대한 강종면의 연구[95]나 대만철도에 대한 채용보의 연구[96]에도 나타나 있다. 또한 종사원 양성기관이 기술습득에 앞서 정신교육을 더 중요시했다는 것은 철도가 그만큼 국민의 재산과 생명을 담보로 하는 중차대한 국가기간산업이기 때문이다. 우리나라뿐만 아니라 일본 역시 철도종사원에 대한 양성교육이 제 궤도에 올라 있을 때에는 기숙사를 두어 합숙을 하면서 전인교육(全人教育)을 실시했음을 알 수 있다.

철도가 국가경제와 사회발전에 미치는 영향력은 고속철도 개통 이후 점점 더 커지고 있다. 이 역량이 더 강화되고 세계로 뻗어가기 위해서는 투철한 사명감을 갖고 철도발전을 위해 헌신하는, 실력을 갖춘 인재가 필요할 것이다. 그러한 인재는 저절로 만들어지지 않으며, 경성철도학교가 그러했듯이 시간과 비용과 정성을 쏟아 길러내야 한다. 비용 대비 편익 비율에 따라 좌우되는 경제논리로는 풀기 힘든 문제이다.

여성의 철도 진출

철도는 노동집약적 산업인 데다가 위험을 수반한 현장업무가 많아서 전통적으로 남성의 업무영역으로 인식돼 왔다. 지금은 서비스 분야의 경우 여성이 절반 가까이를 차지하고 있지만, 120년을 헤아리는 우리나라 철도 역사에서 여성 철도인이 처음 등장한 것은 1937년으로 나온다. 바로 여성 직원들을 위한 제복이 지정되었다는 것이다. 이 당시의 여성 직원들은 전화교환원과 개표[97] 안내직원이었다고 한다.

철도와 통신은 떼려야 뗄 수 없는 밀접한 관계를 맺고 있다. 역과 역 사이에 열차를 보내기 위한 폐색취급, 역 운전취급자와 운전사령(지금의 관제사) 간의 의사소통, 역 운전취급자와 기관사와의 무전교신 등이 모두 통신이라는 매체를 통해 이뤄지는 것이다. 자동교환기가 개발되기 전의 초창기 유선통신 시대에는 전화를 하기 위해서는 일단 교환원을 호출하여 통화하고자 하는 곳을 알려주면 교환원이 해당 회선에 연결을 시켜주는 역할을 맡았다. 따라서 전화중계소마다 많은 교환원이 필요했고, 이 업무는 특별한 기술이나 힘이 필요한 일이 아니어서 대부분 여성이 담당해왔던 것이다. 유선통신뿐만 아니라 무선통신이 발달한 현대에 와서도 은행이나 기업 중에는 대표전화를 운영하면서 교환원이 상황에 따라 필요한 부서에 연결을 시켜주는 경우가 많이 있는데, 이것은 기술적인 문제보다는 고객에 대한 서비스 차원에서 이뤄지고 있는 것으로 볼 수 있다.

광복 직전의 통계를 보면, 당시 우리나라 철도의 여성인력은 전 직원 10만 6,748명 중에서 3.13퍼센트인 3,339명이었다. 이중 조선인은 7만

4,964명이었는데, 여성은 1.47퍼센트인 1,102명으로 나타나 있다. 전체 직원의 70퍼센트를 조선인이 점유하고 있는 상황이었음에도 불구하고 전체 여성 직원 중 조선인이 차지하는 비율은 3분의 1에 불과했다는 것은 우리 여성들에게 철도의 벽이 얼마나 단단하고 두터운 것이었는지를 깨닫게 해 준다.

전화교환원이나 개표업무 외의 다른 영역에 여성의 진출이 나타난 것은 1947년 12월 14일 철도경찰(지금의 국토부 철도사법경찰대)을 양성하는 철도경찰학교에서 배출한 250명의 졸업생 가운데 여성이 15명 포함돼 있었다는 기록으로 알 수 있다. 조선시대에도 여성 수사인력이 있었다고 하니 철도경찰에도 당연히 여성에 대한 수색이나 검거 등을 담당할 여성인력이 필요했을 것이다.

그런데 1948년 이후의 교통부나 철도청 시절에는 고객 접점에서 서비스를 담당하는 현장의 역 직원들은 대부분 맞교대, 곧 철야근무를 해야 했다. 그리고 열차승무원의 경우 대부분 교번근무 형태였다. 광복 이후 1960년대까지의 상황을 보면, 남녀유별의 보수적인 전통윤리나 체력 문제가 여성의 철도 진출을 막는 걸림돌이 되기도 했다. 하지만 실질적으로는 화장실·세면장·탈의실·숙직실 등 당장 필요한 최소한의 시설물이 마련돼 있지 않았기 때문에 여성 직원을 받아들이기가 쉽지 않았다. 그런 가운데서도 1950년대부터 철도에 입문한 여성들의 경우, 일제강점기 때와 마찬가지로 전화교환원 외에 방송담당 직원들이 있었다. 서울역, 용산역, 영등포역을 비롯한 전국의 주요 역에는 방송 전담직원이 있어서 열차 출발과 도착을 알리고, 미아찾기나 유실물 수배 등 다양한 정보를 제공했다.

남성이 담당해 오던 열차승무업무에 여성이 처음 등장한 것은 1962년 12월 21일로 나와 있다. 당시의 급행열차인 재건호, 통일호 등에 여성 승무원이 안내 업무를 맡기 시작한 것이다. 하지만 그때만 해도 주도적인 업무라기보다는 남성 여객전무의 역할을 보조해 주는 정도였다. 최고급열차가 아닌 무궁화호에 여성 승무원이 배치된 것은 1985년 6월 13일부터였다. 업무 특성상 야간에는 배치되지 않았다.

신혼열차의 여성 승무원

1905년부터 시작된 국유철도 운영기관의 종사원양성 훈련과정(철도학교)에서 여성의 입학이 처음 허용된 것은 1990년부터였다.[98] 이에 따라 1992년 2월 11일, 철도전문대학은 네 명의 첫 여성 졸업생을 배출했는데, 이들은 모두 운수 영업 분야였다. 1994년 3월 1일에는 최초의 여성 열차차장이 세 명 탄생했다. 세 사람 중 두 명은 1992년에 철도전문대학을 졸업한 직원이었다. 당시의 차장(車掌)은 간부는 아니지만 자격시험을 거쳐야만 발령을 받을 수 있는 등용직이었다. 운수직의 차장은 운전직의 기관사, 기술직의 수장(지금의 선임장)과 같은 직위에 해당되었다. 차장은 화물열차, 보통열차(비둘기호), 전동열차에 단독승무하거나 급행여객열차에 승무하여 여객전무를 보좌했다.[99]

1998년 4월 4일자 <동아일보>는 철도청 사상 첫 여성 부역장 두 명이 탄생했다고 보도했다. 이것은 3월 말 치른 부역장 등용시험에 두 명의 여

직원이 합격했다는 내용이었다. 주인공은 서울지방철도청의 황영숙 씨와 부산지방철도청의 박정애 씨인데, 실제 발령은 서울지방철도청이 빨랐다. 1998년 6월 22일, 황영숙 씨가 일산선 삼송역 부역장으로 발령을 받음으로써 우리나라 최초의 여성 부역장이 탄생한 것이다. 운수직의 부역장은 과거에는 조역(助役)이라고 불렀으며, 당시 운전직이나 기술직의 전임계장(지금의 팀장), 분소장과 같은 직위에 해당되었다. 일반열차의 승무를 담당하는 여객전무, 고속열차의 열차팀장과도 같은 직위이다. 철도창설 99년 만에 현장 여성간부가 처음 나온 것이다.

〈경향신문〉은 1999년 9월 21일자 보도를 통해 철도 100년 역사에 첫 여성 역장이 탄생했다고 밝혔다. 주인공은 9월 20일자로 서울지하철공사(지금의 서울교통공사) 2호선 구의역에 발령받은 조영숙 역장이다. 보도는 이렇게 나왔지만, 철도청과 지하철공사는 직제나 업무 형태 등이 많이 다르기 때문에 이것을 철도 100년 역사상 첫 여성 역장 탄생이라고 보는 것은 무리가 있다고 생각한다. 가감 없이 '여성 지하철역장 1호'라는 것이 정확한 표현일 것이다.

철도청에서 첫 여성 역장이 탄생한 것은 그로부터 약 2년 후인 2001년 6월 4일이었다. 그에 앞서 2000년 11월 7일 철도청 최초로 5급 행정사무관으로 승진한 박영자 씨가 경인선 부천역장으로 발령을 받은 것이다. 1935년 조선인 최초의 고등관 역장이 된 이치홍 역장 이후 66년이라는 세월이 흐른 뒤에야 첫 여성 고위직 역장이 탄생했으니, 철도가 얼마나 남성 중심의 영역이었는지 알 수 있을 것이다. 철도의 역장은 군인으로 치면 야전사령관에 비유할 수 있다. 현장 직원과 부역장을 거쳐 다양한 업무를 통해 경력을 쌓은 후 비로소 맡게 되는 보직이다. 그런데 철도청 최초의 역장인 박영자 씨는 행정전문가이지 운수 분야 현장 실무를 거친 야전사령관은 아니었다.

2004년 4월 1일 경부고속철도가 개통되면서 여승무원들이 많은 화제가 되었다. 그런데 이에 못지않게 화제의 주인공이 된 여성이 있었으니 바로 최초의 여성 KTX 열차팀장인 최선혜 씨였다. 최 팀장은 2003년 11월 열차팀장으로 발령을 받고 고속철도 승무에 대한 각종 교육과 훈련을 받은 후 고속철도 개통과 함께 업무를 시작했다.

운전 분야에 진출한 여성 기관사

기술직인 운전 분야에 대한 여성의 진출은 서비스 분야인 운수직보다 더 늦을 수밖에 없었다. 우리나라 최초의 여성 기관사는 1998년 철도에 입문하여 2000년 5월 기관사 발령을 받은 강은옥 기관사이다. 4년제 대학의 철학과를 졸업한 강은옥 기관사는 1996년 철도전문대학 운전과가 여성 입학을 허용하자 용감하게 지원하여 당당하게 합격했다. 그로부터 9년 후인 2009년 4월 1일에는 고속열차를 운전하는 최초의 여성기장이라는 명예를 얻었으며, 이후 이어진 다른 여성기장들의 탄생에 마중물이 되었다.

여성으로서 가장 고위직에 오른 사람은 강칠순 본부장이다. 9급 행정직공무원으로 시작해서 고객중심 경영혁신운동의 전도사 역할을 충실히 수행하고 고위 간부가 되었다. 오류동역장, 인재개발원장, 본사의 고객가치경영실장, 서울본부장 등 중요 보직을 거쳐 재무실장을 마지막으로 철도를 떠난 선이 굵은 여성이다.

2012년 11월 12일에는 최초의 여성 서울역장이 탄생했다. 김양숙 역장이다. 서울역장은 서열상 지역본부장보다는 아래지만 수도 서울을 넘어 우리나라를 대표하는 역의 수장으로서 상징성이 강한 보직이다. 김양숙 역장은 남성 못지않은 카리스마와 여성 특유의 부드러움을 모두 갖춘 역장이라는 평가를 받았다.

그러고 보니 최연혜 사장이 빠졌다. 최연혜 사장은 철도청이 공기업으로 전환되기 직전에 철도청 차장에 임명되어 2005년 1월 1일 공사전환 후 2007년 4월까지 부사장으로 있었다. 그 후 한국철도대학 총장, 한국교통대학 교수를 거쳐 2013년 10월부터 2016년 3월까지 한국철도공사의 최고경영자인 사장으로 재직했다. 그리고 경영전문가답게 재직 중 코레일의 경영수지 흑자 전환이라는 실적을 남겼다.

이렇게 철도는 120년의 역사가 흐르는 가운데 초기에는 단순업무인 전화교환원과 개표원에게만 진입을 허용했으나 광복 이후 점차 그 영역이 확대되어 영업직과 기술직, 현장 간부와 최고 경영자에 이르기까지 장벽이 존재하지 않는 산업 분야가 되었다. 여성들이 자리를 잡아가면서 조금은 삭막했던 철도 현장에도 훈풍이 불어오고, 자연스럽게 각종 근무환경이 개선되고 복지제도가 신설되었다.

기억하고 싶은 철도인

최초의 조선인 역장 이치홍 님

재직 당시에는 꽤 주목을 받았지만, 지금의 철도인들에겐 잊힌 사람이 있다. 1905년 설립된 철도이원양성소의 조선인 졸업생 이치홍(李致弘) 님이다. 국사편찬위원회의 한국근현대인물자료에 의하면, 그는 1907년 9월 6일 철도 고원으로 임용되었다.[100] 서울 중구(笠井町) 출신인 그는 1888년 9월 18일생이니, 경인철도가 한반도를 맨 처음 달리기 딱 11년 전에 태어난 것이다. 생일부터 철도와는 각별한 인연이 있는 것 같다.

1916년 조선인 최초로 보통문관시험에 합격하였으며, 조선인 최초의 조역(助役, 지금의 중간역 부역장 또는 전임 팀장)과 최초의 역장 기록을 남겼다. 고등관 역장 또한 최초였으며, 광복 직후에는 초대 경성철도사무소장을 역임했다.[101]

그는 1925년 4월 1일 철도국 서기에 임명되었다. 지금의 6급 주사에 해당되는 직급이다. 1925년에는 당시 경의선(지금 북한에서는 평의선이라 부른다.) 어파역(漁波驛, 현재 평안남도 평원군 어파로 동자구 소재)에 재직 중이었던 것으로 나타나는데[102], 이곳이 초임역장 임지인 것으로 추측된다.

1926년 11월 20일자 <동아일보>는 '고국산천 잘 있거라 나는 간다 500여 명'이라는 제목으로 고국을 버리고 간도로 이주하는 우리 동포들의 피눈물 나는 이야기를 싣고 있다. 기사 말미에는 당시 청량리역장 이치홍 님의 인터뷰가 실려 있다.

"작년에도 이러한 경향이 보이지 않더니 요사이 많이들 가는 모양입니다. 원산에서 배가 기수(홀수)일에 떠나는 관계로 우수(짝수)일에들 차를 타려고 하는 모양입니다. 하루 전에 말하면 객차를 하나 더 달고 태워 보낼 것인데 그들은 갑자기 대들어서 단체권을 사려니까 본국에서는 정원이 있다고 팔지 못하게 합니다. 그 까닭으로 오늘 18일 밤에도 왕십리로 갔던 사람들은 단체권을 안 파는 관계로 보통권을 사가지고 간 모양입니다. 우리 역에서는 그들의 정경을 생각하고 곡간차에라도 태워 보내겠다는 핑계로 태워 보냈습니다. 그 정경이 말이 아니어요. 하루를 더 묵게 해보세요. 노자가 부족해지고 말 것입니다."

1927년 11월 15일자 <동아일보>는 청량리역장 이치홍이 종로에 신설되는 철도영업소(경성시내영업소) 소장으로 영전되었으며, 1932년 6월 21일자에서는 그가 수원역장으로 영전(1932년 6월 16일)되었다고 다시 전하고 있다. 1934년 11월 21일자 <동아일보>는 수원역 승강장과 지하도 공사가 역장 이치홍의 노력으로 추진 중이라고 보도하고 있는데, 일본인이 대부분을 차지하고 있는 철도국 간부 자리를 감당하고 있는 그가 당시 민족 언론의 큰 관심 대상이었음을 짐작할 수 있다.

<매일신보>에 실린 최초의 조선인 역장 이치홍(1927년)

1935년 10월 31일자 <매일신보>는 이치홍 님의 대구역장 발령을 대서특필했다. 이 보도가 나간 지 두 달이 채 되지 않은 1935년 12월 3일자 총독부 <관보> 제2667호에는 조선총독부 철도국 서기인 이치홍을 고등관 7등의 부참사(副參事)에 임명한다는 내용이 나온다. 당시의 부참사는 지금의 사무관급에 해당되며, 조선총독부 철도국

◎ ◎

매일신보 1935년 10월 31일자

조선인 이치홍 씨를 대구역장에 임명,
국내에서 인망 높은 수원역장, 철도국 파격의 영단

철도국의 역장급의 이동은 28일 부 <관보>로 발표되었는데 이번 이동에는 특히 조선인 직원 등용에 있어 새로운 건을 개척한 것으로 호평을 받고 있다. 즉 이번 이동으로 해운대 역장 김상곤 씨가 수원역으로 영전되었는데, 종래에도 이러한 예는 있던 일이나 수원역장 이치홍 씨가 초대 조선인 대구역장으로 파격의 영전을 하게 된 것은 전에 없던 인사이다. 이것으로 종래에 여러 가지 관계로 비교적 타 관청에 비교하여서 조선인 직원들의 승진의 길이 좁던 철도국에서 그들을 등용하는 길을 열게 된 것이다. 길보(吉報)를 듣고 국장 부속실을 찾은 즉 다케우치[竹內] 서기는 다음같이 말한다.

"이 씨는 대단히 평판이 좋습니다. 조선인 고등관 국원을 두게 될 준비이겠지요." 대구역은 경부선의 중요 역으로 전선(全鮮)에서 경성, 부산 등의 다음가는 곳이다.

최초의 조선인 고등관이 탄생한 것이다.

1940년대의 조선총독부 〈관보〉에서는 이치홍이라는 이름이 사라진다. 그 이유는 1940년 5월 6일 발행된 〈관보〉 제3984호에서 찾을 수 있는데, 일제의 창씨개명 정책에 따라 2월 26일부터 성을 니시하라[西原]로 바꿨다는 것이다.[103] 그런데 1941년 7월 24일자 〈관보〉 제4350호에는 7월 18일자로 문관분한령(文官分限令) 제11조 1항 제4호에 따라 휴직을 명한다는 내용이 나온다. 그리고 1941년 직원록 자료에는 그의 소속이 철도국 운수과로 표기되어 있다.

1943년 1월 8일자 〈관보〉 제4778호에는 휴직 중이던 이치홍 님의

1942년 12월 26일자 의원면직 사실이 실려 있다. 고등관의 휴직을 명한 문관분한령은 1946년 관리분한령으로 명칭이 바뀌는데, 휴직을 명하는 이유로는 다음과 같은 경우가 정해져 있었다.

첫째, 징계령 규정에 의해 징계위원회의 심사에 부쳐진 때
둘째, 형사사건에 관련돼 고소 또는 고발당했을 때
셋째, 관제 또는 정원개정에 의해 초과인원이 발생하였을 때
넷째, 관청사무 관련 필요한 경우

정확히 어떤 이유로 휴직과 면직 과정을 거쳤는지는 확인할 수 없지만, 일제강점기 조선인 철도원으로 승승장구하던 이치홍 님의 광복 이전 기록은 여기까지 남아 있다. 이치홍 님이 다시 언론에 나온 것은 1946년의 일이다. 당시 고위직인 경성철도사무소장(서기관)을 맡고 있었던 것으로 보아 광복 후 철도에 복귀한 것으로 보인다. 1946년 11월 13일, 영등포역에서 열차 충돌사고가 나서 많은 인명피해가 발생했다. 이치홍 님은 이와 관련하여 책임을 지고 11월 16일 철도를 떠나게 된다. 40년 가까운 세월을 함께한 철도와의 안타까운 이별이었다.

장관이 된 철도인, 안경모 님

안경모 님을 철도인이라고 부르면 의아하게 생각하는 이들이 많을 것이다. 철도의 기술직 말단직원으로 시작하여 다양한 요직을 거쳐 교통부장관, 그것도 3년 3개월이라는 최장수 재임 기록까지 남겼으니 누가 봐도 성공한 철도인으로 보는 것이 당연할 것이다. 하지만 이후 수자원개발공

사 사장, 산업기지개발공사 사장, 건설기술연구원장 등을 거치며 국토개발에 기여한 공로가 너무 두드러지다 보니 사람들은 그가 철도인이었다는 사실을 알지도 못하고 인정하고 싶어 하지도 않게 된 것 같다.[104]

강사(江史) 안경모(安京模) 님은 일제강점기인 1917년 4월 7일 황해도 벽성에서 태어났다. 해주고보 졸업 후 일본에 건너가 도쿠시마[德島] 고등공업학교(현 도쿠시마대학의 전신) 토목공학과를 수석졸업하고 1939년 3월 조선총독부 철도국 기수(技手)로 철도와 인연을 맺게 되었다. 당시 철도국은 경부선과 경의선 복선공사와 중앙선·만포선·평원선 완공에 집중하고 있었다. 그는 개량과에 몇 달 근무하다 공무과로 옮겨 정거장 건설계획을 맡게 되었는데, 토목을 전공한 그에게 구조물 설계나 정거장 설계는 전문 분야여서 쉽게 업무에 적응할 수 있었다.

당시 철도국이 자리 잡고 있던 용산에는 만철(滿鐵)의 유산인 철도도서관이 있었는데, 그는 퇴근 후 이곳에서 책에 묻혀 살다시피 했다고 한다. 1층부터 5층까지 책장을 가득 메우고 있는 책들이 어떻게 분류되어 있는지,

L R 통리와 심포리를 잇는 황지본선 개통식 당시의 안경모 님(L은 앞줄 오른쪽 끝, R는 앞줄 왼쪽에 개못을 박고 있는 이)

특히 자신이 좋아하는 교양서적과 철학서적이 꽂혀 있는 3층과 4층에 대해서는 몇 번째 칸 어느 위치에 어떤 책이 있는지도 꿰고 있을 정도였다고 하니 지금으로 치면 도서관마니아라고 불러야 할 것이다. 그렇다고 해서 책을 빌려서만 본 것은 아니었다. 월급을 받으면 충무로 책방을 돌아다니며 하루 종일 소일하는 것이 버릇이었다니 책에 대한 그의 애착은 보통 사람을 한참 뛰어넘는 것이었다.

당시 총독부 철도국은 말 그대로 일본인 천지였으며, 철도는 대륙침략의 핵심 도구였기에 내부 구성원들의 조선인에 대한 차별은 무척 심했다고 한다. 더구나 그는 이토 히로부미를 처단한 안중근 의사와 같은 황해도 출신에 성씨도 같아서 더 심한 경계의 대상이 되었을 것이다. 그러다가 1944년 봄부터 시작된 서울교외선 건설을 위한 현장 근무 중 마침내 광복을 맞았다.

정부수립 이후에는 교통부 시설국 건설과장을 맡았고, 이때 미국과 캐나다에 1년간 건너가 철도경영과 교통행정을 배우고 왔다. 휴전 직후엔 한강철교 복구에 온 힘을 쏟았고, 영암선, 영월선, 정선선, 문경선 등 산업선 건설을 통해 국토재건의 근간을 세웠다. 이렇게 1939년 3월부터 1961년 5월까지 22년 2개월이 순수한 철도인으로서의 안경모의 시대였다.

5·16 쿠데타 이후 그는 교통부 소속이 아닌 건설부 국토건설국장으로 임명되었다. 또한 국토건설청 계획국장, 건설청차장으로서 국토종합건설계획을 마련한다. 여기에는 울산공업도시, 섬진강댐, 춘천댐 등 수자원개발사업이 들어 있었다. 그 뒤 건설부 차관으로서 울산공업도시 건설, 태백산지구 산업도로 건설, 수자원개발 등에 큰 공을 세우고 1964년 7월 교통부장관에 오른다.

3년 3개월의 교통부장관 생활을 마치고 모처럼 쉬고 있는 그를 박정희 대통령은 그냥 두지 않았다. 한국수자원개발공사(지금의 한국수자원공사) 사장으로 임명되어 국가기간고속도로계획조사단장을 겸임하면서 경부고속도로 노선선정 등 기본계획을 수립하고 소양강다목적댐, 안동다목적댐을 건설했다.

1974년 2월부터는 수자원개발공사를 흡수한 산업기지개발공사 사장으로 15년 동안 근무하면서 대청다목적댐, 충주다목적댐 건설과 운영, 구미전자공업기지, 창원기계공업기지, 여천석유화학공업기지, 온산비철금속공업기지 등을 건설했다. 그 뒤를 이어 반월신도시, 이리수출공단, 대덕연구학원도시 등의 건설을 마무리했다.

안경모 님은 슬하에 5남 1녀를 남기고 2010년 8월 26일 소천했다. 필자와 안경모 님의 인연은 "아버님이 남기신 유품을 철도박물관에 기증하고 싶다."라는 유족 측의 요청에 따라 2014년 5월 30일 관계자들이 철도박물관에서 회의를 하며 시작되었다. 논의 끝에, 일단 모든 유품을 철도박물관으로 옮기고 목록을 작성한 후 별도의 절차를 거쳐 공식 인수인계하기로 했다. 6월 11일, 안경모 님이 세상을 떠나기 전까지 살았던 효창동 댁을 방문하여 약 100상자에 이르는 유품을 인수했다. 당시의 손길신 철도박물관장과 박물관 직원이 합세하여 필자와 함께 의왕의 철도박물관까지 특별 수송작전을 펼친 것이다.

유족들에게 개략적인 목록을 만들어 보내드린 것은 이듬해인 2015년 2월이었다. 필자는 여건이 될 때마다 자료실에 들러 목록을 보완해 나갔다. 벌써 자료를 인수한 지 4년 6개월이 지났다. 4,000여 건의 자료 중에서 정부 관련 자료는 국토부의 국토발전전시관에 인계했고, 토목과 자연과학 관련 자료는 한국수자원공사에 인계했다. 현재 남은 자료는 일반 인문학 자료와 철도 관련 자료들이 대부분이다.

개략적인 목록 작성 이후 몇 차례에 걸친 보완작업이 이어지면서 안경모 님이 어떤 책을 보았으며 무슨 생각을 하며 살았는지를 대략 알게 되었다. 그는 일본어와 영어에 능통했으며, 프랑스어와 스페인어 공부도 평생 계속 하였다. 이와나미[岩破]의 문고판을 시작으로 일본어로 된 각종 인문학 서적이 가득했고, 영문판 브리태니커 사전과 연감 등도 완비돼 있었다. 평생 자료관 만들기가 꿈이었기 때문에 도쿠시마 고공 시절의 교과서와 노트까지 보관되어 있었으며, 각종 매체에 투고한 원고도 묶어서 목록화해두고 있었다.

또한 그가 심혈을 기울인 각종 개발사업에 대하여는 그 전말을 알 수 있는 자료를 대부분 보관하고 있었고, 1961년 이미 철도실무에서 떠났음에도 불구하고 철도에 관한 자료를 무척 많이 남겼다. 개인적으로는 이분이 철도도서관에 관해 많은 애정을 갖고 있었고, 그에 대한 글도 남겨서 논문 작성에 많은 시사점을 얻기도 했다. 최근에 필자는 산업기지개발공사 사장 시절의 안 장관을 회상하는 어느 구두수선공의 이야기[105]를 듣고 큰 감동에 휩싸였다.

어느 날, 노신사 한 사람이 해어질 대로 해어진 낡은 가방을 수선해달라고 찾아왔다고 한다. 그에게 수선공 아저씨가 새 가방을 사서 쓰기를 권했더니 노신사 왈, "이 사람아, 고치면 아직 얼마 동안은 더 쓸 수 있는 물건을 버린다면 국가적으로 낭비가 아닌가? 이렇게 고쳐서 다시 쓰면 물자절약이 되어 국가적으로 이익이고, 돈이 절약되어 나도 이익이고, 수선비를 벌 수 있으니 자네에게도 보탬이 되고, 또한 내 자식들에게도 교육상 좋지 않겠는가?"

수선공 아저씨는 할 수 없이 수선을 하면서 이 노신사에게 산공(산업기지개발공사) 안경모 사장님만큼이나 검소한 분이라고 이야기를 했다고 한다. 그러자 이 노신사는 빙그레 웃더니 수선이 다 끝나갈 때쯤 "내가 안경모네. 열심히 일해서 성공하게"라고 하며 수선비를 주고 갔다는 것이다. 이 수선공 아저씨는 낡아빠진 안 장관의 구두, 가방, 지갑 등을 여러 차례 고친 적이 있지만, 그 전에는 운전기사가 왔다 갔다 했기 때문에 정작 안 장관을 만난 것은 그때가 처음이었다고 한다.

교통부장관을 지내고 이후에도 온갖 산업개발과 관련된 핵심 요직에 있었으니 축재에 조금만 관심이 있었더라면 벌써 재벌이 되었을 것이었다. 그러한 것이 얼마든지 사회적으로 용납이 되는 시대를 살았던 사람이었기 때문이다. 그럼에도 불구하고 평생 술, 담배를 멀리하고 자신과 주변을 철저히 관리하면서 청렴강직하게 살았으니, 한없이 자랑스럽고 감사한 마음이다.

아름다운 철도원 김행균 님

영등포역에 가게 되면 잊지 말아야 할 것이 있다. '아름다운 철도원'으로 널리 알려진 김행균 역장 기림비에 가보는 것이다. 하행 기차 타는곳으로 계단을 내려가 왼쪽으로 돌아서면 바로 앞에 돌로 만들어진 기념비가 보인다. 2003년 11월, 타원형 화강석 기단에 세 개의 원형 돌기둥을 나란히 세워 만들었는데, 왼쪽 오석(烏石)에는 잊을 수 없는 그날의 상황이 적혀 있고, 가운데 화강석엔 김행균 님의 희생정신을 가슴 깊이 새기리라는 철도인들의 다짐이, 오른쪽 대리석엔 의상자 김행균 역장의 간략한 경력이

L 역장 재직 당시의 김행균 님
R '아름다운 철도원' 김행균 역장 기림비(영등포역)

새겨져 있다.

김행균 님이 언론의 주목을 받게 된 것은 2003년 7월 25일 아침 9시 9분경에 발생한 사고 때문이었다. 당시 영등포역 열차운용팀장(지금의 운전담당 역무팀장)으로 근무하던 김행균 님은 도착 새마을호 열차감시를 위하여 8번 타는곳에 나가 있었다. 그런데 서울을 출발하여 부산으로 가는 새마을호가 영등포역 구내로 막 들어오고 있는 상황에서 선로 쪽으로 접근하는 아이를 발견하게 된 것이다. 어린 생명을 구해야 한다는 생각에 뛰어들어 아이를 구했지만, 자신은 미처 피하지 못하고 열차에 치어 왼쪽 발목과 오른쪽 발등이 절단되는 사고를 당하고 말았다.

이 사고로 언론에 처음 알려지게 됐지만 정작 그가 '유명인사'가 된 것은 이후의 여러 과정 때문이었다. 사고 자체가 큰 역에서 많은 사람들이 지켜보는 가운데 벌어진 일이어서 여러 언론매체에서 찾아왔고, 또한 궁금해했다. 과연 그때 생명을 구하게 된 어린이는 누구인지, 당시 보호자가 있었을 텐데 그 부모로부터 연락이라도 있었는지 하는 것이었다. 하지만 고통 가운데 병석에 누워 있던 김행균 님은 그럴 때마다 정색을 했다. 당연히 해야 할 일을 했을 뿐인데 그것 때문에 다른 사람이 원망을 들으면 안 된다는 것이었다. 오히려 그 어린이는 괜찮은지 걱정을 했다. 보통 사람이라면 자식의 생명을 구해주었는데도 아무 소식도 없는 부모가 원망스러웠을 텐데 말이다. 김행균 님의 선행은 그래서 더 알려졌던 것이다.

김행균 님은 사고 직후 병원으로 옮겨져 여러 차례 수술을 받았지만, 접합에 실패하고 의족을 사용해야 했다. 재활치료를 거쳐 철도청에 복직한 후로는 역무과장(지금의 부역장)을 거쳐 가산디지털단지역장으로 발령을 받았다. 그런데 김행균 역장은 정기적으로 병원신세를 져야 하는 상황인데도 자신의 유명세를 철저히 '이용'했다. 2004년 아테네올림픽, 2008년 베이징올림픽 성황봉송 주자로 뛰었으며, 에베레스트 등정으로 사람들을 깜짝 놀라게 하기도 했다. 그는 조금이라도 여유가 생기면 이걸 어떻게 어려운 이들과 나눌 수 있을까 고민하는 사람이었다. 지역의 어려운 아이들에게 기차여행도 시켜주고 그들과 함께 놀아주었다. (지금 생각해보면 그렇게 해서라도 끊임없이 몰려오는 고통을 이겨내야 했던 것 같아 마음이 아프다.)

김행균 님은 1961년 11월 15일 생이다. 철도고등학교 업무과 졸업 후 1979년 12월 부산에서 철도원 생활을 시작했다. 몇 군데 부역장을 거쳐 2003년 4월 영등포역 열차운용팀장으로 발령을 받았다. 개인적으로 김행균 님을 처음 만난 것은 1999년쯤이었던 것 같다. 필자가 서울지방철도청

영업국에 근무할 때였는데, 당시 김행균 님은 시흥역(지금의 금천구청역) 부역장으로 근무하고 있었다. 업무와 관련된 점검을 하기 위해 시흥역에 들렀는데, 온화한 표정으로 3년 후배인 필자를 깍듯이 대해주었다. 초면이라고는 해도 필자가 후배라는 것은 익히 알고 있을 상황이었지만 공과 사를 분명히 하는 사람이었다.

김행균 님은 몇 군데의 역장을 거쳐 마지막엔 경인선 역곡역장으로 근무했다. 몸이 성치 않은 길냥이를 거두어 '다행이'라는 이름을 지어주었고, 일본에 고양이 역장이 있는 것처럼 이 고양이를 명예역장으로 임명하여 잘 보살펴주었다. 어느 날은 가까이 지내는 분이 책을 만들어주었다면서 고양이 역장 다행이 이야기를 담은 그림책을 가져다주기도 했다.

2016년 어느 날, 뜻밖에도 김행균 역장의 퇴직 소식이 들려왔다. 37년간의 철도원 생활을 마감하고 철도를 떠난 것이다. 명예퇴직이었다. 정년이 아직 5년도 더 남아 있었지만 평소 소신대로, 자신의 불편한 몸이 동료들에게 민폐가 될까 염려돼 훌훌 털고 자리를 비워준 것이다.

120년 철도 역사에는 김행균 역장보다 더 큰 희생을 치른 사람들이 많이 있다. 고객의 생명을 구하는 과정에서 더 많이 다쳤거나 목숨을 잃은 사례를 찾는 것이 어렵지 않다. 하지만 우리가 김행균 역장을 잊을 수 없는 것은 순간의 희생을 통해 다른 이의 생명을 구해낸 것에서 그치지 않고, 그 지속되는 아픔을 삭여내서 사랑으로 꽃피웠기 때문이다. 틈만 나면 힘들고 어려운 이들 편에 서서 그들에게 위로가 되고 힘이 되고자 했던 사람, 같은 하늘 아래 같은 철도원으로 근무하고 있다는 것을 항상 자랑스럽게 느끼게 해주었던 사람, 그는 끝내 그가 사랑하던 철도를 떠났다.

지금 역곡역에선 김행균 역장도, 다행이도 보이지 않는다. 다만 그가 재직 시 조성한 '다행이 광장'이 있어 주말이면 이런저런 공연이 펼쳐지곤 한다. 세월이 흐르면 이 광장이 왜 '다행이 광장'인지 기억하지 못하는 이들이 많아질 것이다. 하지만 우리 철도인들은 그를 잊지 않을 것이다. 언제까지나 아름다운 철도원으로 기억할 것이다. 선한 눈망울로 웃음 짓던 김행균 역장을!

plus! 역부(驛夫) 이봉창 의사 이야기

1900년경 경기도 수원, 젊은 내외가 소달구지에 살림살이를 나눠 싣고 길을 떠났다. 이봉창 의사의 아버지 이진구와 손씨 부인이 조상 대대로 살던 집과 전답을 뒤로 하고 한성으로 향하는 길이다.

"집과 전답이 철도부지에 들어갔으니 집을 비워라, 값은 후일 계산해서 치러주겠다."

일본이 경부철도 부설권을 차지하면서 날벼락이 떨어진 것이다. 일가는 용산에 짐을 풀었고, 그곳에서 1901년 8월 10일 이봉창 의사가 태어났다. 세 아들 중 둘째였다.

을사늑약과 경술국치를 당한 나라의 운명처럼 가세도 기울었다. 이봉창 의사는 4년의 보통학교를 마치자마자 열다섯 나이에 돈벌이를 시작해야 했다. 일본인이 운영하는 과자가게의 점원이 첫 직장이었다. 사교성이 뛰어나고 일본어에 능했던 의사는 2년 후 보다 나은 일자리를 찾아 한강로에 있는 약국 점원으로 옮겼다. 이곳에 근무하면서 철도국에 근무하는 직원을 알게 되었는데, 그의 소개로 용산역에서 임시 역부(驛夫)로 일하게 되었다. 만세운동이 일어났던 1919년, 열아홉 살 때였다.

의사는 용산역에 근무한 지 5개월 만인 1920년 1월 16일 시용부(試傭夫)에서 정식 역부가 되었다. 임시잡부에서 정규직이 되었으니 승진한 것이다. 역부 이봉창에게 주어진 보직은 전철수(轉轍手)였다. 8개월 후 연결수(連結手)로 보직이 바뀌었는데, 지금으로 치면 모두 수송(輸送)담당 역무원의 보직에 해당된다.

업무 특성상 위험이 늘 따르는 일이어서 당시에도 작업 중 사상자가 발생하곤 했는데, 이봉창 의사를 가장 힘들게 했던 것은 업무과중이나 위험요소가 아닌 차별대우였다. 일본인은 쉽게 승급과 승진을 거듭하는데 아무리 열심히 해도 조선인이라는 이유로 승진이 누락되고 차별대우를 받게 되자 이 의사는 업무의욕을 잃게 된다. 처음에는 식민지 백성으로서 현실을 받아들여 체념하려 하였다. 하지만 차별 받는 생활이 길어지면서 자포자기 상태가 되어 술과 도박에 손을 대는 등 삶도 무너져 내렸다. 그렇게 만 5년을 채우지 못하고 철도인으로서의 삶은 끝이 났다. 자존감이 강했던 이봉창 의사에게 철도가 남겨준 것은 "조선인은 일본인일 수 없다"는 가르침 하나였다.

1932년 1월 8일 오전 8시 50분경, 도쿄 중심가 하라주쿠[原宿]역에 말쑥한 차림의 한 신사가 내렸다. 정장에 검은 오버코트를 입고, 올백으로 빗질한 머리에 헌팅캡을 눌러 썼다. 한 손에는 수류탄 두 발이 든 보자기가 들려 있었다. 이봉창 의사였다. 이날 인근의 요요기 연병장에서 열리는 육군 시관병식(始觀兵式)에는 일본천황이 참석하게 되어 있었다.

오전 11시 45분경, 도쿄의 치안을 책임지는 경시청 현관 앞에서 고막을 찢을 듯한 폭발이 일어났다. 일본천황 일행을 향해 이봉창 의사가 던진 수류탄이 터진 것이다. 폭발음에 비해 위력이 강하지 않아 인명피해는 거의 발생하지 않았다. 이봉창 의사는 이른바 대역죄로 사형이 언도되고, 1932년 10월 10일 오전 9시 2분 도쿄 이치가야 형무소에서 순국했다.

1946년 6월 16일, 비가 내리는 가운데 부산역에서는 고 윤봉길, 이봉창, 백정기 세 사람의 영결식이 열렸다. 영결식이 끝난 후 삼의사 유해는 김구 선생의 인도에 따라 봉안열차 조선해방자호에 실려 부산역을 출발했다. 서울역에 도착한 이 의사의 유해는 태고사 봉안소에 안치되었다가 1946년 7월 6일 국민장을 거행하여 효창원에 자리를 잡았다. 이봉창 의사가 태어나서 자란 곳이자 민족의식에 처음 눈을 뜬 곳, 그곳 용산에 영원히 잠든 것이다.

이봉창 의사
L 동상(용산 효창공원)
R 묘소(용산 효창공원)

5부

조금 더 들어보는 기차 이야기

기차의 역사를 볼 수 있는 곳, 철도박물관

우리나라에 철도박물관이 처음 생긴 것은 1935년 10월 1일이다. 그해는 조선총독부가 남만주철도주식회사(만철)로부터 우리나라 철도 운영권을 돌려받은 지 10년이 되는 해였고, 그 기념사업의 일환으로 용산에 철도박물관을 세웠던 것이다.

지금도 코레일 인재개발원 앞에 서 있는 터우(Ten wheeler)형 증기기관차는 그때 제작한 것으로 알려져 있다. 철도박물관에 전시되고 있는 모든 차량은 전국 방방곡곡을 누비며 자기 역할을 다한 후 안식을 누리고 있다고 봐야 하는데, 유독 그 터우형 증기기관차는 처음부터 교육용으로 만들어졌기에 삼천리 방방곡곡을 달릴 기회를 얻지 못했다. 하지만 누가 알겠는가? 처음 박물관이 설립된 1935년부터 증기기관차가 현역에서 물러난 1970년대까지 얼마나 많은 철도인들이 이 터우로부터 배움을 얻었는지…….

용산은 철도의 요람이자 메카였다. 그곳에 철도학교며 교육원이 있었고, 도서관과 박물관, 철도병원이 있었다. 또한 철도국이 둥지를 튼 곳도 용산이었고, 철도공장(공작창, 차량기지)이며 대규모 직원관사도 있었다. 설립된 지 10년 만에 광복을 맞고 6·25를 겪은 철도박물관은 말 그대로 만신창이가 되는데, 결정적인 타격이 되었던 것은 1963년 철도청 창설기의 혼란이 아니었던가 싶다. 바로 이 시점에 철도박물관은 많은 유물을 잃고 유명무실한 존재가 되어버리고 만다.

철도박물관이 다시 철도사에 등장하는 것은 그로부터 20년 가까운 세

철도박물관 전경

월이 흐른 1981년 10월 15일이다. 정식 박물관은 아니지만, 당시 용산의 철도고등학교 실습장에 일정 공간을 마련하여 철도유물기념관을 만든 것이다. 그리고 지금의 철도박물관이 경기도 부곡(현 의왕시)에 만들어진 것은 1988년 1월 26일이다. 당시 25억 원이 넘는 많은 예산을 들여 박물관을 세울 수 있었던 데에는 88올림픽이라는 우리 민족사에 크게 남을 대사건이 배경이 되기도 했지만, 박물관의 필요성을 끊임없이 주장하고 경영진을 설득했던 교육원의 허린 서기관(훗날 초대 철도박물관장)과 공보담당관실 김기억 씨(제2대 박물관장)의 역할이 컸다. 그들의 열정과 식견이 없었더라면 아직도 우리 철도는 철도박물관을 마련하지 못하였을지도 모른다.

철도박물관의 시설현황

철도박물관은 경기도 의왕시 철도박물관로142(월암동 374-1)에 자리 잡고 있다. 경부선 전철(1호선)을 타고 의왕역에 내려 2번 출구로 나가면 역 광장인데, 의왕역 벽면을 따라 이어진 길을 10분 정도 걸으면 철도박물관

철도박물관 소장품 현황

(2022년 4월 현재)

• 전시실별 현황

구 분		면적(㎡, 평)	전시실명	소장품(점)	비 고
본관	1층	1,512㎡(458평)	역사실	1,349	국가등록문화재 2점
			차량실	477	
	2층	864㎡(261평)	전기·신호·통신실	574	국가등록문화재 1점
			시설·보선실	240	
			운수·운전실	1,738	
			KTX·미래철도실	54	
		134㎡(41평)	수장고	7,252	지류, 소품
	지하	347㎡(105평)	수장고	837	철물, 공구류
본관합계		2,857㎡(866평)		12,521	
옥외합계		23,713㎡(7,186평)	옥외전시장	69	국가등록문화재 10점
합 계		26,570㎡(8,052평)		12,590	

• 소장품 종류별 현황

소계	차량, 정비	도면류	사진류	서적류	주주증권	기타
12,590	33	1,950	2,541	354	5,721	1,991

이 나타난다.

1997년엔 철도박물관 서울역관을 개관하여 멀리 의왕까지 가지 않아도 가까운 거리에서 철도의 귀중한 유물들을 볼 수 있도록 하였다. 그런데 고속철도 개통을 앞두고 서울역이 새 역사로 이전하게 되면서 2003년 말 자연스럽게 서울역관은 부곡관과 통합 운영하게 되었다.

철도박물관은 총 부지 2만 8,082제곱미터에 지상 2층 지하 1층 연건평 2,857제곱미터(865평), 옥외전시장 1,937제곱미터로 이뤄져 있다. 소장품은 1만 2,589점으로, 유물과 도서자료가 반반 정도의 비율을 차지하고 있다.

철도박물관 운영현황

지금의 철도박물관은 1988년 건립 이후 초창기에는 교통공무원교육원 산하에 있다가 독립기관으로서 철도청 직영체제로 운영되었다. 그런데 1999년, 작은 정부 구현과 경영효율화를 위해 민간위탁을 실시하라는 정부지침이 내려왔다. 이에 따라 2001년부터 2016년 1월 말까지 만 15년 동안 민간에 위탁운영을 하게 되었다.

매 3년 단위로 위탁운영자를 선정하였는데, 그 첫 번째 위탁사업자는 (주)한국철도신문이었다. 2003년까지의 위탁운영을 마친 후 2차부터는 (사)철우회에서 맡기 시작하여 9년 동안 위탁운영을 맡았으며, 2013년 2월부터 2016년 1월까지 (주)이브릿지에서 위탁운영을 맡았다.

그러던 중 2015년 말 당시 최연혜 한국철도공사 사장의 지시로 직영을 검토하게 되었고, 2016년 1월 내부공모를 통해 직원을 선발한 후 교육을 거쳐 2월부터 직영에 들어갔다. 위탁운영 당시 연평균 24만 명 정도(일평균 800명)가 철도박물관을 방문하였는데, 그중 64퍼센트 정도가 미취학 아동 등 무료관람객이었다. 연평균 위탁운영 예산은 약 3억 원, 관람료를 포함한 수입이 1억 원에 채 미치지 못하는 경우가 많아서 매년 2억 원 정도의 적자운영이 불가피했다. 코레일은 철도박물관 운영 활성화를 위해 입장료를 현실화하고 무료관람 범위를 조정했다. 그 여파로 관람객은 많이 줄었으나 평균 관람시간이 늘어나는 등 긍정적인 변화를 보이고 있다.

위탁운영 시기에는 근무자가 모두 12명에서 13명이었는데, 환경미화원과 경비인력을 포함한 인원이다. 직영전환 이후 정원은 관장 1명을 포함하여 8명이며, 외부 용역직원은 포함돼 있지 않다. 박물관 업무는 관리·운영팀과 학예·교육팀으로 나뉘며, 업무 준비와 마감, 입장권 발매와 관람안내, 디오라마 운영 등은 전체 직원이 공통업무로 하고 있다. 관람시간은 매일 아침 9시부터 18시까지(동절기 11월부터 2월까지는 17시)이고, 토요일과 일요일, 공휴일에도 개관하기 때문에 월요일과 공휴일 다음 날 휴관한다. 또한 1월 1일, 추석과 설날 연휴 때에도 문을 열지 않는다.

철도문화해설사는 철도박물관의 감초 같은 존재이다. 처음엔 의왕시에서 일곱 명의 철도특구해설사를 양성했는데, 박물관뿐만 아니라 의왕시의 철도산업시설 전반을 홍보할 목적이었다. 철도박물관에서도 각종 전시물과 철도역사 해설을 목적으로 해설사를 양성했는데, 시의 정책 변경으로 예산이 끊어지고 철도산업홍보관도 문을 닫게 되자 박물관 양성 해설사만 남게 되었다. 2022년 현재 40여 명의 해설사들이 자체적으로 협회를 구성해 교육과 봉사활동을 하고 있다.

어린이들에게 가장 인기가 있는 철도 모형 디오라마 운영과 해설은 평일의 경우 오전과 오후 각 1회, 주말과 공휴일엔 3회에서 4회 정도 시행하고 있다.

철도박물관 관람료

(2019년 6월 기준)

구분	입장료(원)	비 고
일반 개인	2,000	19~64세(65세 이상 무료)
일반 단체	1,000	20인 이상
어린이·청소년 개인	1,000	4~18세(4세 미만 무료)
어린이·청소년 단체	500	20인 이상

※ 장애인, 국가유공자, 20명당 1인의 단체인솔교사 무료

철도박물관의 대표 유물

철도박물관은 모두 열세 건의 국가등록문화재를 보유하고 있다. 그중 열 건은 옥외에 있는 차량이며, 세 건은 본관에 전시되어 있다.

철도박물관 소재 등록문화재 현황

연번	명 칭	등록일	전시장소
1	파시형 증기기관차5-23호	2008-10-17	옥외 전시장
2	협궤 증기기관차11-13호	2008-10-17	옥외 전시장
3	대통령 전용객차	2008-10-17	옥외 전시장
4	주한 유엔군사령관 전용객차	2008-10-17	옥외 전시장
5	협궤무개화차	2008-10-17	옥외 전시장
6	협궤유개화차	2008-10-17	옥외 전시장
7	대한제국기 철도 통표	2008-10-17	본관 1층
8	대한제국기 경인철도 레일	2008-10-17	본관 1층
9	쌍신폐색기	2008-10-17	본관 2층
10	대통령 전용 디젤전기동차(2량)	2022-04-7	옥외 전시장
11	협궤 디젤동차 163호	2022-04-7	옥외 전시장
12	협궤객차 18011호	2022-04-7	옥외 전시장
13	터우5형 증기기관차 700호	2022-04-7	인재개발원

파시5-23호는 우리나라에 유일하게 남아 있는 파시형 증기기관차이다. 파시5형은 국내에서 운행된 증기기관차 중에서 가장 큰 기종이며, 급행여객열차 견인에 이용됐다. 대통령 전용객차나 주한 유엔군사령관 전용객차, 협궤무개화차와 협궤유개화차 모두 보존 가치가 높고 국내에 유일하

L1 철도박물관의 협궤차량
R1 철도박물관 본관 로비의 파시1-4288호 축소형 증기기관차
L2 철도박물관 입구의 대통령 특별동차

게 남아 있는 차종이다.

본관에 전시돼 있는 대한제국기 철도 통표와 경인철도 레일, 쌍신폐색기는 일제강점기에 철도박물관이 문을 열 때부터 보관해온 유물로 모두 100년 이상의 역사를 갖고 있다.

2022년 4월 네 건의 철도 유물이 새롭게 국가등록문화재로 지정되었는데, 대통령 전용 디젤전기동차(본동)와 협궤 디젤동차 163호, 협궤 객차 18011호, 터우5형 증기기관차 700호이다. 이렇게 문화재로 지정된 유물 외에도 박물관에는 보물들이 많은데, 본관 입구를 지키고 있는 파시1-4288 축소형 증기기관차는 1955년 10월 창경원(지금의 창경궁)에서 개최된 해방10주년기념 산업박람회 때 실제 어린이들을 태우고 신나게 달렸던 꼬마기차다. 또한 2022년 2월 반입된 안춘천철교 상판 구조물은 1906년부터 2021년 12월까지 115년간 경인선을 지킨 귀중한 유물이다.

철도박물관 운영의 문제점

철도박물관 운영의 가장 큰 어려움은 부족한 예산이다. 어느 박물관이나 사정은 비슷하겠지만 철도산업의 특성상 핵심 철제 유물이 옥외에 전시돼 있는데, 정기적인 도장(塗裝)조차도 제때에 못하고 있는 실정이다. 그래서 철도박물관은 거대한 타임캡슐로 전락한 느낌이다. 지난 15년 동안의 위탁경영 시기를 겪으면서 철도 직원들의 관심에서도 멀어지고 말았다. 수탁자는 최소한의 인건비 위주로 짜인 위탁운영예산 안에서 박물관을 운영해야 했기에, 새로운 투자나 대규모 보수 등은 생각할 수도 없는 형편이었다.

지금의 우리 철도박물관을 보면 안타까운 마음을 금할 수 없다. 옥외전시장에 전시돼 있는 차량들은 여기저기 페인트가 벗겨지고 갈라져 있다. 아무리 박물관 운영이 수지가 맞지 않는 문화사업이라고 해도, 우리의 과거가 이렇게 녹슬어가고 철도의 현재며 미래가 이렇게 폄하되어도 되는 것인가? 우리 철도인의 자존심은 어디에서 찾을 것인가?

철도박물관이 안고 있는 또 하나의 문제는 근본적인 기능의 문제다. 박물관이라고 하면, 유물의 보존 전시라고 하는 기본적인 기능 외에, 교육과 학습 기능이 반드시 필요하다. 그래서 제대로 된 박물관일수록 각각의 전시유물에 대한 설명이 풍부하고 정확하다. 그런데 철도박물관에는 어떤 자료가 얼마나 있는지 관람객이나 관심자들이 알 수 있는 방법이 없다. 하루속히 중요한 자료를 선정하여 디지털화하는 작업이 진행되어야 할 것이다. 이러한 일련의 작업을 통해 철도박물관이 비로소 자료실의 역할, 교육과 학습 기능을 갖추게 될 것이다.

철도박물관이 위탁운영을 시작한 2001년 이후 철도는 눈부신 발전을 이뤘다. 사양화산업의 오명을 떨쳐내고 고속철도를 성공적으로 개통시켰고, 철도청이 공단과 공사로 나뉘는 커다란 변화를 겪었다. 또한 지구온난화 시대를 맞아 녹색환경을 선도하는 교통기관으로 철도산업이 각광을 받으면서 화려한 부활을 꿈꾸고 있다. 그런데 철도박물관은 아직도 사양화산업 시대에 머물고 있다. 땜질식으로 고속철도 이야기를 끼워 넣었으나 국민으로부터 사랑받는 최첨단 교통기관으로서의 면모는 찾아보기 힘들고, 아직도 칙칙폭폭 굴뚝산업의 모습을 보여주고 있다.

철도박물관이 철도의 과거뿐만 아니라 현재의 모습도 보여주고, 미래의 비전도 제시해줄 수 있다면 얼마나 좋을까? 철도산업은 끊임없이 발전을 거듭하고 있다. 그에 걸맞게 박물관이 갖고 있는 내밀한 정체성, 그것을 통해 철도인들에겐 자부심을, 이곳을 찾는 수많은 어린이들에겐 자랑스러운 철도의 미래상을 심어주는 철도박물관으로 거듭나기를 바란다.

(철도박물관은 이 글을 쓴 이후 2018년 12월부터 2019년 4월까지 5개월 간의 휴관기간을 거쳐 2019년 5월 1일 다시 문을 열었다. 이 기간 동안 유물목록이 정비되고, 본관 전시물에 대한 설명자료 등이 새롭게 교체되었다. 시설 면에서는 소방시설과 엘리베이터가 설치됐다.)

기차와 관련된 숫자들 이야기

열차, 차량과 관련된 숫자들

철도에서 사용하는 숫자는 참 여러 가지가 있다. 일단 모든 열차에는 열차번호가 있고, 여객열차에는 호차 표시가 있다. 그리고 현재 전동차를 제외한 일반열차는 모두 좌석지정열차이므로 좌석번호도 있다.

우리나라에서 열차번호를 표기하는 원칙은 서울을 기준으로 삼아 서울에서 멀어지는 하행열차에는 홀수를 부여하고, 서울을 향하는 상행열차에는 짝수를 부여한다. 객차의 호차 표기는 서울 쪽을 1호차로 하여 일련번호를 부여한다. 곧 하행열차에는 맨 뒤칸이 1호차가 되며, 상행열차에는 맨 앞칸이 1호차가 된다.

앞에서 이미 언급했지만, 열차번호와 차량번호는 다른 개념이다. 차량번호는 일단 제작되어 차적에 오르면 내구연한이 되어 폐차될 때까지 따라다니는 고유번호이다. 사람으로 치면 주민등록번호 같은 것이다. 반면 열차번호는 소프트웨어적 개념이어서 어떤 용도로 어떤 구간에 언제 운행하느냐에 따라 번호가 달리 주어진다. 한국철도공사에서 열차번호를 부여하는 원칙이 되는 배정기준은 오른쪽 표와 같다.

전동열차에 열차번호를 부여하는 배정기준은 여기서 다루지 않는다. 열차번호 앞에 알파벳을 붙이는 이유는 운전취급자가 열차의 종류나 성격을 금방 알 수 있도록 하기 위함이다. 다만 여객열차를 의미하는 A와 화물열차를 의미하는 B의 경우에는 평상시에는 사용하지 않으며, 운전취급용 조작반(관제센터 또는 운전취급역의 로컬 관제실)에 표기될 때만 사용한다.

우리나라 철도차량을 보면 한쪽 모서리에 '자중, 하중, 계산, 환산' 등이 쓰여 있는 것을 볼 수 있다. '자중(自重)'이라는 것은 차량 자체의 무게인데, 아무런 짐을 싣지 않은 상태의 무게를 말한다. 철도에서는 아무것도 싣지 않은 상태의 차량을 '공차(空車)'라고 부른다. '하중(荷重)'이란 짐의 무게를 말하는데, 차량에 실을 수 있는 최대 무게를 말한다. 물론 자중은 포함되지 않는다.

'계산(計算)'이란 그 차량의 차장률(車長率)을 말하는데, 14미터를 차량의 표준길이로 하여 이 표준길이와 실차의 길이 비율을 표기한 것을 말한다. 차량의 길이는 양쪽 연결기가 닫힌 상태에서의 길이를 재며, 소수점 이하

열차번호 배정기준

1. 알파벳 사용기준

알파벳	열차종별	내용
A	여객열차	알파벳 없음
B	화물열차	알파벳 없음
K	전동열차	KORAIL
S	전동열차	서울교통공사
H	여객열차 회송	사업시작 전 출고열차
D	여객열차 회송	사업종료 후 입고열차
L	단행열차 회송	사업시작 전 출고열차
M	단행열차 회송	사업종료 후 입고열차
Y	단행열차 회송	사업시작을 위한 출고열차로 객·화차 연결가능
R	단행열차 회송	사업 종료 후 입고열차로 객·화차 연결가능
F	전동열차 회송	사업시작 전 출고열차
G	전동열차 회송	사업종료 후 입고열차
Q	전동열차 회송	역간 전동회송열차(적의사용)
W	전동열차 회송	역간 전동회송열차(적의사용)
P	회송열차	복수의 회송열차 발생시 H와 L 이전열차
J	회송열차	복수의 회송열차 발생시 D와 M 이후열차
T	특발열차	이례상황 발생시 지연열차에 대한 중간역에서 특발

* 알파벳은 대문자를 사용하고 숫자와 식별이 가능하도록 배정

2. 일반열차의 열차번호 배정기준

열차종별	구분		배정번호		비고
			정기열차	임시열차	
여객열차	고속열차	경부선	001~200	4001~4200	고속선 점검열차: 900번대 사용
		경전·동해선	201~300		
		호남선	401~500		
		전라선	501~600		
		중앙선·중부내륙선	701~800		
		강릉선	801~900		
	ITX-청춘		2001~2500	4201~4400	
	새마을호(ITX-새마을)		1001~1100		
	무궁화호 (누리로)	경부선	1201~1400	4401~4700	
		호남선	1401~1500		
		전라·장항선	1501~1600		
		중앙·영동·태백선	1601~1700		
		충북·동해·대구선	1701~1800		
		경북·영동선	1801~1900		
		경전선	1901~2000		
	기타여객열차		2501~2700	4701~4900	
	통근열차		2701~2800	4901~5000	
화물열차	컨테이너		3001~3100 3801~3900	5001~5200	
	일반화물		3101~3700	5201~5500	
	특대 및 위험물 적재 화물		3901~4000	5901~6000	
기타 열차	건설·근거리열차		6001~7000		
	시험운전, 공사		7001~8000		
	장비(모터카)		8001~8998		

* 동력차 교체를 위한 정기열차에 회송열차 추가 운행 시 지역 특성에 맞는 영문자 추가

는 2위에서 반올림하여 표기한다. 예를 들어 실제 길이 14미터의 화차의 차장률은 1.0이 되며, 20미터짜리 전동차의 경우 차장률은 20÷14≒1.42이므로 1.4가 된다. 객차의 1량당 길이는 20~22미터 정도이므로 차장률이 1.4~1.6 정도이다. 한 열차를 구성하는 각 차량의 차장률을 모두 합친 값을 그 열차의 열차장(列車長)이라고 부른다.

'환산(換算)'이란 차중률(車重率)을 말하며 짐을 실었을 때와 신지 않았을 때를 모두 표기한다. 차중률 계산법은 차중률은 차량 1량의 총중량을, 기관차는 30톤, 동차 및 객차는 40톤, 화차는 43.5톤을 기준으로 나눈 값이다. 소수점 이하는 2 위에서 반올림하며, 짐을 신지 않는 공차는 끊어 올린다. 예를 들어 자중 20톤 화차가 짐을 50톤 실었다고 하면, 총중량은 70톤이 된다. 이 차의 차중률은 70÷43.5≒1.60이므로 1.6으로 표기한다. 또한 짐을 신지 않았을 때의 차중률은 20÷43.5≒0.45이므로 0.5가 된다. 이렇게 환산값은 영차일 때와 공차일 때를 모두 표기하도록 되어 있다. 각 차량의 차중률을 모두 합하면 그 열차의 환산값이 나오게 된다.

그러면 차장률과 차중률은 왜 필요한 것일까?

먼저 차장률에 대해 알아보자. 기찻길은 단선과 복선이 있다. 단선철도에서는 상행과 하행이 만나면 어느 정거장에선가 서로 교행을 해야 한다. 복선철도에는 상행선과 하행선이 따로 있기 때문에 교행을 하지는 않지만, 대피를 해야 하는 경우가 생긴다. 우리가 무궁화호를 타고 여행을 하다 보면 새마을호나 고속열차를 먼저 보내기 위해 타는곳에서 조금 더 기다리는 경험을 하게 되는데, 앞서 가던 기차가 나중 오는 기차를 위해 길을 비켜주는 것이 바로 대피이다.

이렇게 교행이나 대피를 하기 위해서는 먼저 도착한 열차의 길이가 교행이나 대피하는 정거장의 도착선로 길이보다 짧아야 한다. 만약 정거장의 도착선로 길이보다 더 길면 교행이나 대피가 불가능해지는 것이다. 그렇기 때문에 하나의 열차가 조성되면 전체 차량의 차장률을 합친 열차장이 반드시 표기된다. 사실은, 미리 유효장이 가장 짧은 역을 기준으로 이미 정해져 있는 한계 내에서 열차를 조성하게 되는 것이다.

이번에는 차중률에 대해 알아보자. 모든 동력차에는 그 차량이 갖고 있는 견인력이 있다. 이 견인력을 마력(馬力)으로 표시한다면 철도의 현장 실무자 입장에서는 그 적용에 어려움이 많을 것이다. 예를 들어 어떤 전기기관차가 5,000마력의 힘을 갖고 있다고 하면, 이 기관차는 객차나 화차 몇 량을 안전하면서도 에너지 낭비 없이 견인할 수 있는지 누가 알 수 있겠는가? 바로 이런 이유로 모든 동력차에는 '견인정수(牽引定數)'라는 것이 정해져 있다. 이 견인정수란 어떤 동력차가 정해진 속도로 견인할 수 있는 차량의 수를 정해놓은 것이다. 여기서 차량의 수란 당연히 실제 차량의 개수가 아니라 차중률에 의해 계산된 수치를 말한다. 다만 이 견인정수는 하나의 수치로 고정된 것이 아니라 속도나 선로 상태(급한 기울기나 곡선구간 등)에 따라 조금씩 차이가 있고, 기상악화 시에도 일시적으로 견인정수를 조정하도록 되어 있다.

따라서 모든 열차에는 그 열차를 구성하고 있는 모든 차량의 환산값에 맞는, 그 무게를 감당할 수 있는 동력차가 연결돼야 하는 것이다. 동력차의 견인정수를 초과하는 경우에는 제 속도를 내지 못하거나 제동을 제대로 체결하지 못하거나 과부하가 걸려 동력차에 문제가 발생할 수도 있기에 철도에서는 매우 중요한 개념이라고 할 수 있다.

정거장에서 볼 수 있는 숫자들

기차를 타러 역에 가면 일단 타는곳으로 가야 한다. 타는곳의 번호는 선로번호와 연계돼 1번부터 순서대로 매겨지는데, 어느 쪽을 기준으로 삼느냐가 문제이다. 일단 도중역의 경우에는 역사가 선로 한쪽에 있는 경우가 대부분이므로 역사 쪽을 기준으로 번호를 붙인다. 그런데 어떤 역은 선로 중간 또는 선로 위에 역사가 있는 경우도 있다. 특히 전철역의 경우 선상역사가 많은데, 이럴 경우 본 역사로 출입하는 주요 도로를 기준으로 삼는다. 여수엑스포역처럼 본 역사가 선로 끝나는 부분에 있을 때에는 역사에서 선로를 향하여 왼쪽부터 번호를 매긴다.

정거장에는 열차운행이나 착발에 상용(常用)하는 본선과 그 밖의 측선이 부설돼 있고, 각 선마다 열차나 차량을 안전하게 유치할 수 있는 길이가 정해져 있다. 이것을 유효장(有效長)이라고 하는데, 유효장을 계산하는 방법은 실제 길이를 14미터로 나누어 소수점 이하는 버리는 방식으로 표기한다. 문제는 실제 길이를 재는 방법으로, 차량접촉한계표지·출발신호기·궤도회로절연장치·ATP 메인발리스 등의 존재 여부를 확인하여 실제 인접 선로뿐만 아니라 신호에도 지장을 주지 않는 길이를 재도록 되어 있다. 유효장의 길이는 유치할 수 있는 차량의 수, 열차의 대피 및 교행시 안전과 직결되는 사항이므로 특히 주의를 기울여야 하는 개념이다.

기찻길에서 볼 수 있는 숫자들(거리표, 구배표, 곡선표)

눈썰미가 좋은 사람은 열차 운행선에 200미터 간격으로 서 있는 말뚝 형태의 거리표를 보았을지도 모른다. 요즘엔 반사재를 이용하여 야간에도 눈에 쉽게 띄도록 하고 있는데 표를 위아래로 나누어 위쪽에는 노란 바탕에 검정색 글자로 2, 4, 6, 8이란 숫자가, 아래쪽엔 파란색 바탕에 흰 글자로 선로 시작점으로부터의 거리가 킬로미터로 적힌다. 예를 들어 위쪽에 6, 아래쪽에

거리표

105라고 적혀 있다면 그 말뚝의 위치가 선로 기점으로부터 105킬로미터 600미터 지점이라는 뜻이다. 예전에는 이것을 '킬로정표'라고 불렀다. 이렇게 거리표를 세우는 이유는 열차운전이나 유지보수에 편의를 제공하기 위함이다. 만약 기관사가 열차운행 중 산불이 난 것을 발견했거나 선로 상태에 이상을 감지하였을 경우 200미터 간격[106]으로 설치된 거리표를 보고 정확한 위치를 정거장이나 관제센터에 즉시 통보할 수 있다. 선로나 신호 유지보수의 경우에도 정확한 위치를 지정함으로써 작업자를 보호할 수 있는 것이다.

철도에서는 구배(句配)라는 말을 많이 써왔다. 일반에서는 이것을 '비탈' 또는 '기울기'라는 용어로 순화과정을 거치고 있는데, 철도에서는 아직 구배라는 용어를 각종 규정이나 현장 업무에서 그대로 쓰고 있다.

구배표

구배표는 하얀 바탕의 직사각형 판에 45도 각도의 대각선 화살표를 그어 밑에서 올라간 것은 상구배, 위에서 내려간 것은 하구배를 나타나도록 하고, 그 옆에 숫자를 적어 구배의 정도를 표시한다. 그 단위로는 백분율이 아닌 천분율(‰, Per Mille)을 쓴다. 철도는 바퀴며 궤조가 모두 강철로 만들어져서 기울기에 매우 취약하다. 그래서 정거장 내 선로는 가급적 구배가 없도록 평탄하게 부설하고, 운행선은 아무리 열악한 경우에도 30퍼밀을 넘지 않도록 하고 있다.

만약 이 한계를 넘어설 경우 열차 안전 확보에 문제가 생길 수 있기 때문에 루프식 터널(똬리 형태의 터널)이나 스위치백[107] 방식으로 구배를 극복하며, 스위스의 알프스 산악지대에서는 톱니바퀴를 이용하는 방식도 사용하고 있다. 이런 구배표는 구배가 시작되는 지점 선로 왼쪽에 설치하여 운전자가 확인하고 유지보수에도 참고할 수 있도록 하고 있다.

곡선표

구배표 외에 곡선표가 있는데, 구배가 수평을 기준으로 선로에 상하 기울기에 대한 것이라면 곡선은 수직을 기준으로 선로에 좌우 휘어짐이 생기는 것에 관한 것이다. 물론 산악지대 같은 경우 두 가지 문제를 동시에 해결해야 할 경우가 대부분이다. 가급적 모든 선로는 직선 형태로 놓이는 것이 바람직하지만, 상황에 따라 곡선을 허용할 수밖에 없는 경우도 있다.

곡선표는 파란 직사각형 판에 하얀 글자로 숫자를 표기하도록 되어 있다. 이 숫자는 곡선반경 R(round), 곧 반지름을 미터로 표기한 것이기 때문에 숫자가 크면 클수록 곡선의 흐름이 완만한 것이며 작으면 작을수록 곡선이 급한 것이다. 정거장 구내는 곡선반경이 1000 이내의 경우가 많고, 고속선 같은 경우엔 7000을 넘도록 하고 있다.

이렇게 역이나 기찻길 등에서 볼 수 있는 각종 숫자들의 의미를 알게 되면, 기차 여행이 한층 더 신나고 재미있어질 것이다.

plus! 속도 이야기

우리나라 철도에서 동력차의 속도 종류는 고속, 특갑, 특을, 특병, 특정, 급갑, 급을, 급병, 급정, 보갑, 보을, 보병, 보정, 혼갑, 혼을, 혼병, 혼정, 화갑의 18종으로 되어 있다. 속도를 제한하는 이유는 안전과 효율성을 담보하기 위한 것이다. 예를 들어 안전운행에는 지장이 없다고 해도 고속운행에 의해 차륜이나 선로의 수명이 많이 단축된다면 경제적인 효율을 높이기 위해 속도를 제한하기도 한다는 뜻이다.

속도제한은 동력차에만 있을 것 같지만 객차나 화차, 특수차 등 모든 차량에 저마다의 속도제한이 있다. 게다가 모든 선로에도 구간별 제한속도가 있다. 따라서 한 열차가 낼 수 있는 최고속도는 그 열차의 동력차, 그 열차를 구성하는 각 차량의 제한속도, 그 열차가 운행될 구간의 제한속도를 모두 감안하여 결정되는 것이다. 물론 이 모든 제한속도 중 가장 낮은 속도가 그 열차의 최고속도가 되며, 가장 중요한 것은 이 모든 속도제한 외에 각종 신호가 제한하는 속도를 준수해야 한다는 것이다.

동력차의 최고속도는 당연히 고속차량인 KTX나 KTX-산천이 330km/h로 가장 높다. 그 다음이 ITX-청춘으로 운행되고 있는 EMU-180으로 최고속도는 198km/h이다. ITX-새마을과 누리로, 8100호대·8200호대·8500호대 전기기관차의 최고속도가 165km/h로 세 번째 그룹을 형성하고 있다. 네 번째 그룹이 일반 무궁화호열차 견인에 많이 사용되는 7200호대·7300호대·7400호대·7600호대 디젤전기기관차로 최고속도는 150km/h이다. 통근열차로 사용되는 CDC동차의 최고속도는 120km/h이며, 무궁화호 RDC동차는 110km/h이다. 입환용 기관차로 가장 많은 사랑을 받고 있는 4400호대 디젤전기기관차와 7500호대의 최고속도는 105km/h이며, 태백선과 영동선 산업철도에서 맹활약을 하고 지금은 거의 은퇴한 8000호대 전기기관차의 최고속도는 85km/h이다. 참고로 수도권 시민이 많이 이용하는 전동차의 최고속도는 110km/h이며, 우리나라에서 가장 마지막까지 운행된 SY 901호 증기기관차의 최고속도는 80km/h였다.

모든 일반객차의 최고속도는 150km/h이다. 다만 고속차량의 경우에는 330km/h이며, 발전차 일부는 120km/h이다. 화차의 최고속도는 90~100km/h 정도이다. 다만 컨테이너화차 같은 경우 120km/h인 차량이 많고, 짐을 실은 특수화차의 경우 최고속도를 25km/h로 제한하는 경우도 있다.

선로의 최고속도는 같은 경부선이라고 해도 그 구간이나 운행열차에 따라 최고속도가 달리 적용된다. 최근에 개통된 호남고속선의 경우 고속차량은 350km/h이지만, ITX-청춘은 180km/h, ITX-새마을이나 누리로는 160km/h, 각종 기관차는 150km/h, 기중기는 60km/h로 속도를 제한하고 있다. 장항선이나 경전선, 경북선의 대부분 구간은 100km/h, 일산선·경원선 등은 대부분 90km/h이다. 화물취급을 위한 전용선의 경우 45km/h 내외의 최고속도를 유지하고 있으며, 정거장 측선의 경우엔 25km/h로 최고속도를 제한한다. 노반이 일반도로와 구분되지 않은 일부 전용선은 10km/h의 속도제한을 두어 자동차나 보행자를 보호할 수 있도록 하고 있다.

열차의 속도를 계산하는 방법은 크게 두 가지가 있다. 하나는 표정속도(表定速度)인데, 도중 정차시분을 무시하고 시점과 종점 두 정거장의 거리를 총 소요시간으로 나눈 속도를 말한다. 반면, 평균속도(平均速度)라는 것은 두 정거장의 거리를 도중 정차시간을 제외한 순수 운전소요시간으로 나눈 것이다. 표정속도를 높이기 위해서는 선로의 구배나 곡선을 개선하여 속도제한을 완화하는 방법, 정차역을 줄이는 방법, 동력차를 포함한 차량을 개조하여 제한속도를 높이는 방법 등이 있다. 차량과 시설, 선로, 전기, 신호, 제도 등이 유기적으로 결합돼 있기 때문에 종합적인 보강이 이뤄져야 소기의 성과를 거둘 수 있다.

기차 모형 이야기

- 국내 최초의 구동형 철도차량 모형이 나오기까지

철도를 소재로 한 다양한 취미 중에서 가장 역동적이고 가장 오래된 역사를 갖고 있는 것이 철도 모형 분야가 아닌가 한다. 철도 모형이란 철도차량·궤도·교량·시설물 등을 일정한 비율로 축소제작한 것을 말하는데, 종이나 플라스틱으로 만들기도 하지만 금속으로 정교하게 제작해 디오라마를 꾸미기도 한다. 우리나라에서는 아직도 철도 모형이 대중화 단계에 들어서 있지 않아서 '장난감' 대접을 받기도 한다.

어린이를 주 고객층으로 삼는 저가의 플라스틱 수입품이 시장을 장악하고 있고, 국내외 업체가 제작한 목제 모형이 눈에 띄기는 하나 역시 장난감 수준이다. 한때 국내의 하비프라자라는 업체에서 철도 모형을 제작하여 판매한 적도 있으나 해외 철도차량을 모델로 한 것이거나 국산차량을 합성수지로 만든 비구동형('더미'라고 하는, 운행이 불가능한 형태)이 전부였다.

그러면 정말 철도 모형은 장난감에 불과한 것인가? 그렇다. 철도 모형은 장난감이다. 하지만 기차를 좋아하는 어린이부터 어른에 이르기까지 남녀노소 모두에게 사랑을 받는 신기한 장난감이다. 그 가격도 몇천 원에서 수억 원에 이르기까지 천차만별인 대단한 장난감이다.

2012년 7월 20일, 옛 서울역(문화역서울284)에서 제1회 철도문화체험전이 열렸다. 3일 동안 계속된 이 행사는 철도 모형 경진대회, 철도 모형 전시, 철도 유물전, 철도 사진 특별전, 오케스트라 공연 등이 열려 철도를 사랑하는 이들에겐 꿈과 같은 축제였다. 철도 모형 경진대회 행사장 옆에는 기성 모형업체의 제품들이 전시됐다. 우리나라의 대표적인 철도 모형 생산업체인 한국부라스를 비롯한 주요 유통업체가 참여하여 다양한 종류와 규격의 철도 모형이 선보였다.

그중 가장 큰 관심을 끌었던 제품은 국내업체인 선진정밀에서 출품한 '빅보이'였다. 빅보이는 원래 미국의 ALCO(American Locomotive COmpany)에서 개발하여 1941년부터 1945년까지 생산된 초대형 증기기관차로, 유니온 퍼시픽에서 운영했다. 바퀴형태가 4-8-8-4여서 동륜만 해도 16개에 이르는 전설적인 증기기관차이다. 그런데 이 기관차를 모델로 삼은, 길이가 2미터를 넘는 수작업 황동 증기기관차 모형이 전시된 것이다. 관람객들은 무려 2억 원에 가까운 증기기관차 모형 앞에서 떠날 줄을 몰랐다.

필자는 개인적으로 이런 고가의 모형이 잘 팔리는지 물은 적이 있다. 그런데 제작자의 답변은 뜻밖이었다. 팔지 않는다는 것이다. 파는 대신 물물교환을 한다고 했다. 값어치를 아는 사람을 통해 독일의 명품 자동차나 스피커 등과 서로 바꾼다고 했다. 자신의 혼을 쏟아 부은 '작품'이 돈만 있으면 살 수 있는 '상품'으로 대접받는 것을 거부하는 장인(匠人)의 자부심을 느낄 수 있었다.

모형산업이 발달한 해외에서 철도 모형이 재테크 수단으로 활용되는 것은 바로 철도 모형이 갖고 있는 희소성과 작품성 때문이다. 일반 소비자가 구매하는 중저가품의 경우 대부분 압출(壓出)이나 금형(金型) 등의 방식으로 대량생산 되지만, 고가품의 경우 장인에 의해 수작업으로 만들어진다. 철도 모형의 매력은 그 정밀함과 역동성에 있다. 손바닥에 올라갈 정도의 작은 기차가 기적소리를 내며 앙증맞게 궤도 위를 달리는 모습을 보면 누구라도 탄성을 내지르게 된다. 게다가 결벽증이 의심될 정도로 정교하게 축소 재현된 각종 부품들을 보면 벌린 입이 다물어지지 않는다.

철도 모형과 관련된 가장 오래된 국내 기록은 1889년 주미조선대리공사였던 이하영(1858~1929년)[108]이 미국에서 가져온 것으로 나와 있다. 그 이태 전인 1887년 6월 고종은 박정양을 주미조선공사로 임명하였는데 참찬관 이완용, 이등서기관 이하영 등이 수행하였다고 한다. 영어가 가능했던 그는 미국에 머무는 동안 철도의 편리함에 크게 감탄하여 이것을 국내에 소개하고자 마음먹었다. 박정양이 문책성 귀국을 한 이후에도 미국에 남아 있던 이하영은 1889년 철도부설에 관심을 갖고 있는 미국 정부의 협조로 정교한 철도 모형을 구해 귀국길에 올랐다. 입궐한 그는 고종과 대신들 앞에서 철도 모형을 구동시키며 철도의 편리함과 효용, 중요성을 역설했다고 한다.

당시의 철도 모형과 궤도는 금속제였으며 기관차, 객차, 화물차 등을 연결하여 궤도 위를 달리도록 만들어져 있었다고 한다. 현대의 철도 모형은 대부분 궤도에 12볼트의 직류전기를 흘려보내 바퀴에서 전원을 공급받는 방식으로 구동되지만, 그 당시에는 그런 기술이 없었으니 태엽으로 구동시켰을 것으로 추정된다. 그 모형에는 제원뿐만 아니라 상세한 설명도 붙어 있었기 때문에 '그룹스터디'를 통해 궁중의 대신들과 고종은 철도의 중요성에 대한 인식과 기본상식을 갖추게 되었던 것이다. 훗날 미국인 모스에게 경인철도 부설을 허가한 것이나, 경인철도가 일본식 협궤가 아닌 미국식 표준궤로 건설된 것은 미국철도의 영향을 많이 받은 이하영의 주장이 관철된 것으로 보인다.

국내에서 제작된 가장 오래된 철도 모형에 대한 기록은 1930년 5월에 파시형 증기기관차 생산기념으로 제작한 5분의 1 축척의 증기기관차에 관한 것이다. 이 차량은 현재 철도박물관 중앙 로비에 '파시1-4288'이라는 명판을 달고 전시돼 있다. 4288이란 단기 4288년 곧 1955년도를 뜻하며, 바로 그해 10월 열린 광복 10주년 기념 산업박람회에서 이 기관차는 어린이들을 태우고 창경원(지금의 창경궁)을 신나게 달렸다.

광복과 전쟁, 혼란기를 거친 후 우리나라에서 철도 모형이 하나의 산업으로 등장한 것은 1980년대 이후이다. 해외 주문을 받아 철도 모형 부품을 생산하던 '삼홍사'라는 업체가 완제품을 생산해 수출하기 시작한 것이다. 현재 이 회사는 철도 모형사업을 완전히 접었지만, 이 회사에서 근무했거나 납품을 했던 이들이 지금의 한국 철도 모형 산업을 이끌고 있을 정도로 '삼홍사'는 한국 철도 모형업계의 원조이다.

우리나라의 대표적인 철도 모형업체는 정밀금형방식의 철도 모형을 생산하는 한국부라스이다. 일본에서 많은 사랑을 받고 있는 N스케일(9밀리미터 궤도 사용)보다 HO스케일(16.5밀리미터)이나 O스케일(32밀리미터) 규격을 많이 생산하고 있는데, 이 분야에서는 세계에서 손꼽힐 정도로 높은 시장점유율을 자랑하고 있다. 다만 아쉬운 것은 국내 철도차량을 모델로 한 제품이 아니라는 것이다. 주문자상표부착방식(OEM)의 한계이다. 한국부라스는 서울의 중

일본의 철도 모형(오리엔트 익스프레스 '88)

심부인 삼청동에 삼청기차박물관을 운영하는 것으로 유명하다. 한마디로 철도 모형 박물관인데, 다양한 규격의 철도 모형을 마음껏 볼 수 있는 것이 이곳의 장점이라고 할 수 있다. 철도 마니아라면 반드시 가봐야 할 곳이다.

국내 최초의 양산형 철도 모형이 나온 것은 한국철도가 창설 100주년을 맞은 1999년으로 알려져 있다. 3량 1편성으로 구성된 전후동력형 새마을호 동차인데, 금속제 비구동형이었다. 당시에도 국내에 구동형을 생산할 수 있는 기술력이 갖춰져 있었음에도 불구하고 이 제품이 비구동형으로 생산된 것은, 무엇보다도 가격이라는 장벽을 넘을 수 없었기 때문일 것이다. 이 제품은 철도동우회 관련 사무를 맡아 보던 ㈜철도신문사에서 주관하여 판매했다.

2010년 5월, 국내철도 모형에 관심을 갖고 있는 업체가 공식적으로 코레일과 지식재산권 제공에 대한 협약을 맺고 철도 모형 제작에 뛰어들었다. 바로 하비프라자였다. 먼저 비교적 저렴한 가격의 비구동형 KTX와 KTX-산천이 HO스케일로 선을 보였다. 가격은 15만 원 내외였고, 선물용으로 적당해서 꽤 인기를 끌었다.

하비프라자는 여기에 그치지 않고 DFG코리아로 회사 이름을 변경해서 구동형 모형 생산을 시도했다. 그렇게 나온 제품이 8100대와 8200대 전기기관차이다. 독일 ROCO사에서 OEM방식으로 수입된 제품인데, 이게 가능했던 것은 우리 전기기관차의 고향이 독일이어서 그곳엔 기성품이 존재했기 때문이다. 이 모형은 수입된 후 국내에서 조립과 도장 작업을 거쳐 2013년부터 본격적으로 판매가 시작되었다.

이것이 외형상으로는 한국철도차량을 모델로 한 구동형 양산의 효시이다. 당시 소비자가격은 고급품의 경우 399,000원이었다. 일반적인 HO스

한국철도 100주년 기념 새마을호 모형

케일의 동력차 가격으로는 비싸지 않은 가격대이다. 그런데 소비자 시장의 반응은 차가웠다. 껍데기, 곧 도장은 국내차량이었으나 각종 부품은 실제와 모양새가 많이 다르다는 이유 때문이었다. 정교하기는 하지만 우리 차량과는 다른 제품을 내놓았던 DFG코리아는 고전을 면치 못하다가 결국 모형사업을 접고 말았다.

한국 고유의 철도차량을 모델로 한 진정한 구동형 모형을 애타게 기다리는 마니아들에게 희소식이 전해진 것은 앞서 언급한 2012년 여름 제1회 철도 모형 경진대회장에서였다. 정밀하게 제작된 7400호대 디젤전기기관차가 출품돼 자유부문 금상(대상)을 거머쥔 것이다. 작품도 작품이지만 인터뷰를 통해 알게 된 사실은 더 놀라웠다. 출품자인 이명수 님은 철도 모형에 빠져서 공무원 생활을 접고 이 일을 시작했으며, 이 작품은 CNC선반이라는 공작기계로 일일이 깎아서 만들었고, 앞으로 상품화를 추진하겠다는 것이었다.

그로부터 또 3년이 흘렀다. 이명수 님은 그사이 출품했던 모형을 더 정

한국 최초의 구동형 철도 모형

교하게 만들고, 코레일과의 CI 사용협의도 마무리했다. 그리고 대망의 9월을 맞았다. 보도자료를 내기로 하고 사진자료를 요청했다. 내부적으로 보도자료 배포에 대한 논란도 없지 않았으나, 공사와의 직접적인 연관성 여부를 떠나 철도산업 전체를 봤을 때 이 제품 출시는 철도사에 길이 남을 일이라며 설득시켰다. 또한 코레일 입장에서는 소정의 저작권료도 받게 되는 사안이었다.

2015년 9월 8일, 한국의 철도차량을 모델로 한 최초의 구동형 철도 모형의 탄생을 알리는 보도자료가 그렇게 배포되었다. 요약하면, "이번에 출시된 제품은 7400호대 특대형 디젤전기기관차를 87분의 1 크기로 축소한 HO스케일 단일모형이며, 외부 도장에 따라 현재의 코레일 CI, 과거 한국철도 CI, 레일크루즈 해랑 CI까지 3종이 판매된다. 제작상 가장 큰 특징은 본체를 정밀연삭 가공하여 하나하나 수작업 방식으로 만들었다는 것과 고유 엔진 소리를 내장시킬 수도 있고 조종기(컨트롤러)와 궤도를 갖출 경우 실제 운행이 가능하다"라는 것이었다.

제작사는 '한국정밀모형(Hantrack)'이며, 길이는 234밀리미터, 폭 35밀리미터, 높이 50밀리미터, 무게는 770그램이다. 가격은 본체가 부가세별도 150만 원이며, 엔진 소리 등을 내장할 경우 부가세별도 165만 원이다. 전체 생산대수는 70대 정도이다. 일반적인 HO규격의 차량에 비해 가격대가 상당히 높게 형성돼 있는데, 이것은 장인의 수작업 명품이라는 관점에서 접근해야 된다고 생각한다.

최근에 한트랙에서는 새로운 소식을 전해주었다. 특대형기관차에 연결할 수 있는 발전차 모형을 출시하게 되었다는 소식이었다. 척박한 이 한국의 철도 모형 시장에서 한트랙이 철도 모형 제작강국으로서의 우리나라 체면을 살려줘서 고맙고, 작품들이 모두 잘 팔려 나갔으면 한다. 여기까지 오는 동안 우여곡절도 많고 정말 힘들었지만, 다음 작품들이 꼬리에 꼬리를 물고 이어지기를 바라는 마음 간절하다.

철도 모형 규격

명칭	궤간(mm)	비고(축적)
라이브 스팀	184/190	1/8
G게이지	45	1/22.5
O게이지	32	1/43.5~1/48
S게이지	22.42	1/64
HO게이지	16.5	1/80, 1/87
N게이지	9	1/148~1/160
Z게이지	6.5	1/220

연락운송과 대중철도

우리 생활 속의 연락운송

대부분의 전철역에 설치된 승강장안전문(PSD, Platform Safety Door, Screen door)은 안전도를 높여주기는 하지만, 기차를 좋아하는 사람들 입장에서는 꼭 좋은 것만은 아니다. 노선마다 다른 차량들을 관찰하기도 하고 사진도 찍으며 나름 취미생활을 즐기던 이들에게 승강장안전문은 극복하기 어려운 장벽으로 인식되고 있다. 할 수 없이 타는곳을 벗어나 외곽을 기웃거려야 하는데, 그쪽에도 이런저런 담장이 있거나 지하구간이어서 제대로 된 사진을 건지려면 차량기지에나 가야 가능하게 되었다.

우리나라의 도시철도 운영지역은 서울과 부산을 시작으로 인천과 대구, 광주, 대전 등 전국의 광역도시로 확대되었다. 처음에 경기도와 인천에 머물던 수도권전철의 영업구간은 강원도 춘천과 충남 천안, 신창까지 연장되면서 서울특별시 춘천구, 서울특별시 천안구라는 우스갯소리도 나오게 되었다. 광역철도가 두 지방 도시를 1일 생활권 정도가 아니라 반나절 생활권으로 묶어준 것이다.

현재 수도권에서 도시철도를 운영하는 기관은 코레일을 시작으로 해서 서울교통공사, 인천도시철도공사, 공항철도주식회사, 신분당선주식회사, 서울시9호선운영사 등이다. 경전철을 포함하면 그 수가 더 늘어난다. 원칙적으로 각 철도운영기관은 자체적인 운영시스템을 갖추고 있어서 승차권을 발매하고 여객을 수송한다. 그래서 다른 운영기관의 전철을 타려면 표도 따로 끊어야 하고 전철도 갈아타야 하는 것이 원칙이다. 그런데 이렇게 하면 시간이 많이 걸릴 뿐만 아니라 비용도 많이 들고 무척 번거롭다. 나중에는 귀찮으니 아예 여행을 포기하거나 다른 교통편을 찾을지도 모른다.

이런 문제점을 해결해주는 것이 바로 '연락운송(連絡運送)'이다. 연락운송의 사전적 의미는 "장거리 여러 구간의 운송에 있어서 각 구간의 운송인들이 공동으로 운송을 맡아 구간이 바뀔 때의 승차권 교환 및 탁송환(託送換) 따위를 필요로 하지 않는 운송"[109]이다.

내용이 조금 어려우니 쉬운 예를 들어보자. 부천에 사는 서울시 공무원 A씨가 부천역에서 1호선 전철을 타고 지하철 시청역에 내렸다. 이 경우 부천역에서 지하 서울역까지는 한국철도공사 운영구간이며 지하 서울역에서 시청역까지는 서울교통공사 운영구간이다. 만약 코레일과 서울교통공사 간에 연락운송 협정이 체결돼 있지 않다면 A씨는 지하 서울역에 내려서 서울교통공사에서 파는 전철표를 다시 끊은 다음 지하구간만을 운행하는 전철로 갈아타야 하는 것이다.

그런데 A씨가 만약 인천의 작전동으로 이사를 가서 시청으로 출퇴근을 한다고 하면 이야기는 조금 더 복잡해진다. 집을 나선 A씨는 인천도시철도 작전역에서 전철을 타고 부평역에 내려 1호선으로 갈아탄다. 운이 좋아서 자리에 앉았다면 그냥 시청역에 내리면 된다. A씨가 이렇게 전철을 한 번 갈아타는 것으로 출근을 할 수 있는 배경에는 첫째, 인천도시철도공사와 한국철도공사, 서울교통공사 간의 연락운송협약이 있다. 그래서 구간별로 별도의 승차권을 구입하지 않아도 출근이 가능하게 된 것이다. 두 번째 배경은 연락운송협약에 의해 두 기관의 구역을 서로 오가는 전철이 있다는 것이다. 현재 지하철 1호선과 3호선, 4호선 구간에서는 코레일과 서울교통공사 차량이 서로 상대 구간에 걸쳐서 운행을 하고 있다. 물론 모든 전동차가 상대 구간의 종단역까지 다니는 것은 아니지만, 이용자 입장에서는 운영기관 신경 쓰지 않고 한 번에 추가요금 없이 수송서비스를 제공받을 수 있으니 얼마나 좋은 일인가?

과거 지하철 1, 2, 3, 4호선을 운영하던 서울지하철공사(서울메트로)는 1호선에 빨간색이 들어간 차량을 운행시켰다. 반면 철도청의 상징색은 파란색[110]이었다. 그래서 전철을 타게 되면 두 기관의 차량 관리 상태며 서비스를 은근히 비교해보기도 했다. 비록 승강장안전문에 가려서 겉모양을 비교하기는 좀 어렵지만, 지금도 눈썰미가 있는 사람은 타고 있는 전철이 코레일 차인지 교통공사 차인지 금방 알 수가 있다. 내부의 노선도나 안내문, 차량 여기저기에 운영기관의 상징마크가 붙어 있기 때문이다. 이렇게 빨간 전철이 지상구간으로 나오고 반대로 파란 전철이 지하구간에 들어가는 것이 연락운송의 핵심이다. 물론 두 기관은 차량운행에 따른 비용을 추후에 정산한다.

'연락운송'에서 한 단계 더 발전한 것이 '환승체계(換乘體系)'이다. 우리나라가 세계에 자랑할 수 있는 대표적인 교통시스템이 바로 이것인데, 교통카드 한 장을 가지고 도시철도 각 운영기관과 버스를 오가며 환승할인을 적용받는 것이다. 이런 연락운송이나 환승체계가 가능하게 된 데에는 IT기술의 발전이 큰 역할을 하고 있다. 수천만 명의 이동 패턴이 가감 없이 전산기록으로 남고, 이를 바탕으로 이뤄지는 사후 정산(精算)에 대한 신뢰가 없다면 이러한 시스템은 성립할 수 없는 것이다.

일제강점기의 연락운송과 손기정 선수

그러면 철도의 연락운송은 언제부터 시작되었을까? 사실 이것은 역사가 꽤 깊다. 우리나라의 경우 경인철도와 경부철도에 이어 세 번째로 개통된 것이 군용철도 경의선인데, 1906년 부산에서 신의주까지 기차로 가기 위해서는 사설철도인 경부철도주식회사와 일본 군부와의 협약이 필요했다. 물론 이 문제는 얼마 후 한국통감부가 한반도의 모든 철도를 국유화하면서 해결되었다.

또 하나의 연락운송 사례는 일본에서 한반도를 통해 중국으로 넘어가는 루트에 대한 것이다. 도쿄에서 기차를 타고 시모노세키에 도착하면, 연락선을 타고 현해탄을 건너야 했다. 부산에 도착해 새로 생긴 신의주행 급행기차를 타고 신의주에 도착한 다음에는 또 다른 연락선을 타고 압록강을 건너야 했다. 강 건너에 안둥[安東, 지금의 단둥]역이 있었기 때문이다. 배에서 내려 안둥역에서 베이징으로 가는 기차를 타면 도쿄를 떠난 지 4일째 날이 밝았다. 이 경우 만약 연락운송 계약이 맺어져 있지 않으면 각 운송기관은 독자적인 사정이나 계획에 따라 제각각 기차나 선박을 운영하게 된다. 하루 종일 걸려 시모노세키에 도착했는데 부산으로 가는 배가 없다거나, 기껏 부산에 도착했는데 다음 기차는 12시간 후에나 있다고 하면 얼마나 황당하겠는가? 고생 끝에 신의주에 도착하니 압록강 건너 중국 땅이 보이는데, 연락선을 타려면 쌀 한 가마니 값을 내야 한다고 바가지를 씌운다면 속이 터질 것이다.

그런데 도쿄에서 시모노세키까지 오는 기차시간에 맞춰 관부연락선이 뜨고, 연락선 도착시간에 맞춰 신의주행 기차가 부산잔교(棧橋)에서 출발해주면 얼마나 좋겠는가? 연락선에서의 피곤함을 기차에서 풀고 한반도를 종관하여 신의주에 도착했는데, 도중역에서 기차에 물을 잡느라 2시간이나 지연됐다. 그런데 연락선이 먼저 뜨지 않고 기차 도착을 기다리고 있다면 얼마나 반갑겠는가? 연락운송이란 그런 것이다. 일본 국유철도는 시모노세키에서 부산에 이르는 관부연락선을 자체적으로 운영했다. 조선총독부 철도국은 선박사와 계약을 맺고 1911년 압록강철교가 완성되기 전까지 신의주와 안둥을 오가는 연락선을 운영했다.

연락운송 사례의 백미(白眉)로 꼽을 수 있는 것은 1936년 베를린올림픽에서 금메달을 딴 손기정(孫基禎, 1912~2002년) 선수의 베를린행 기차[111] 여정(旅程)이다. 손기정 선수는 신의주보통학교 5학년 시절인 1926년부터 언론에 등장[112]하기 시작하여 올림픽 출전 전해인 1935년 11월 3일, 2시간 26분 42초의 비공인 세계기록을 세움으로써 세계 육상계의 주목을 받았다. 양정고보(養正高普, 지금의 양정고등학교)에 재학 중이던 선생은 1936년 5월 21일 오후 2시, 도쿄 메이지신궁[明治神宮]경기장에서 열린 베를린올림픽 최종선발전에 참가하여 출전권을 따냈다.

6월 1일 도쿄를 떠난 선수단 일행은 6월 2일 오후 6시에 열차편으로 시모노세키에 도착했다. 배 시간에 맞춰 산요[山陽]호텔에서 잠시 쉬었다가 밤 10시 30분에 일본 철도성의 관부연락선 경복환(慶福丸)을 타고 부산으로 향했다. 부산에 입항한 것은 다음 날인 6월 3일 새벽 6시 30분이었으며, 부산체육회 간부를 비롯한 많은 이들의 환송을 받으며 오전 7시 임시특급열차로 부산역을 출발, 경성역에는 오후 3시 10분에 도착하여 미리 와서 기다리고 있던 군중들의 대대적인 환영을 받았다.[113]

오쓰카[大塚] 여관에 여장을 푼 일행은 자동차를 타고 만리동 양정고보로 이동했다. 이곳에서는 양정고보동창회, 고려육상경기협회, 서울육상경기연맹, 기자단 등이 공동주최하는 영송(迎送) 격려회가 열렸다. 6월 4일 오전에는 숙소를 떠나 대한문, 경성운동장, 종로5가를 돌며 몸을 풀고, 정오에는 조선호텔에서 열린 오찬회에 참석했다.

4일 오후 3시 30분, 일행은 펑텐행 노조미를 타고 경성역을 출발했다. 본격적인 대륙횡단 여정이 시작된 것이다. 이 열차가 손기정 선수의 고향이자 한반도의 끝인 신의주역에 도착한 것은 4일 오후 11시 49분이었는데, 천여 명의 송영객이 타는곳을 가득 메우고 "올림픽 마라톤 선수 만세!"를 외치는 통에 손기정 선수와 감독, 코치는 열차에서 내려 답례를 하였다고 한다.[114]

압록강철교를 건너 종착역인 펑텐에 도착한 것은 5일 오전 6시 40분이었다. 펑텐에서도 조선체육회를 중심으로 청년회 동포 등의 따뜻한 환영을 받고 국제운동경기장에서 가벼운 연습으로 몸을 푼 다음 오후 4시 30분 신징[新京]행 히카리를 타고 펑텐역을 떠나 북쪽으로 향했다. 신징에는 5일 오후 9시에 도착하여 성대한 환영연에 참석한 후 밤 11시에 출발하는 경빈선(京濱線) 하얼빈행 열차에 올랐다. 하얼빈에는 6일 오전 7시 8분에 도착하여 푹 쉬며 1박을 했다. 6월 7일 하얼빈을 떠나 시베리아횡단철도와 접속되는 만주리(滿洲里)역에 도착한 것은 6월 8일 아침 8시 15분이었다. 일본호텔에 여장을 풀고 오후 2시부터 시베리아의 러시아·만주 국경지대를 달리며 몸을 풀었다.

8일 오후 7시 20분, 만주리역을 출발하여 모스크바로 향했다. 본격적인 시베리아 횡단철도 여정이 시작된 것이다. 6월 10일 오전 10시, 열차는 이르쿠츠크역에 도착했다. 6월 12일에는 오전 6시에 노보시비르스크에 도착했다. 옴스크에는 오후 2시 50분에 도착해서 약 15분간 몸을 풀었다. 볼가에 도착한 것은 14일 오후 5시였으며, 이어서 열차의 종착역인 모스크바에 도착한 것은 6월 14일 밤 9시였다. 만주리역에서 모스크바까지 7일간

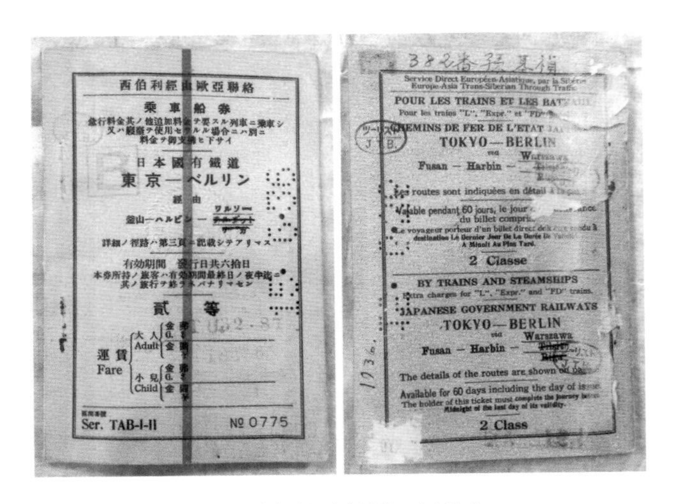

西伯利經由歐亞聯絡
乘車船券
日本國有鐵道
東京—ベルリン
經由
釜山—ハルビン—ワルソー
有効期間 發行日共六拾日
貳等
運賃 Fare
大人 Adult
小兒 Child
Ser. TAB-I-II
№ 0775

Service Direct Européen-Asiatique, par la Sibérie
Europe-Asia Trans-Siberian Through Traffic
2 Classe
BY TRAINS AND STEAMSHIPS
Extra charges for "L", "Expr." and "FD" trains.
JAPANESE GOVERNMENT RAILWAYS
TOKYO—BERLIN
via
Fusan – Harbin – Warszawa
The details of the routes are shown on page
Available for 60 days including the day of issue.
The holder of this ticket must complete the journey before Midnight of the last day of its validity.
2 Class

L R 손기정 선수의 승차권(표지와 뒷면)

의 기차여행을 통해 시베리아 광야를 통과한 것이다.

6월 15일 밤 11시 모스크바를 출발하여 폴란드로 향했다. 러시아와 폴란드의 국경에 도착한 것은 16일 오전 11시였다. 한 시간 반 정차하는 동안 여권검사와 세관검사가 이뤄지고, 폴란드 기차로 바꿔 탔다. 6월 16일 밤 9시에 폴란드의 수도 바르샤바에 도착했다. 두 시간의 정비시간을 활용해 자동차로 시내 구경을 하고 밤 11시에 바르샤바를 떠나 베를린으로 향했다. 17일 새벽 3시경 독일 국경을 지나게 되어 간단한 세관검사를 마치고 베를린의 동부중앙역 프리드리히역에 도착한 것은 1936년 6월 17일 수요일 아침 8시 20분이었다. 서울의 경성역을 떠난 지 13일 만에 마침내 베를린에 도착한 것이다. 놀라운 것은 지구를 반 바퀴 이상 돌아가는 이 복잡한 여정이 도쿄에서의 한 번의 승차권 발권으로 가능했다는 것이다. 그리고 80년도 더 지난 그 시절에 이런 여정이 가능했던 것은 당연히 일본과 러시아, 그리고 유럽 각국과의 연락운송협약이 있었기 때문이다.

베를린올림픽이 개막한 것은 8월 1일 토요일이었고, 손기정 선수는 8월 9일 일요일 오후 3시(한국시간 오후 11시)에 열린 마라톤 경기에서 2시간 29분 12초2의 세계신기록을 세우며 금메달을 땄다. 남승룡 선수는 2시간 31분 42초의 기록으로 동메달을 차지했다. 손기정 선수는 베를린 이전에도 국내에서는 이미 스타였지만 올림픽에서의 금메달 획득을 통해 세계적인 영웅으로 편히 지낼 수도 있었다. 그가 금메달을 획득한 히틀러의 독일 땅이나 가슴에 달았던 일장기는 그에게 제국주의의 선전물로 살기를 요구했다. 하지만 그는 고독한 전사(戰士)의 길을 택했다. 당일 금메달 획득을 축하하는 공식행사 대신 현지 동포가 마련한 조촐한 축하연에 참석한 것을 시작으로, 자신이 일본인이 아닌 조선인이라는 것, 자신은 '손기테이(Son Kitei, そん きてい)'가 아닌 '손기정'이라는 것을 기회가 있을 때마다 밝힌 것이다. 일제가 그것을 눈치 채지 못할 리 없다. 광복의 그날까지 그는 감시의 대상이었고, 불온한 자였다. 손기정 선수가 이렇게 고난의 길을 택한 배경에는 양정(養正)이 있었고, 그 양정에는 그의 스승 김교신 선생이 있었다.

한반도를 넘어 대륙으로

지금 남북 간의 화해 분위기 속에서 남북철도 연결과 대륙철도가 큰 관심사항으로 떠오르고 있다. 사실 전쟁으로 끊어졌던 경의선은 이미 연결돼 2007년 시험운행을 마쳤고, 그 후 1년간 화물열차가 운행되기도 했다. 문제는 경원선과 동해선 연결이다. 그리고 연결된 후에는 북한의 열악한 철도 인프라를 대폭 개량해야 한다는 더 큰 숙제가 남아 있기도 하다.

그런데 이러한 하드웨어 연결 못지않게 중요한 것은 소프트웨어, 바로 연락운송 실현이다. 아무리 철길이 서로 연결된다고 해도 양쪽의 이해가 맞아떨어지지 않으면 남북철도와 대륙철도는 달릴 수 없다. 억지로 기차를 달리게 한다고 해도 많은 시간과 비용을 쏟아 부어야 하기 때문에 남는 것이 없다. 코레일이 2015년부터 4년에 걸쳐 시도한 끝에 이뤄낸 OSJD(국제철도협력기구)[115] 정회원 가입은 그래서 대단한 의미가 있는 것이다. 비록 철길은 아직 연결되지 않았지만, 대륙횡단철도 국제노선 운영에 함께 참여하거나 우리 차량을 이용한 시베리아 횡단철도 여행, 철도물류를 수송을 할 수 있는 첫 단추가 제대로 꿰어진 것이다.

태평양전쟁과 분단, 냉전의 여파로 70년 넘게 중단되어 있는, 한반도를 종단한 기차가 대륙을 건너 마침내 유럽으로 이어지는 길이 이제 보인다. 갈 길은 아직 멀지만, 정말 어려운 것은 돈을 마련하는 것이 아니라 마음을 합하는 것이라는 것을 충분히 경험했기에 어느 때보다도 큰 희망을 품고 한 걸음 한 걸음 대륙을 향한 발걸음을 내딛는다. 지난날 대륙으로 향하던 기찻길이 세력팽창과 자원확보를 위한 도구였다면, 우리가 놓을 새 기찻길은 화해와 상호 번영의 통로가 되기를 바라면서…….

| 주(註) |

[1부]

1 일본의 신칸센은 재래선과 궤간 자체가 달라 서로 연결되지 않는다.

2 이상길 현대로템 철도사업본부장(부사장)의 인터뷰 기사(2008. 11. 25, <머니투데이>)

3 KTX의 동력차는 일반 기관차와 달리 기존 편성과 분리되었을 경우 자체 운행이 불가능하다. 당연히 일반객차나 화차도 견인할 수 없다.

4 지금은 '교관'이라는 군대식 용어 대신 '교수'라는 명칭을 사용하고 있다.

5 동력차 2량, 동력객차 2량, 객차 3량으로 구성. 객차는 각각 특실 1량, 일반실 1량, 회의실 및 측정실 1량으로 만들어져 있다.

6 현재 이 차량은 철도기술연구원과 의왕시 자연학습공원, 여주시 등으로 분산되어 있다.

7 눈이 쌓인 철길을 달리는 KTX의 모습은 환상적이다. 그런데 1단계구간에서는 고속으로 달리는 열차의 풍압에 의해 도상의 자갈이 눈과 함께 날리면서 차체에 충격을 주고, 심할 경우 유리창에 금이 가는 사례가 발생하고 있다.

8 한국철도시설공단 자료

[2부]

9 모가형 기관차를 '모갈'이라고 부르는 것은 바른 표현이 아니다. 알파벳으로 'Mogul'로 표기하는 것은 문제가 되지 않으나 일제강점기에는 'モガ', 광복 이후에는 공식적으로 '모가'라고 표기했기 때문이다.

10 합조차(合造車, combination car, combined car)란 두 가지 이상의 차내설비를 1개 차량에 함께 갖춘 차량을 말한다. 우리나라에서는 객차와 수화물차, 객차와 우편차 형태의 합조차를 많이 사용했다.

11 『機關車表(기관차표)』라는 자료에는 일본 패전 이전에 제작된 동력차에 관한 상세한 기록이 DVD에 실려 있다.

12 일곱 개의 초창기 정거장 중에서 현재까지 남아 있는 것은 모두 여섯 개이다. 축현역은 현재의 동인천역이며, 소사역은 현재의 부천역이다. 우각동역은 근처에 별장을 갖고 있던 미국공사 알렌(Horace Newton Allen)이 을사늑약 이후 본국으로 돌아가자 1906년 2월 10일 폐지되었으며, 1908년에는 선로도 이설되었다. 현재의 도원역 근처이지만 도원역의 전신(前身)이라고 볼 수는 없다.

13 영등포지역 주민들은 9·18 당시에는 영등포에 있었던 노량진역에서 철도를 이용할 수 있었다. 하지만 이듬해인 1900년 전선개통을 앞두고 노량진역이 노량진으로 이전하면서부터 철도 이용이 불편하게 되었던 것이다. 따라서 기존처럼 영등포에서 기차를 이용할 수 있게 해달라는 지역주민들의 요구가 이어졌던 것이다.

14 한국통감부가 용산공장을 세운 것은 1908년의 일이다. 그때 인천공장이 통폐합되면서 문을 닫았다.

15 그 시점부터 1923년 1월 1일 남대문역(南大門驛, South Gate)이 경성역이란 이름을 얻을 때까지 약 18년 동안 우리나라에는 경성, 곧 Seoul이란 이름을 가진 역이 존재하지 않았다.

16 통감부는 1906년 7월 1일, 경부철도주식회사로부터 경부선·경인선을 매수하고, 9월 1일에 군용철도 경의선·마산선을 인계받았다.

17 경부철도는 외양상으로는 사설철도였지만 부설권 확보에서부터 자금조달, 부설과정에 이르기까지 일본 정부와 의회, 군부, 정상자본가(政商資本家)가 깊숙하게 개입돼 있었다.

18 조선총독부 〈관보〉 제101호(1910. 12. 28) 부록 조선총독부철도국 열차발착시각표

19 결국 서대문역은 1919년 3월 31일 문을 닫았다.

20 『일제강점기의 철도수송』(2010), 허우긍, pp.109-111.

21 『한국철도사』, 『한국철도사진75년사』(1974, 철도청), 『한국철도100년사』(1999, 철도청), 철도주요연표(2002, 철도청)

22 인천공장은 1897년 미국에 의해 만들어져 1908년 용산공장으로 통합되어 폐쇄될 때까지 존재했다. '공장(工場)'이란 명칭은 훗날 공작창, 차량기지, 차량정비단 등의 명칭으로 바뀐다.

23 물론 국유화란 대한제국 소유가 아닌 일본제국 소유를 뜻한다.

24 훗날 서대문역으로 바뀐, 지금의 정동 이화여교 운동장 일대

25 우리나라의 기관차는 전기기관차와 7600호대 신형 디젤전기기관차를 제외하고는 운전실이 한쪽에 치우쳐 있다. 따라서 반대 방향으로 운전할 경우 엔진실 때문에 시야가 일정 부분 가려지는 현상이 발생한다. 이러한 운전을 장폐단 운전, 정상 방향 운전을 단폐단 운전이라고 한다. 이 같은 문제를 해결하기 위해 종착역이나 차고, 차량기지 등에는 전차대(轉車臺, turntable)를 설치하여 차량의 앞뒤 방향을 돌려준다.

26 전체 바퀴 수를 적는 방법을 화이트(Whyte)식이라고 하며, 측면에 보이는 바퀴 수나 알파벳으로 적는 바퀴 배열 표기법도 있다.

27 디젤전기기관차나 전기기관차의 경우는 조금 다르다. 우리나라의 디젤전기기관차나 전기기관차는 모두 네 자리 숫자로 된 고유번호를 쓰고 있다. 2000호대부터 7000호대까지가 디젤전기기관차이며, 8000호대가 전기기관차이다. 1000자리뿐만 아니라 100자리까지 동일하면 그것은 같은 모델이다. 그 뒤의 단위는 제조 일련번호이다. 예를 들어 전기기관차는 8000호대와 8100호대, 8200호대, 8500호대가 있는데, 같은 번호대의 8501호와 8525호 기관차는 성능이 동일하다고 보면 된다.

28 외교적 압력 이외에 1894년 청일전쟁을 앞두고 한반도에 들어와 궁성을 위협하고 있던 군사적 압박을 말한다. 그들은 결국 1895년 궁성에 침입하여 국모를 살해(을미사변)하기에 이르렀다.

29 철도 관련 관리 임명은 고종 33년 6월 7일(양력 1896년 7월 17일) 농상공부 협판 이채연을 감독경인철도사무에 임명하였다는 『승정원일기』의 기록이 최초이며, 『조선왕조실록』에는 1898년 7월 7일 전환국장 이용익을 철도사 감독에 임용하고 칙임관 3등에 서임하였다는 기록이 나온다.

30 기존 철도관리국 장관⇒부장⇒과장의 3단계를 장관⇒ 과장으로 단순화했다.

31 개축의 핵심은 전쟁 수행을 위해 협궤로 급히 건설했던 선로를 표준궤로 넓히는 것이었다.

32 단, 구 서울역사 준공시점은 조선총독부가 경영권을 환수한 이후이다.

33 2018년 현재는 열차번호 부여기준이 바뀌어 서울에서 부산으로 가는 첫 KTX는 제101열차이다.

34 짝을 이루고 있는 열차는 열차번호가 연속돼 있는 경우가 대부분이며, 열차등급은 물론 정차역, 운행속도, 소요시간이 거의 같다.

35 한반도를 남북으로 종단하는, 역사에 길이 남을 최초의 기차 이름을 지으면서 이 나라 황제의 연호를 반으로 쪼개 붙였다는 것은 지금 생각해도 쉽게 받아들여지지 않는 일이다.

36 도중역인 남대문역 정차시간이 25분이나 설정되어 있었던 것은 여객 취급보다도 당시 경의선이 용산역에서 시작되었기 때문에 기관차를 반대 방향에 새로 연결해야 했기 때문이다.

37 이 급행열차는 제1차세계대전의 영향으로 1916년 6월 15일 이후 주 1회 운행으로 축소되었고, 1916년 10월부터 1918년 5월 12일까지 운행이 중지되었다.

38 일제가 세운 괴뢰국가인 만주국은 창춘을 수도로 삼으며 이름을 신징으로 바꾸었다. 신징은 하얼빈을 통해 시베리아횡단철도와 쉽게 연결됐다.

39 『조선교통사』, pp. 520-521

40 1944년 10월 1일자 열차시간표에 의하면, 부산-베이징 간 '흥아'호의 소요시간은 49시간 5분이었다. 기존의 38시간 45분에 비해 10시간 20분이 늘어났으며, 36시간에 운행하던 부산-하얼빈 간 급행 '히카리'는 45시간 25분으로 9시간 25분이나 늦춰졌다.

41 당시 용산제작소는 몇 대의 기관차를 더 생산한 것으로 알려져 있으나 현재 남아 있는 차량은 없다. 여기서 '해방자 1호'는 미카나 파시와 같은 기관차 자체의 명칭이며, '조선해방자호'는 경부간 특급열차(train)의 이름이다.

42 새마을호는 초특급열차로서 대한민국을 대표하는 고급열차였으나 2004년 4월 1일 고속철도 KTX에 최고급열차 자리를 내주었다. 그 후 2012년 2월 28일 준고속열차인 ITX-청춘이 등장하면서 특별 급행여객열차에서도 밀려나 지금은 무궁화호, 누리로 등과 함께 급행여객열차 등급에 속해 있다.

43 간선형 전기동차인 누리로는 현대로템이 아닌 일본의 히타치[日立]에서 제작하였다.

44 Push-Pull 또는 PP형이라고도 부른다.

45 당시 기준으로 동력차의 내구연한은 20년, 부수객차는 25년이었다.

46 일본, 프랑스, 독일에 이어 네 번째 기술보유국이다.

47 이런 것을 철도에서는 '중련(重連)'이라고 한다. 기관차만으로 운행할 때에는 3중련, 4중련을 할 때도 있다.

48 이외에도 수서고속철도주식회사(SR)에서 운영하는 SRT가 있고, 일반전동열차, 급행전동열차 등이 있다.

49 밀랍으로 만든, 오늘날 '촛불'을 밝히는 등

50 순종 황제는 1910년 대한제국 멸망 이후에는 황제가 아닌 창덕궁 이왕(李王)으로서 행행의 주인공이 되었다.

51 『조선교통사』

52 국립교통고등학교 운전과를 1959년도에 졸업하고 운전계통 고위간부를 지낸 김한태 씨의 고증이다.

53 『조선교통사』, p. 427

54 1966년 11월 2일자 〈경향신문〉 보도를 보면 워커힐과 반도호텔에 각각 프레스센터를 설치했을 뿐만 아니라, 특별열차에도 기자단을 위한 별도의 차량이 연결돼 이동 프레스센터 역할을 했음을 알 수 있다.

55 임재근(2020), 『한국전쟁기 대전전투에 대한 전쟁기억 재현 연구』, 북한대학원대학교 박사학위 논문

56 당시 경부간 운행하는 열차는 대부분 서대문역이 남대문역을 시종착으로 했다. 경부선뿐만 아니라 경인선조차도 서대문역이 아닌 남대문역을 시종착으로 하는 열차가 많이 있었다. 그만큼 서대문역의 입지가 줄어들고 있었던 것이다.

57 경기대학교 안창모 교수의 글 '대한제국과 경인철도, 그리고 서울역' 참조(2016. 3. 11, 〈철도저널〉제19권 6호)

58 소유권이 넘어간 부분은 본관 건물 부분이다. 광장의 소유권은 한국철도공사가 갖고 있다.

59 2017년 11월 28일, 평창동계올림픽을 위한 경강선 KTX 선로 확보를 위한 노선 조정의 일환으로 경의선 서울역 승차 위치가 변경되었다. 기존의 서쪽 코레일 서울사옥과 롯데마트 사이에 있던 타는곳 입구를 동쪽 서울역 구 역사 RTO 옆으로 옮긴 것이다. 이에 따라 버스나 1·4호선과의 환승이 편리해졌고, 옛 서울역이 다시 철도역으로 되살아났다는 일부 언론 보도도 있었다.

60 모스의 초창기 설계도에는 'Soppl Kokai'라고 표기돼 있다.

61 실제로 경인선에 제물포라는 역이 생긴 것은 1959년 이후이다.

62 조선총독부 〈관보〉 제4089호(1926. 4. 9), 조선총독부고시 제119호

63 2018년 현재 코레일은 실업 유도단, 축구단, 사이클단을 운영하고 있다.

64 『조선교통사』, p. 219

65 상게서, p. 219

66 1955년 9월 19일자 〈동아일보〉 3면

67 대한제국은 1897년 선포되었다. 갑오개혁(1894년), 을미사변(1895년), 아관파천(1896년)을 겪은 후였다.

68 부설권자에게 대여하는 형식이다.

69 1896년 3월 부설허가 시에는 조선

70 필자는 2017년 이후 SNS나 강의 등을 통해 우리나라에 전차가 개통된 1899년 5월 17일을 철도의 날로 정하자고 주장한 바 있다. 그렇지만 이것은 기존 철도의 날인 9·18을 바꿀 경우 차선책으로 제안한 것이었다. 최근 밝혀진 바에 따르면 전차 개통일은 1899년 5월 20일이다.

[3부]

71 이러한 계약을 쌍무계약(雙務契約)이라고 하며, 의무와 권한의 내용은 사전에 고시한 약관에 상세히 명시돼 있다.

72 과거 학생정기승차권과 같이 많은 할인율이 적용되는 책자식 승차권은 기명식(記名式)이었다. 이름뿐만 아니라 학교명도 적어서 부정사용을 방지하였다.

73 광역철도 구간에서는 자동개집표기 곧 게이트(gate)를 통한 표확인이 이루어지고 있다. 역시 배치인력을 최소화했기 때문에 안내인력은 점점 줄어들고 있다.

74 지금은 '고객신뢰선'이라고도 한다.

75 이것을 보고용 '절편(切片)'이라고 부른다.

76 과거엔 '특종보충권(特種補充券)'이라고 불렸다.

77 철도에서는 전통적으로 '시간표'가 아닌 '시각표'를 사용해왔다. 하지만 한글학회 등의 권고에 따라 시간표를 사용하기 시작했고, 최근에는 시간표가 정착 단계에 있다.

78 2011년 11월의 통계에 의하면 홈티켓 등을 이용한 자가발권승차권의 비율은 전체의 50퍼센트에 이르게 되었다.

79 위키백과의 2008년 기준 1인당 커피소비량에 따른 나라 목록을 보면, 우리나라는 1.8킬로그램으로 57위에 머물고 있다. 1위는 12킬로그램을 소비하는 핀란드인데, 최근 자료를 근거로 한다고 해도 수년 내에 열 손가락 안에 들기는 어려울 것이다. 다만 증가세가 무섭게 이어지고 있다는 것은 사실이다.

80 『코레일유통80년사』, p.384

81 지금의 코레일관광개발이다.

82 2007년부터 판매하는 패스형 철도여행 상품 '내일로'의 티켓 이용자를 일컫는 말이다.

83 2018년 현재 코레일은 실업 유도단, 축구단, 사이클단을 운영하고 있다.

[4부]

84 고속철도차량면허는 일반인에게는 허용되지 않는다.

85 최근에는 준비기관사 업무 자체를 계열사에 위탁한 사업소도 있다.

86 국가등록문화재

87 현재의 한국철도기술연구원의 모체이다.

88 고속철도의 경우에는 도보순회가 불가능하다.

89 광복 이후의 혼란과 한국전쟁 가운데서도 철도종사원 양성교육은 명맥을 유지했으나, 교통고등학교 폐지(용산공고로 교명변경)와 철도고등학교 개교 사이에는 5년(1962~1967년)이라는 공백이 있다.

90 철도고등학교전수부의 명칭 설치 및 운영에 관한 건(교통부령 제244호)

91 철도고등학교전문부의 명칭 설치 및 운영에 관한 건 중 개정령(교통부령 제475호)

92 국립학교설치령 중 개정령 공포(대통령령 제8457호, 1977. 2. 26)

93 국립학교설치령 중 개정령(대통령령 제9288호, 1979. 1. 18)

94 국립학교설치령 중 개정령(대통령령 제16039호, 1998. 12. 31)

95 강종면(1970), "철도요원 교육에 관한 연구", 건국대학교 행정대학원 석사학위논문, p.35, 80

96 蔡龍保(2007), 전게서, p.25

97 당시에는 '개찰(改札)'이라고 했다.

98 고등학교 과정의 경우 1986년 폐교될 때까지 여성의 입학은 허용되지 않았다.

99 지금은 차장 등용시험이 없어졌으며, 일반열차에는 차장이 승무하지 않고 전동열차에만 승무하고 있다. 따라서 역무원과 전동열차차장은 동일한 직위이다.

100 국사편찬위원회 한국근현대인물자료, 조선총독부 시정25주년기념 표창자명감

101 한국철도대학(2005), 전게서, p.151

102 조선총독부 직원록

103 이때까지도 이치홍 님은 대구역장 직위에 있었다.

104 실제로 필자는 자료 인수인계를 위해 만났던 수자원공사 직원으로부터 "왜 안경모 사장님이 철도 관련 자료를 많이 갖고 계시냐?"라는 질문을 받은 적이 있다. 수자원개발 분야의 영웅인 안경모 님이 원래 철도인이었다는 것을 그들은 놀라워했다.

105 한국수자원공사(2017), '지도를 바꾸고 역사를 만든 수자원개발의 주역 강사 안경모' 참고

[5부]

106 지하구간의 경우에는 100미터 간격으로 설치한다.

107 과거 영동선 나한정역과 흥전역 사이에 존재했으나 솔안터널이 개통되면서 사라졌다.

108 영어와 일본어를 잘해 벼락출세했으나 을사5적의 한 사람으로 역사에 씻을 수 없는 오명을 남겼다.

109 표준국어대사전

110 1990년대 말부터 공사전환 이전에는 초록색을 상징색으로 썼음

111 손기정 선수는 마라톤에서 금메달을 딴 후 귀국길에는 열차가 아닌 항공편을 이용했다.

112 1926년 10월 29일자 <동아일보>『신의주군 쾌승 안의대항 육상경기회』. '안의대항 육상경기'는 압록강을 경계로 국경이 나뉜 중국 안동[安東]의 '안' 자와 신의주(新義州)의 '의' 자를 따서 만든 육상경기의 이름이다. 도시 대항 경기가 국제경기 성격을 갖게 되면서 신문에도 보도가 되었다. 당시 만 14살의 손기정 선수는 5,000미터 경기에 출전해서 2등을 했다고 한다.

113 1936년 6월 4일자 <동아일보> 보도에 의하면 부산을 출발하여 경성역에 도착할 때까지 대구, 김천, 대전, 조치원, 천안, 수원 등 각 역에서도 각지의 체육회 관계자와 <동아일보> 각 지국의 직원들이 영송을 했다고 한다.

114 1936년 6월 6일자 <동아일보>보도 '잘 싸워라! 이겨라! 고향 극단(極端)의 감격'

115 중국·러시아·북한 등 아시아지역 공산권 국가의 철도 협력기구이다. 전 회원 만장일치로만 새로운 정회원을 받는 방식이어서 우리나라는 북한의 반대로 가입이 번번이 무산되었으나 남북화해 분위기에서 북한의 찬성을 얻어 정회원으로 가입하게 되었다.

| 부록 |

*

부록에 딸린 자료 외에도 지성사 누리집(http://www.jisungsa.co.kr/)에서
철도차량 보유현황, 연도별 영업거리, 연도별 일반열차 운행횟수 등
한국철도 120년과 관련한 다양한 자료들을 조회하거나 내려받을 수 있습니다.

■ 철도거리

(2021년 12월 31일 기준, 단위:

선 별	구 간	철도거리	영업거리		복선거리	전철거리	최초개통	
			여 객	화 물			연도	구간
합계 (105개 노선)		4,127.7	3,862.8	3,101.6	2,882.6 (69.8%)	3,077.3 (77.8%)		
경부고속본선	서울~부산	398.2	398.2		398.2	398.2	2004. 4. 1.	서울~부산
호남고속본선	오송~광주송정	183.8	183.8	183.8	183.8	2015. 4. 2		오송~광주송
고속 연결선		12.5	12.5		12.5	12.5	2004. 4. 1.	
(시흥 연결선)	금천구청~광명	(1.5)	(1.5)		(1.5)	(1.5)	2004. 4. 1.	시흥~광명
(대전남연결선)	옥천~고속선	(4.2)	(4.2)		(4.2)	(4.2)	2004. 4. 1.	옥천~고속선
(대구북연결선)	고속선~지천	(3.5)	(3.5)		(3.5)	(3.5)	2004. 4. 1.	고속선~지천
(건천 연결선)	고속선~모량	(3.3)	(3.3)		(3.3)	(3.3)	2014.2.24.	고속선~모량
기 지 선	광명, 오송, 영동	1.8			1.4	1.7	2005.12.31.	
고 속 선 계		596.3	594.5	-	595.9	596.2		
경 인 선	구로~인천	27.0	27.0	27	27.0	27.0	1900.7.8.	경성~인천
경 부 선	서울~부산	441.7	441.7	439.9	441.7	441.7	1905.1.1.	영등포~초량
호 남 선	대전조차장~목포	252.5	252.5	252.5	252.5	252.5	1914.1.11.	대전~목포
전 라 선	익산~여수엑스포	180.4	180.4	180.4	170.9	180.4	1936.12.16.	이리~여수
중 앙 선	청량리~도담	148.5	148.5	148.5	148.5	148.5	1942.4.1.	청량리~경주
	도담~모량	182.8	182.8	182.8	104.7	70.9		
경 전 선	삼랑진~광주송정	277.7	277.7	277.7	150.9	101.5	1923.12.1.	진주~삼랑진
장 항 선	천안~익산	152.8	152.8	152.8	33.7	30.3	1922.6.1.	천안~장항
충 북 선	조치원~봉양	115.0	115.0	115.0	110.6	115.0	1956.1.1.	조치원~봉양
영 동 선	영주~청량신호소	188.9	188.9	188.9	-	188.9	1956.1.16.	영주~강릉
동 해 선	부산진~영덕	188.9	188.9	188.9	188.9	32.6	1935.12.16.	부산진~영덕
경 춘 선	망우~춘천	80.7	80.7	80.7	80.7	80.7	1939.7.25.	성동~춘천
태 백 선	제천~백산	104.1	104.1	104.1	18.3	104.1	1957.3.9.	제천~함백
경 의 선	서울~도라산	56.0	56.0	56.0	46.3	46.3	1906.4.3.	용산~신의주
분 당 선	왕십리~수원	52.9	52.9	-	52.9	52.9	1994.8.1.	수서~오리
일 산 선	지축~대화	19.2	19.2	-	19.2	19.2	1996.1.30.	지축~대화
경 원 선	용산~백마고지	94.4	94.4	94.4	53.1	55.6	1914.8.16.	용산~원산
대 구 선	가천~영천	29.0	29.0	29.0	4.3	-	1918.10.31.	대구~영천
경 북 선	김천~영주	115.0	115.0	115.0	-	-	1924.10.1.	김천~점촌
정 선 선	민둥산~구절리	45.9	45.9	45.9	-	-	1971.5.21.	정선~여량
삼 척 선	동해~삼척	12.9	12.9	12.9	-	-	1944.2.11.	삼척~동해
진 해 선	창원~통해	21.2	21.2	19.5	-	-	1926.11.11.	창원~진해
안 산 선	금정~오이도	26.0	26.0	26.0	26.0	26.0	1988.10.25.	금정~안산
과 천 선	금정~남태령	14.4	14.4	-	14.4	14.4	1993.1.15.	금정~남태령
경 강 선(323)	성남~여주	57.0	57.0		57.0	57.0	2016.9.24.	성남~여주
경 강 선(201)	원주~강릉	120.7	120.7		120.7	120.7	2017.12.22.	원주~강릉
서 해 선	소사~원시	23.4	23.4		23.4	23.4	2018. 4. 6.	소사~원시
중부내륙선	부발~충주	56.9	56.9		56.9	56.9	2021. 12. 31.	부발~충주
기 타 선	72개 지선	554.5	291.4	473	88.4	228.6		
일 반 선 계		3,514.4	3,268.3	3,103.6	2,286.7	2,481.1		

*수서평택고속선 영업거리 미포함(61.

- 노 선 수 : 총 105개 노선
- 철도거리: 4,127.7km(고속선 596.3km, 일반선 3,531.4km)
- 영업거리: 3,862.8km(고속선 594.5km, 일반선 3,268.3km)

■ 철도 관련 국가등록문화재 목록(철도역 및 급수탑)

연번	명 칭	소재지	등록일
1	구 서울역사(사적)	서울 중구	1981-09-25
2	연천역 급수탑	경기 연천군	2003-01-28
3	도계역 급수탑	강원 삼척시	2003-01-28
4	추풍령역 급수탑	충북 영동군	2003-01-28
5	연산역 급수탑	충남 논산시	2003-01-28
6	안동역 급수탑	경북 안동시	2003-01-28
7	영천역 급수탑	경북 영천시	2003-01-28
8	삼랑진역 급수탑	경남 밀양시	2003-01-28
9	함평 구 학다리역 급수탑	전남 함평군	2003-06-30
10	울산 남창역	울산 울주군	2004-09-04
11	원주 반곡역	강원 원주시	2005-04-15
12	원주역 급수탑	강원 원주시	2004-12-31
13	곡성 곡성역	전남 곡성군	2004-12-31
14	순천 원창역	전남 순천시	2004-12-31
15	서울 신촌역	서울 서대문구	2004-12-31
16	창원 진해역	경남 창원시	2005-09-14
17	군산 임피역	전북 군산시	2005-11-11
18	익산 춘포역	전북 익산시	2005-11-11
19	대구 반야월역	대구 동구	2006-09-19
20	고양 일산역	경기 고양시	2006-12-04
21	남양주 팔당역	경기 남양주시	2006-12-04
22	양평 구둔역	경기 양평군	2006-12-04
23	영동 심천역	충북 영동군	2006-12-04
24	삼척 도경리역	강원 삼척시	2006-12-04
25	나주 남평역	전남 나주시	2006-12-04
26	서울 화랑대역사	서울 노원구	2006-12-04
27	여수 율촌역	전남 여수시	2006-12-04
28	부산 송정역	부산 해운대구	2006-12-04
29	대구 동촌역	대구 동구	2006-12-04
30	문경 가은역	경북 문경시	2006-12-04
31	보령 청소역	충남 보령시	2006-12-04
32	문경 구 불정역	경북 문경시	2007-04-30
33	삼척 하고사리역	강원 삼척시	2007-06-01
34	부산 구 동래역사	부산 동래구	2019-06-05
35	수원역 급수탑	경기 수원시	2020-05-04

■ 철도 관련 국가등록문화재 목록(철도역 및 급수탑 제외)

연번	명 칭	소재지	등록일
1	태백 철암역두 선탄시설	강원 태백시	2002-05-31
2	영동 노근리 쌍굴다리	충북 영동군	2003-06-30
3	대한통운 제천영업소	충북 제천시	2003-06-30
4	경의선 장단역 죽음의 다리	경기 파주시	2004-02-06
5	경의선 장단역 증기기관차	경기 파주시	2004-02-06
6	경의선 구 장단역지	경기 파주시	2004-02-06
7	금강산 전기철도교량	강원 철원군	2004-09-04
8	대전지역사무소 재무과 보급창고	대전 동구	2005-04-15
9	진주역 차량정비고	경남 진주시	2005-09-14
10	밀양 상동터널	경남 밀양시	2005-09-14
11	한강철도교	서울 용산구	2006-06-19
12	청량리역 검수차고	서울 동대문구	2006-09-19
13	칠곡 구 왜관터널	경북 칠곡군	2006-12-04
14	대전 대흥동 일·양 절충식 가옥	대전 중구	2008-07-03
15	칠곡 왜관철교	경북 칠곡군	2008-10-01
16	미카형 증기기관차 3-304호	제주 제주시	2008-10-17
17	미카형 증기기관차 3-129호	대전 대덕구	2008-10-17
18	디젤전기기관차 2001호	부산 부산진구	2008-10-17
19	파시형 증기기관차 5-23호	경기 의왕시	2008-10-17
20	협궤 증기기관차 11-13호	경기 의왕시	2008-10-17
21	대통령 전용 객차	경기 의왕시	2008-10-17
22	주한 유엔군사령관 전용객차	경기 의왕시	2008-10-17
23	협궤 무개화차	경기 의왕시	2008-10-17
24	협궤 유개화차	경기 의왕시	2008-10-17
25	전차 363호	서울 종로구	2008-10-17
26	대한제국기 철도 통표	경기 의왕시	2008-10-17
27	대한제국기 경인철도 레일	경기 의왕시	2008-10-17
28	쌍신폐색기	경기 의왕시	2008-10-17
29	구 용산철도병원 본관	서울 용산구	2008-10-27
30	전차 381호	서울 종로구	2010-08-24
31	부산 전차	부산 서구	2012-04-18
32	영암선 개통기념비	경북 봉화군	2013-02-21
33	구 만경강 철교	전북 완주군	2013-12-20
34	박기종 유물 일괄	부산 남구	2013-05-08
35	구 영주역 5호 관사	경북 영주시	2018-08-06
36	구 영주역 7호 관사	경북 영주시	2018-08-06
37	군산 내항철도	전북 군산시	2018-08-06
38	대통령 전용 디젤전기동차	경기 의왕시	2022-04-7
39	협궤 디젤동차 163호	경기 의왕시	2022-04-7
40	협궤객차 18011호	경기 의왕시	2022-04-7
41	터우5형 증기기관차 700호	경기 의왕시	2022-04-7

- 한국철도 100주년 공모 -

" 기차가 좋은 100가지 이유 "

1

비가 오나 눈이 오나 바람이 부나 열차는 달린다. (바람이 불면 배는 출항을 못 하고, 눈이나 비가 오면 비행기는 뜰 수 없고, 자가용이나 버스는 두말할 필요 없다.)

2

열차는 길이 아니면 가지 않는다.

3

열차는 나를 신용 있는 사람으로 만들어준다. (왜? 언제나 정해진 시간에 도착하니까!)

4

안전사고의 위험이 없어 마음 편하게 여행을 즐길 수 있다.

5

안전벨트를 매고 가슴과 아랫배의 압박감을 느낄 필요가 없다.

6

열차는 차내식당, 화장실, 전화가 있어서 집처럼 편하다.

7

수학여행 등 많은 사람이 이동할 때 객실 전체를 빌릴 수 있다.

8

온 가족이 함께 마주보며 오순도순 행복한 여행을 할 수 있다.

9

오래 앉아 있지 못하는 사람은 언제든지 일어서서 여기저기 돌아다닐 수 있다.

10

관광열차를 이용하면 비용은 적게 들지만 낭만은 열 배로 커진다.

11

여행은 인생의 시이며, 기차는 여행의 연인이다.

12

열차는 신호등에 걸려 가다 서고 가다 서고 하는 일을 자주 하지 않아 짜증 나지 않는다.

13

열차는 지정된 철길을 달리기 때문에 여행 중간에 길을 잘못 들어 엉뚱한 곳을 헤맬 염려가 없다.

14
철도회원에
가입하면 전화는
물론 PC통신과
인터넷으로 예약이
가능하다.

15
잠을 푹 자도
깨워주니 좋다.
그것도 예쁜
여승무원이…….

16
승무원이 탑승해
불편함을 해소할 수
있고 위급한 환자가
생겨도 긴급
대처할 수 있다.

17
사랑스런 아내는 내가
몇 시 기차를 탔다고 알려만
주면 정확하게 도착시간에
날 기다린다.

18
시골 마을을 지날 때
나를 보고 손을 흔드는
아이들의 해맑은 웃음에
소박한 행복을
느낄 수 있다.

19
열차는 노약자와
장애인도 쉽게
이용할 수 있다.

20
아무리 날씨가
나빠도 비행기처럼
제자리로
돌아오지 않는다.

21
열차는 객차 내
공간이 넓어
아이들과 같이
여행하기가 좋다.

22
열차는 화장실이
급하다고 버스처럼
세워달라고 사정하지
않아도 된다.

23
가끔씩 우울할 때
기차여행을 하면
기분전환이 된다.

24
갓난아이가 울 때
업고 다니며
달랠 수가 있다.

25
거대한 크기, 육중한
무게, 그리고 맹렬한
속도!-우리에게 힘과
희망을 느끼게 한다.

26
속버스나 비행기는 옆에
앉은 사람이 아무리 싫어도
그 사람과 목적지까지
줄곧 함께 앉아 가야
하지만 기차는 역마다
파트너가 바뀔 수 있다.

27
곡선구간을
지나갈 때 창밖으로
기차 꽁무니를
바라보는
즐거움이 있다.

28
기가 찼던 게 확 풀린다.
그냥! 길어서 좋다.
전망이 좋다.

29
옆 차선이
잘 뚫리는 걸
보면서 가슴 졸일
필요가 없다.

30
정기권을 사면 거의
절반 가격에 이용할 수
있다.

31
차창 밖 풍경에
취하여 한잔할 수
있는 건 기차뿐이다.

32
열차! 그 이름만으로도 설렌다. 내가 도착할 역에 누군가가 기다리고 있을 것만 같다.

33
철도길 옆에는 오막살이만 있는 것이 아니다. 관광명소가 더 많다.

34
열차에는 고향으로 달려가는 마음들이 가득하고 고향 역에는 잊지 못할 추억들이 가득하다.

35
열차는 그녀와 함께 타면 한 잔의 커피만큼 향긋하고 운치 있는 데이트 장소가 된다.

36
열차는 창이 넓어서 아름다운 경치를 마음껏 음미할 수 있다.

37
열차는 도중에 내릴 수 있고 목적지를 지나쳐도 금방 무임으로 되돌아 올 수 있다.

38
열차는 만남의 장소이다. 누구나 함께 있으면 친구요, 가족이 된다.

39
열차는 멀리 내다보이는 바깥 풍경이 사람들의 마음을 편하게 해주고 지나온 시간을 돌이켜볼 수 있는 여유를 준다.

40
열차는 언제 어디서든 쉽게 승차권을 구입할 수 있어 좋다.

41
좌석표가 다 팔리면 서서라도 갈 수 있다.

42
열차는 지루한 일상 속에서 탈출하고 싶을 때 차 안에서도 자연 속에 푹 빠질 수 있다.

43
열차에는 직접 가지 않아도 이동 스낵카 아저씨가 온다.

44
기차는 펑크가 나지 않는다.

45
전국 순회 관광을 즐기면서 재미있는 팔도 사투리도 배울 수 있다.

46
열차는 혼자 여행해도 외롭지 않고, 오히려 새로운 만남이 있다.

47
기차를 낮에 타면 시원한 바깥 풍경을 덤으로 제공하고, 밤에 타면 잠자리를 무료로 제공(?)한다.

48
열차 안은 출근길 아저씨에겐 간이침대가 있는 안방, 따분한 꼬마에겐 놀이방, 청춘남녀에겐 데이트방.

49
열차에는 사람 사는 냄새가 물씬 풍겨서 좋다.

50
열차에는 사람을 떠나보내는 아쉬움과 기다리는 설렘이 있다.

51
열차에서는 문을 두드리지 않고도 어느 화장실이 비었는지 알 수 있다.

52
스쳐 지나가는 창밖을 바라보다 무작정 내리고 싶을 때 내릴 수 있다.

53
열차여행은 시와 수필을 쓸 수 있는 소재를 제공해준다.

54
열차여행을 하면서 사귄 사람은 비행기, 배, 버스에서 사귄 사람보다 오래가서 좋다. 왜? 기차는 기니까.

55
열차의 좌석은 의자를 돌리면 대화방이 되고, 이웃이 한 가족이 된다.

56
열차 타고 연인과 함께 무박 2일 여행을 간다고 하면 부모님이 쉽게 허락해준다.

57
내가 모르는 사람들로부터 삶의 다양한 이야기를 들을 수 있어 좋다.

58
첫눈이 오는 날 넓은 역 광장과 대합실에서 연인을 만나는 설렘이 있다.

59
눈이 와서 못 오십니까? 비가 와서 못 오십니까? 차가 막혀서 못 오신다고요! 언제나 빵빵 빵빵 달리는 열차를 타면 고민 끝!

60
달리는 호텔이다 (밤새 자고 나면 아침엔 목적지).

61
마음에 드는 열차를 골라 탈 수 있어서 좋다. 평화를 바라면 비둘기호! 통일을 원하면 통일호! 조국을 생각하면 무궁화호! 잘살기를 희망하면 새마을호!

62
막힌다고 돌아가지 않는다.

63
무박 2일 여행이 가능하고 일출 여행을 하기엔 이보다 더 좋을 수는 없다.

64
미처 준비하지 못한 채 서둘러 출장 갈 때 기차는 준비할 시간과 생각할 여유를 준다.

65
밤 열차 안에서 보는 달빛에 젖은 설경은 기차여행을 더욱 추억 속에 남게 한다.

66
밤 열차 침대칸에 타고 밤하늘의 별을 바라보며 환상적인 여행을 즐길 수 있다.

67
밤 열차를 타고 떠나면
편안한 마음으로
또 다른 도시의
새벽을 맞이할 수 있다.

68
비행기는 무섭고
자동차는 답답하지만,
열차를 타면
포근하고 정겹다.

69
산모퉁이로 사라지는
기차의 꽁무니는
고향을 생각나게 한다.

70
새마을호 자유석에는
내 마음대로 예쁜 여자
(멋진 남자) 옆에
앉을 수 있다.

71
서울 결혼식에 참석한
여러 지방의 친척들이
모두 한 열차를 타고
정겨운 이야기를
나누며 돌아올 수 있다.

72
쉽게 바다를 볼 수 있고,
쉽게 산을 볼 수 있으며,
쉽게 하늘을 볼 수 있다.

73
입석표를 사고도
재수가 좋으면
끝까지 앉을 수 있다.

74
시간에 쫓겨 식사를
못 하였더라도 차창 밖의
경치를 바라보며
느긋하게 식사를
할 수가 있다.

75
시골 역의 하늘거리는
코스모스는 고향의
정취를 느끼게 해주며
끝없는 그리움을
불러일으킨다.

76
신혼 비행기와 신혼 버스는
없지만 신혼열차는
있다.

77
아름다운 추억을
만들 수도 있고, 지난 추억을
떠올릴 수도 있다.

78
어린이를 위한
놀이방 객차가
있어서 여행하는 데
편리하다.

79
어린이에게는 꿈과 희망을,
청년에게는 낭만과 추억을,
장년에게는 편안함과
안락함을 제공한다.

80
여행하면서
독서를 해도 눈이
피로하지 않다.

81
역마다 잠시 승강장에
내려서 따끈하고
구수한 우동 국물을
맛볼 수 있다.

82
역마다 친절히 안내 방송을
해주기 때문에 금방 잠에서
깬 사람들도 지금 여기가
어딘지 바로 알 수 있다.

83
연인끼리 장거리
기차여행을 하면
낭만적인 분위기가
살아나 사랑의
성공률이 높아진다.

24
연휴 명절에 차가
언제 출발해야
안 막히고 갈 수 있나
고민하며 잔머리 굴릴
필요가 없다.

85
열차 기적 소리에는
메아리치는 고향에
대한 향수와 사람에
대한 그리움이 있다.

86
옆자리가 비게 되면
은근한 기대감과
야릇한 흥분이 감돌아
여행이 더 즐겁다.

87
열차를 통째로
납치한 경우는
아직까지 없다.

88
일정만 잘 짜면 숙박비 없이
전국을 여행할 수 있다.

89
자동차 매연에서 벗어나
정겨운 시골 풍경을
즐기며 신선한 공기를
마실 수 있다.

90
입장권을 구입하면 영화의
한 장면처럼 안타까운 이별의
주인공이 될 수 있다.

91
자유이용권을
구입하면 아무 때나,
아무 데나 갈 수 있다.

92
적당히 흔들리는 의자에
머리를 기대고 앉아
열차 소리를 듣고 있으면
모차르트의 자장가를
들을 때보다 더 잠이 잘 온다.

93
졸음이 온다고 해서
갓길에 차 세우고
눈 붙일 필요가 없다.

94
좌석이 없어도
신문지 한 장만 있으면
어디든 앉아서
갈 수 있다.

95
충청도 사투리,
경상도 사투리,
전라도 사투리,
강원도 사투리……
8도가 하나 되는
만남의 공간이다.

96
혼자 여행할 때
옆 좌석의 동행자가
기다려진다. 더 많은
새로운 이야기를 들을 수
있어서 그렇다.

97
Car-Rail서비스 실시로
마음 편하게 강원도를
누빌 수 있다.

98
차의 차창이 넓어
산악 지대를
통과할 때는 케이블카를
타는 것 같다.

99
아무리 손님이 적고
장사가 안 돼도
열차카페 아저씨는
셔터를 내리지 않는다.

100
옆에 앉은 남자가
집적거려도 밉지 않다.
(맘에 들 땐 내숭,
미울 땐 여객전무님께
이르면 된다.)

■ 철도 관련 유용 사이트

- 국가철도공단(http://www.kr.or.kr/)
- 국립중앙도서관(http://www.nl.go.kr/nl/)디지털컬렉션
  - 구한국시대부터 일제강점기 조선총독부, 미군정청, 대한민국 관보 검색 가능
- 국립중앙도서관 대한민국 신문 아카이브(http://www.nl.go.kr/newspaper/)
  - 구한국시대부터 일제강점기, 광복 직후까지 신문자료 검색 및 내려 받기
- 국사편찬위원회 한국사데이터베이스(http://db.history.go.kr/)
  - 조선왕조실록, 승정원일기, 고종시대사 등 조선말부터 대한제국시대 각종자료 검색 및 내려 받기
- 국토교통부 철도산업정보센터(http://www.kric.or.kr)
  - 1964년 이후 철도통계연보, 통합연보 자료 등 각종 자료 내려 받기
- 국토교통부(http://www.molit.go.kr/)
- 국회도서관(https://www.nanet.go.kr/)
- 네이버 뉴스 라이브러리(https://newslibrary.naver.com/)
  - 1920년부터 1999년까지 신문자료 검색(내려 받기 불가)
- 서울대학교 규장각한국학연구원(https://kyu.snu.ac.kr/)
  - 규장각이 소장하고 있는 일제강점기의 다양한 자료 검색 열람
- 소정리역부역장의 역정보(http://www.stationdb.x-y.net/)
  - 이미 폐지된 역을 포함한 전국 각 역의 사진, 연혁, 수송·수입실적 등 확인 가능
- 철도박물관(http://www.railroadmuseum.co.kr/)
- 한국역사정보통합시스템(http://www.koreanhistory.or.kr/)
  - 고도서, 고문서, 지도, 금석문 등 다양한 자료 제공
- 한국철도공사(http://info.korail.com/)
- 한국철도기술연구원(https://www.krri.re.kr/)
- 한국철도학회(http://railway.or.kr/)
- 한국철도협회(http://www.korass.or.kr/)
  - 2019년 간행된 <신 한국철도사> 7권 전체 파일 내려 받기 가능
- 일본 고베대학부속도서관 신문기사문고(http://www.lib.kobe-u.ac.jp/sinbun/)
  - 메이지 말기부터 일제강점기를 거쳐 1970년까지 일본에서 발행한 신문기사 검색

| 참고 문헌 |

국립철도학교 총동창회, 『회원명부』, 금성기획, 2015

배은선·임병국, 『철도문화개론』, 한국자격교육개발원, 2014

서울특별시사편찬위원회, 『서울통계자료집』, 서울시, 1996

손길신, 『기찻길』, 시니어파트너즈, 2015

이용상 외, 『한국철도의 역사와 발전 I 』, 북갤러리, 2011

이용상 외, 『한국철도의 역사와 발전Ⅱ』, 북갤러리, 2013

이용상 외, 『한국철도의 역사와 발전Ⅲ』, 북갤러리, 2015

정재정, 『일제 침략과 한국철도』, 서울대학교출판부, 1999

철도청 공보담당관실, 『한국철도사 제1권』, 철도청, 1974

철도청 공보담당관실, 『한국철도사 제2권』, 철도청, 1977

철도청 공보담당관실, 『한국철도사 제3권』, 철도청, 1979

철도청 공보담당관실, 『한국철도100년사』, 철도청, 1999

최문형, 『일본의 만주침략과 태평양전쟁으로 가는 길』, 지식산업사, 2013

코레일유통, 『코레일유통80년사』, 코레일유통, 2016

통계청, 『통계로 다시 보는 광복 이전의 경제·사회상』, 통계청, 1995

한국수자원공사, 『지도를 바꾸고 역사를 만든 수자원개발의 주역 江史 안경모』, 2017

한국철도공사 홍보실, 『한국철도승차권도록』, 한국철도공사, 2007

한국철도공사 홍보실, 『철도창설111주년기념 철도주요연표』, 한국철도공사, 2010

한국철도대학100년사 편찬위원회, 『한국철도대학 100년사』, 한국철도대학, 2005

허우긍, 『일제 강점기의 철도수송』, 서울대학교출판문화원, 2010

鮮交會, 『朝鮮交通史』, 三信図書有限會社, 1986

朝鮮總督府交通局, 『朝鮮交通狀況 1 』, 1944

朝鮮總督府鐵道局, 『朝鮮鐵道史』, 1915

朝鮮總督府鐵道局, 『朝鮮の鐵道』, 1927

朝鮮總督府鐵道局, 『朝鮮鐵道史』, 1929

朝鮮總督府鐵道局, 『朝鮮鐵道史』 第1券 創始時代, 1937

朝鮮總督府鐵道局, 『朝鮮鐵道40年 略史』, 1940

朝鮮總督府鐵道局編集, 『汽車時間表』, 1930,1940